Node.js 全程实例

李柯泉　编著

清華大學出版社
北 京

内容简介

本书精选适用于生产环境的Node.js10代码实例，帮助读者从零开始掌握Node.js服务器编程。全书内容翔实、重点突出、通俗易懂，涵盖Node.js程序开发的方方面面。

全书共分为10章，内容包括：Node.js10控制台输出、文件管理、进程与异步I/O管理、进程通信、缓冲区Buffer管理、网络管理、Web管理、MySQL与MongoDB数据库管理和常用工具Util开发等方面的内容。

本书是掌握Node.js10编程非常好的图书，全书内容简洁、代码精练、实例丰富，能够帮助初学者快速掌握Node.js开发。同时，对于设计人员提高Web服务器端脚本语言开发的技术水平有非常积极的指导作用。

图书在版编目（CIP）数据

Node.js全程实例/李柯泉编著.—北京：清华大学出版社，2019.9

ISBN 978-7-302-53855-4

Ⅰ.①N… Ⅱ.①李… Ⅲ.①JAVA语言—程序设计 Ⅳ.①TP312.8

中国版本图书馆CIP数据核字（2019）第213991号

责任编辑：夏毓彦
封面设计：王　翔
责任校对：闫秀华
责任印制：宋　林

出版发行：清华大学出版社
网　址：http://www.tup.com.cn，http://www.wqbook.com
地　址：北京清华大学学研大厦A座　**邮　编：**100084
社 总 机：010-62770175　**邮　购：**010-62786544
投稿与读者服务：010-62776969，c-service@tup.tsinghua.edu.cn
质量反馈：010-62772015，zhiliang@tup.tsinghua.edu.cn
印 装 者：清华大学印刷厂
经　销：全国新华书店
开　本：190mm×260mm　**印　张：**16.5　**字　数：**423千字
版　次：2019年11月第1版　**印　次：**2019年11月第1次印刷
定　价：59.00元

产品编号：082160-01

前　言

读懂本书

Node.js 迅速崛起

Node.js 框架作为一种服务器端脚本语言的开发技术，近些年在 IT 圈内可谓是掀起一股热潮，崛起之迅速令人瞠目。设计人员发现，原来仅仅运行于浏览器端的 JavaScript 脚本也可以完美地运行在服务器端了，这确实太震撼人心了。于是，掌握 Node.js 框架开发技术成为众多设计人员的热切期望。

本书是一本讲究实践的书，其为读者全面深入地讲解了针对各种场景的 Node.js 技术。全书百余个代码实例给读者带来的不仅仅是全面的基础知识，更是为读者提供了设计简洁高效的服务器端代码与网站架构、应对跨平台与跨浏览器兼容、优化服务器性能等切实问题的解决之道。可以说，这是一本学习 Node.js 框架开发技术的高效手册。

Node.js 支持跨终端、多平台的开发，无论是传统的 PC 客户端，或是现今流行的移动端设备，或是 Windows 系统、Android 系统、iOS 系统，均是 Node.js 可以发挥威力的舞台。可以说，今天 Node.js 框架的迅速崛起是由其内在特性决定的。

Node.js 的技术特点

Node.js 是基于先进的 Google V8 引擎开发的 JavaScript 服务器端平台，可用来快速地搭建易于扩展的 Web 应用。大多数刚刚接触 Node.js 框架的初学者可能一时无从下手，那么 Node.js 技术的主要特点有哪些呢？

笔者认为，Node.js 跨平台的浏览器兼容性、服务器端脚本使用、模块和包管理、进程管理与异步 I/O、进程与子进程通信、文件与路径处理、事件处理机制、TCP/UDP 网络编程管理、Web 应用管理、Node.js 数据库管理以及常用工具 Util 开发等方面的内容，都属于 Node.js 技术的特点所在。

本书详细介绍这些技术内容，并通过具体的代码实例帮助读者学习和掌握这些知识点的原理及使用方法，真正实现理论与实践相结合。

本书的内容安排

本书共分 10 章，各章节针对不同的 Node.js 功能模块进行详细的介绍。

第 1 章主要介绍关于 Node.js 框架安装、环境搭建和开发工具使用方面的内容，旨在帮助读者快速掌握 Node 程序的学习方法。

第 2 章主要介绍 Node.js 框架的控制台模块，通过该模块的方法可以向操作系统控制台实现各种格式化输入和输出等操作，也就是读者熟知的“读取-求值-输出”循环（Read-Eval-Print Loop，REPL）交互式的编程环境。

第 3 章主要介绍 Node.js 框架中的文件系统（File System）模块如何支持 I/O 操作的方法，这些操作方法是对标准 POSIX 函数的简单封装，其提供了文件的读取、写入、更名、删除、遍历目录、链接等 POSIX 文件系统操作。

第 4 章主要介绍使用 Node.js 框架进程管理模块（Process）以及 Node.js 异步管理和 I/O 编程。Process 模块是 Node.js 框架的一个全局内置对象，Node.js 代码可以在任何位置访问该对象，实际上这个对象就是 Node.js 代码宿主的操作系统进程对象。使用 Process 模块可以截获进程的异常、退出等事件，可以获取进程的环境变量、当前目录、内存占用等信息，还可以操作工作目录切换、进程退出等操作。Node.js 框架在设计之初就考虑作为一个高效的 Web 服务器而存在，因此高效的异步机制贯穿于整个 Node.js 框架的编程模型中，读者可以学习到异步 I/O 机制、异步 I/O 应用和 Async 流程控制库应用等 Node.js 框架异步编程的内容。

第 5 章主要介绍使用 Node.js 框架的 child_process 模块创建子进程的 4 种方法，分别是 spawn()、exec()、execFile()和 fork()方法。其中，spawn()方法是最原始的创建子进程的方法，其他 3 种都是通过对 spawn()方法不同程度的进一步封装实现的。使用 child_process 模块提供的这些方法可以实现多进程任务、操作 Shell 和进程通信等操作，实用功能是非常强大的。

第 6 章主要介绍 Node.js 框架中 Buffer 的概念，其可以理解为缓冲区或临时存贮区，是用来暂时存放输入输出数据的一小块内存。如果读者学习过 C 语言编程，对于指针数组的概念有一定了解，那么学习并掌握 Node.js 框架的 Buffer 就会容易很多。

第 7 章主要介绍 Node.js 框架中对于 TCP/UDP 网络编程方面的支持，Node.js 框架为设计人员提供了网络（Net）模块来支持 TCP 协议应用，提供了数据报套接字（UDP）模块来支持 UDP 协议应用，这两个模块提供了一系列与网络应用相关的函数方法，通过这些方法就可以构建基本的网络应用。

第 8 章主要介绍应用 Node.js 框架中的 HTTP 模块与 HTTPS 模块开发 Web 应用的方法，这两个模块基于 HTTP 协议与 HTTPS 协议开发，提供了一系列与 Web 应用开发相关的函数方法，通过这些方法可以构建各种功能复杂且强大的 Web 应用。

第 9 章主要介绍 Node.js 框架与 MySQL 数据库和 MongoDB 数据库交互的方法。关于 MySQL 数据库，主要选用目前人气最高的 node-mysql 开源项目作为 Node.js 框架的 MySQL 扩展库，该开源项目提供了 MySQL 数据库对 Node.js 框架的完整支持，具有一套与数据库开发相关的函数方法，通过这些方法可以非常方便地构建 Node.js 数据库应用。关于 MongoDB 数据库，主要选用同名的 MongoDB 开源项目作为 Node.js 框架的 MongoDB 扩展库，该扩展库具有一套与数据库开发相关的函数方法，通过这些方法可以非常方便地构建 Node.js 数据库应用。

第 10 章主要介绍 Node.js 框架中的常用工具（Util）模块，该模块是为了解决核心 JavaScript 的功能过于精简而设计的。应用该模块可以实现对一个原型对象的继承功能，实现对象格式化操作，将任意对象转换为字符串的操作，调试输出功能，验证正则表达式和验证对象类型，等等。

本书适合你吗？

本书涵盖绝大部分关于 Node.js 基础和进阶的内容，全程做到将知识点与应用实例相结合，通过大量的代码实例帮助读者快速掌握 Node.js 框架的编程技巧，并应用到实践开发中。本书通过这种学以致用的方式来增强读者的阅读兴趣，无论是基础内容还是提高内容，相信读者都可以从中获益。

本书涉及的主要软件或工具

- WebStorm
- EditPlus
- Mozilla Firefox
- Google Chrome
- Sublime Text
- UltraEdit
- Notepad

本书涉及的技术或框架

- HTML
- HTML 5
- CSS 3
- JSON
- MIME
- JavaScript
- AJAX
- Express
- HTTP
- HTTPS
- ECMAScript
- MySQL
- MongoDB
- RegExp
- Node.js
- NPM

本书特点

（1）本书以简单、通用的 Node.js 代码实例出发，抛开枯燥的纯理论知识介绍，通过实例讲解的方式帮助读者学习 Node.js 程序设计语言。

（2）本书内容涵盖 Node.js 所涉及的绝大部分开发知识，将这些内容整合到一起，可以系统地了解并掌握这门语言的全貌，为进入大型 Web 项目的开发做好铺垫。

（3）本书对于实例中的知识难点做出了详细的分析，能够帮助读者有针对性地提高 Node.js 编程开发技巧。

（4）本书在知识点上按照类别进行了合理地划分，全部代码实例都是独立的，读者可以从头开始阅读，也可以从中间开始阅读，不会影响学习进度。

（5）本书代码遵循重构原理，避免代码污染，真心希望读者能写出优秀的、简洁的、可维护的代码。

代码下载

本书实例代码可扫描右侧的二维码获取。

如果下载有问题，请联系 booksaga@163.com，邮件主题为“Node.js 全程实例”。

本书读者

- Node.js 框架与 Web 服务器开发初学者
- JavaScript 开发初学者和前端开发人员
- 由 JavaScript 向 Node.js 框架转型的开发人员
- 网站建设与网页设计的开发人员
- 需要 Web 前端开发实践的各类 IT 培训学校的学生
- 大中专院校 Web 前端开发课程的学生

编　者

2019 年 9 月

目　录

第 1 章

Node.js环境及工具

Node.js 是基于最先进的 Google V8 引擎开发的 JavaScript 服务器端平台，可用来快速地搭建易于扩展的 Web 应用。当然，这一切都源自于 V8 引擎执行 JavaScript 速度快、性能好的特点。书中涵盖绝大部分关于 Node.js 基础及进阶的内容，全程做到将知识点与应用实例相结合，通过学以致用的方式增强读者的阅读兴趣，帮助读者快速步入 Node.js 的编程世界。

笔者认为，学习一门编程语言最先要做的是要搭建好开发环境和选择好开发工具，这样才可以在学习的过程中将理论知识付诸实践。单纯的学概念、背语法是学不好编程的。软件开发注重实际操作性，相信绝大多数程序员的编程水平都是在无数的项目实践积累中才得到真正提高的。本章作为开篇，先介绍一下 Node.js 运行环境的搭建及开发工具的选择。

1.1 通过安装包安装 Node

在 Windows 系统下安装和部署 Node.js 框架，最简单的方式是直接通过安装包来进行操作。用户可以直接从 Node.js 的官方网站（https://nodejs.org/en/download/）来获取安装包文件，国内用户也可以通过 Node.js 官方中文站点（http://nodejs.cn/download/）进行下载。这里，我们通过 Windows 10 Preview（预览版）操作系统的环境介绍一下安装和部署最新版的 Node.js 框架的操作步骤。

首先，打开 Node.js 官网中的下载页面（https://nodejs.org/en/download/），如图 1.1 所示。如图 1.1 中的箭头和标识所示，具体说明如下：

- Node.js 框架的安装包有两大类，分别是长期支持的稳定版（LTS）和当前最新版（Current），一般建议选择长期支持的稳定版。截至本书定稿前，最新的 LTS 版本号为 10.15.1（包含 npm 6.4.1 版），关于 npm 后文中会有详细的介绍。
- 如果在 Windows 系统环境下安装 Node，那么使用安装包（.msi）版或二进制文件压缩包（.zip）版均可。同时，无论是安装包版还是二进制文件压缩包版，都分为 32-bit（32 位版）和 64-bit（64 位版），这主要是针对 32 位或 64 位版本的操作系统而言的。
- 笔者所使用的操作系统是 Windows 10 Preview 64-bit 版本，相应地选择图 1.1 中箭头所示的 Windows Installer（.msi）分类下的 64-bit 安装包（Node.js-v10.15.1-x64.msi）文件。

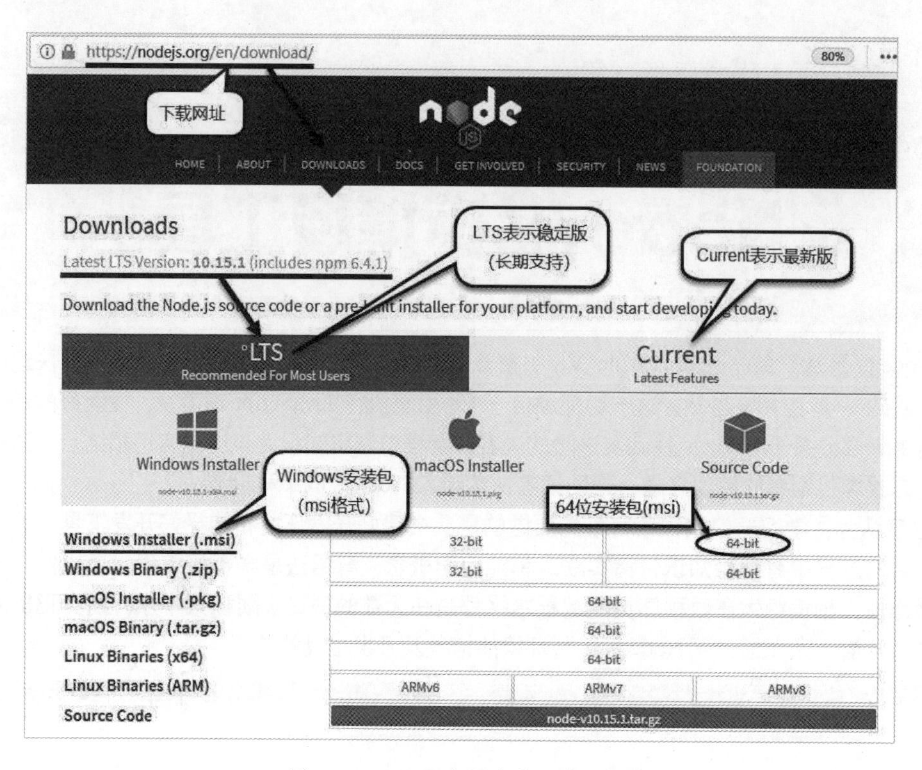

图 1.1　Node.js 官网中的下载页面

Node 安装包下载好后，直接双击该安装包文件（Node.js-v10.15.1-x64.msi）就可以进行安装操作了。

（1）安装向导的欢迎界面如图 1.2 所示。

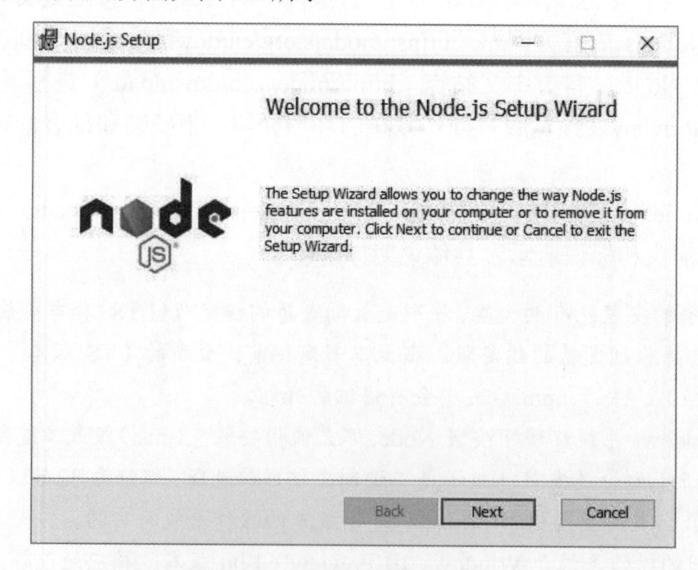

图 1.2　Node.js 通过安装包进行安装（1）

（2）单击图 1.2 中的 Next（下一步）按钮会出现最终用户授权协议界面，如图 1.3 所示。勾选接受协议复选框后，Next 按钮会变为可用状态，单击 Next 按钮进入下一步。

（3）此时打开的是 Node 安装目录界面（默认安装目录为 C:\Program Files\nodejs\），如图 1.4 所示。我们可以通过单击 Change 按钮修改自定义安装目录，这里笔者直接单击 Next 按钮选择默认安装目录。

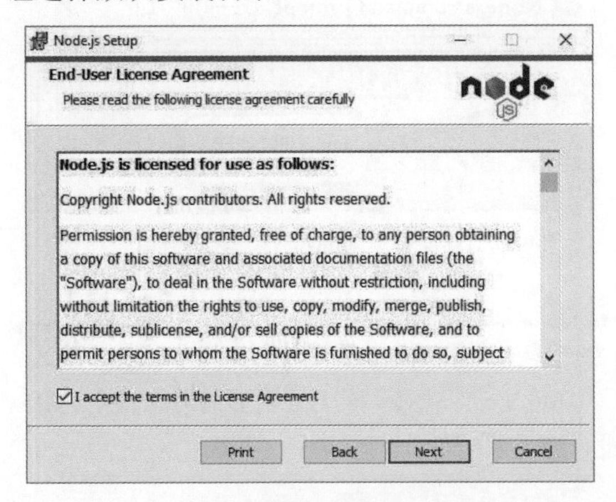

图 1.3　Node.js 通过安装包进行安装（2）

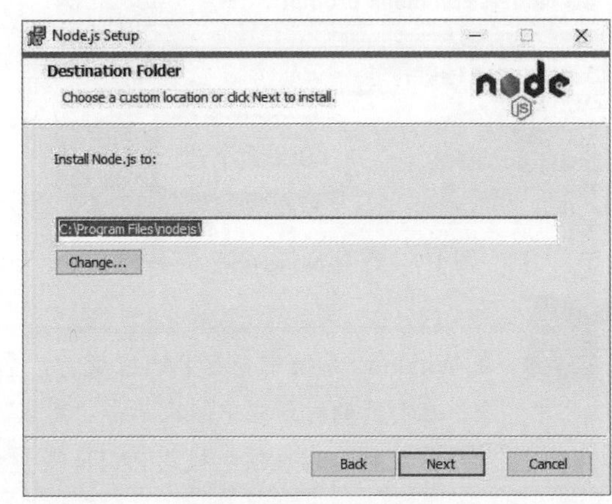

图 1.4　Node.js 通过安装包进行安装（3）

（4）然后出现如图 1.5 所示的自定义安装选项界面，我们选择默认设置即可。

（5）单击 Next 按钮后会出现一个准备安装界面。然后，单击准备安装界面中的 Install 按钮，开始安装的界面如图 1.6 所示。

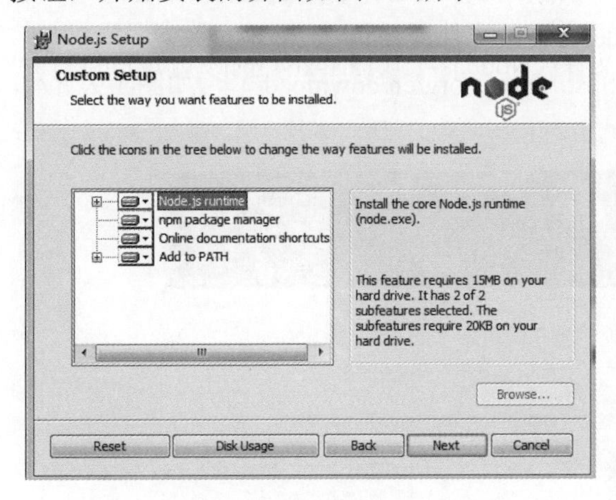

图 1.5　Node.js 通过安装包进行安装（4）

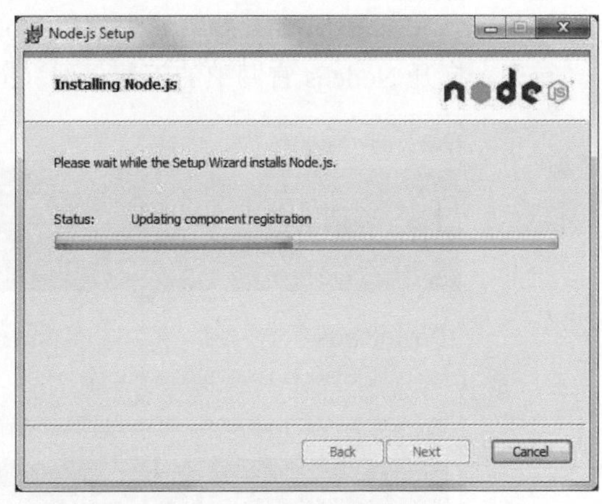

图 1.6　Node.js 通过安装包进行安装（5）

（6）安装需要等待 1 分钟左右，安装完成后会出现安装完成的界面，单击 Finish 按钮就可以了。

安装成功后，Windows 系统默认的环境变量 PATH 路径是“C:\Documents and Settings\Administrator\Application Data\npm”，当然也可以根据需要手动修改本地的安装目录，并将全局目录设置为与本地初始默认安装目录一致。安装 Node.js 框架时默认安装了 npm，npm 是 Node.js 的包管理工具。

那么如何判断 Node 是否安装成功呢？其实很简单，直接在命令行控制台中通过“node -v”命令查看版本号就可以。如果能够显示出版本号，就表示安装成功了，具体如图 1.7 所示。

同理，直接在命令行控制台中通过“npm -v”命令就可以查看 npm 的版本号。如果能够显示出版本号，就表示 node 包管理工具安装成功了，具体如图 1.8 所示。

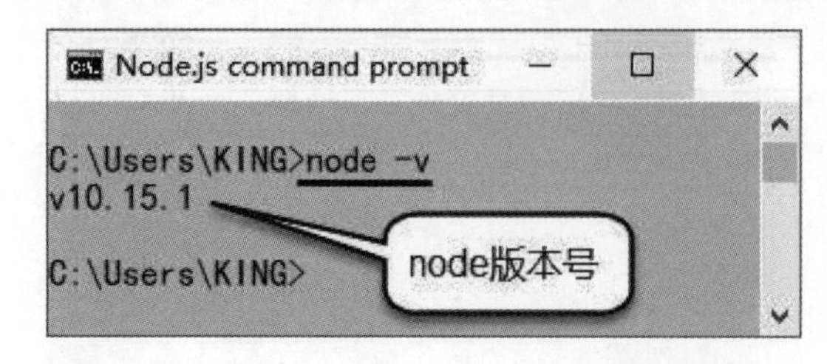

图 1.7 查看 Node.js 版本号

图 1.8 查看 npm 版本号

在 Windows 系统中查看 PATH 变量，需要选择“计算机属性”中的“高级系统属性”选项，在打开的对话框中依次单击“高级”“环境变量”选项，然后在打开的对话框中选择“用户变量”列表项，找到 PATH 变量进行查看或编辑。

1.2 通过二进制方式安装 Node

在 Windows 系统下，还支持通过二进制方式来安装和部署 Node.js 框架。其实，二进制方式与前面介绍的安装包方式本质上是一样的，只不过在操作上略有不同而已。如果想通过二进制方式来安装和部署 Node，就需要先下载 Node 二进制文件压缩包（.zip 格式）。

首先，打开 Node.js 官网中的下载页面（https://nodejs.org/en/download/），如图 1.9 所示。

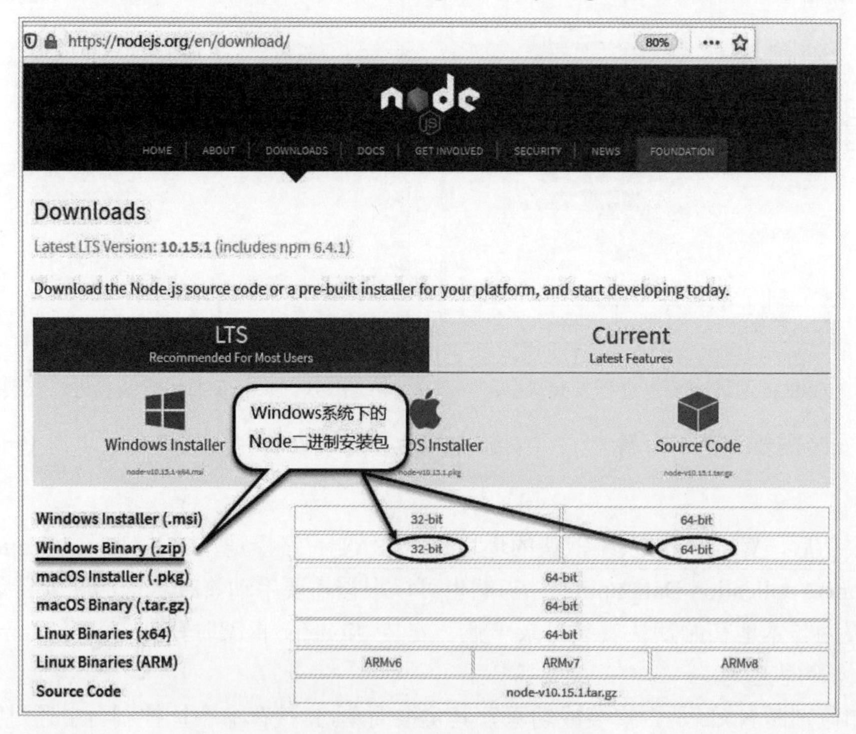

图 1.9 Node.js 官网中的下载页面

如图 1.9 中的箭头和标识所示，Windows 系统下的 Node 二进制安装包名称为“Windows Binary (.zip)”。本书所使用的操作系统是 Windows 10 Preview 64-bit 版本，因此选择“64-bit”版本安装包（node-v10.15.1-win-x64.zip）下载即可。

Node.js 二进制版安装包下载好后，可以通过“压缩/解压”软件查看压缩包中的文件明细，具体如图 1.10 所示。

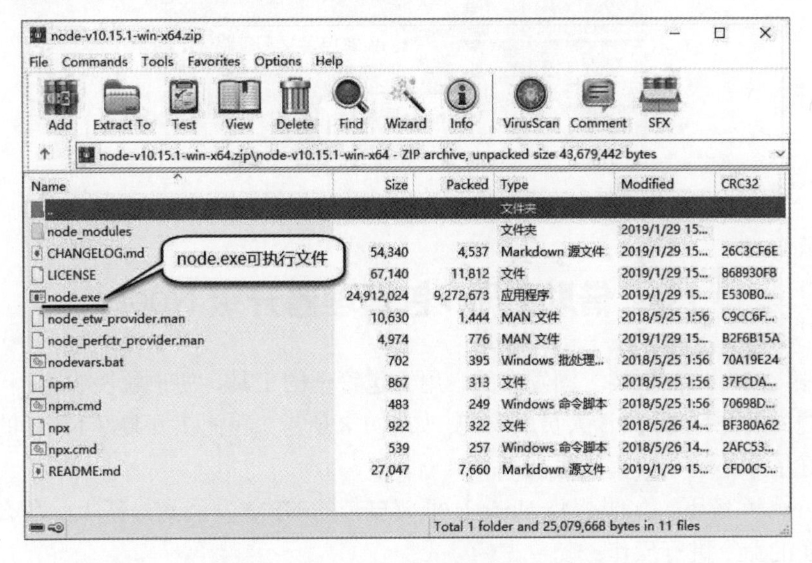

图 1.10　Node.js 二进制安装包目录明细

如图 1.10 中的标识所示，压缩包中包含“node.exe”可执行文件。下面我们要做的就是将 Node 二进制安装包解压到指定的目录下，然后将该目录手动添加到 PATH 环境变量中，如图 1.11 所示。

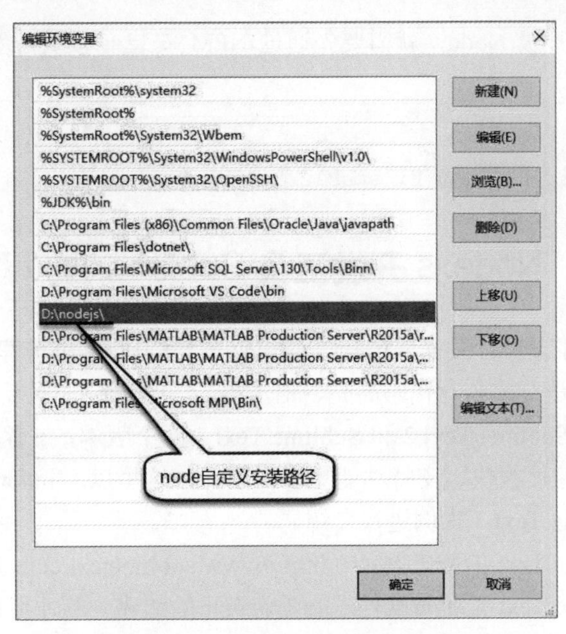

图 1.11　Node.js 二进制安装方式

对于二进制方式安装的 Node，同样可以在命令行控制台中通过“node -v”命令查看版本号，检查是否安装成功。另外，还可以使用“where”命令查询“node.exe”可执行文件的安装路径，如图 1.12 所示。

图 1.12 查看 Node.js 版本号及安装路径

1.3 借助 NPM 包管理器升级 Node

NPM 是随着 Node.js 框架一同发布的、用于包管理的工具，便于解决 Node 代码部署上的一些疑难问题，很受 Node 设计人员的欢迎。如图 1.8 所示，我们在安装好 Node 的同时，NPM 自然就安装好了（不过一般不是最新版）。

在 Windows 系统下，如果想将 Node.js 框架自带的 NPM 升级到最新版，那么可以在命令行中使用下面的命令进行操作：

```
npm install npm -g
```

或者使用下面的命令进行操作：

```
npm install npm@latest -g
```

如果想通过 NPM 升级 Node，就需要先通过 NPM 安装 n 模块，然后通过 n 模块来升级 Node 到最新版本：

```
npm install -g n
n stable | latest        备注：stable 表示当前的稳定版，latest 表示当前的最新版
```

1.4 Node.js 开发工具 Sublime Text 配置

读者进行 Node 程序设计开发需要选择一款代码开发工具，这里推荐大家使用 Sublime Text 编辑器。Sublime Text 是一款具有代码高亮、语法提示、自动完成且反应快速的编辑器软件。

Sublime Text 包括 Sublime Text 2 和 Sublime Text 3 两个版本，二者的界面基本相同，不过 Sublime Text 3 的启动速度很快、支持功能更多。因此，这里以 Windows 10 preview 64-bit 版本操作系统下的 Sublime Text 3 为例进行介绍。

读者可以从 Sublime Text 的官方网址（http://www.sublimetext.com/3）下载 Sublime Text 3 的试用版，注意 Sublime Text 是付费软件，需要购买正版的序列号才可以激活永久使用，具体下载页面如图 1.13 所示。

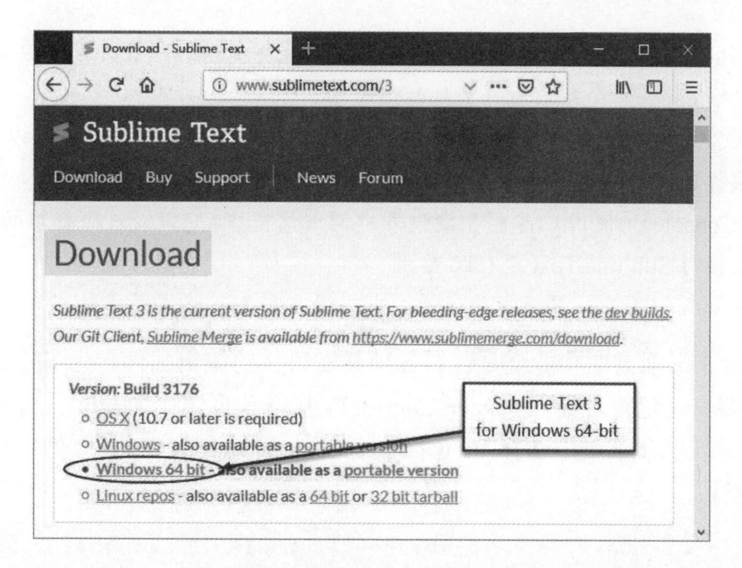

图 1.13　Sublime Text 3 官方下载页面

如图 1.13 中的箭头和标识所示，这里选择下载 Sublime Text 3 build 3176 的 Windows 64-bit 安装包。软件安装成功后，双击桌面上的“Sublime Text 3”快捷图标，就可以打开 Sublime Text 3 程序，具体界面如图 1.14 所示。

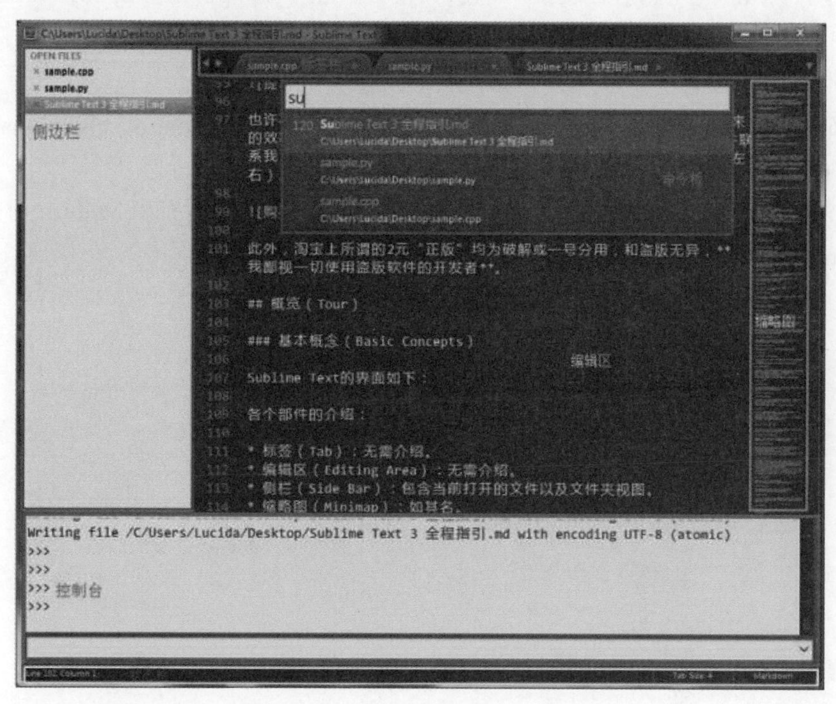

图 1.14　Sublime Text 3 操作界面

界面中的各种操作选项说明如下。

- 标签（Tab）：分别显示每个打开的文件。
- 编辑区（Editing Area）：主要编辑文本内容的区域，位于界面的中心位置。

- 侧栏（Side Bar）：包含当前打开的文件以及文件夹视图。
- 缩略图（Minimap）：当前打开文件的缩略图。
- 命令板（Command Palette）：Sublime Text 的操作中心，使我们基本可以脱离鼠标和菜单栏进行操作。
- 控制台（Console）：使用 Ctrl + `快捷键可以调出该窗口。它既是一个标准的 Python REPL，也可以直接对 Sublime Text 进行配置。
- 状态栏（Status Bar）：显示当前行号、当前语言和 Tab 格式等信息。

Sublime Text 3 最强大的功能就是针对各种开发语言的编辑插件。为了安装和管理这些插件，我们首先需要安装包管理器（Package Control），官方首页链接为 https://packagecontrol.io。通过 Ctrl+`快捷键或者在菜单中选择 View | Show Console 来打开控制台，然后将下面的代码粘贴到控制台中运行：

```
import urllib.request,os,hashlib; h = '2915d1851351e5ee549c20394736b442' + '8bc59f460fa1548d1514676163dafc88'; pf = 'Package Control.sublime-package'; ipp = sublime.installed_packages_path(); urllib.request.install_opener ( urllib.request.build_opener( urllib.request.ProxyHandler()) ); by = urllib.request.urlopen( 'http://packagecontrol.io/' + pf.replace(' ', '%20')).read(); dh = hashlib.sha256(by).hexdigest(); print('Error validating download (got %s instead of %s), please try manual install' % (dh, h)) if dh != h else open(os.path.join( ipp, pf), 'wb' ).write(by)
```

这段代码将创建一个安装包的目录，并将包控制器 Package Control.sublime-package 下载到这个目录中。安装完毕后，需要重新启动 Sublime Text 3。

在 Package Control 首页的搜索框输入 NODE，就可以查找到所有和 Node.js 相关的包，我们选择由 tanepiper 创建的 Node.js 插件，如图 1.15 所示。

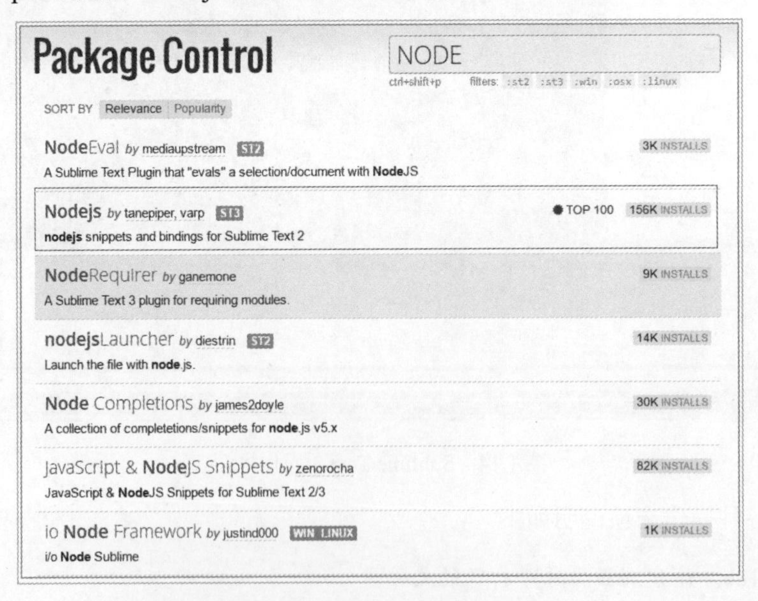

图 1.15 Package Control 包搜索和下载页面

打开 Node.js 包的链接可以查看到这个包的详细介绍和使用方法，例如在 Windows 10 操作系统下的安装命令是：

```
    git clone https://github.com/tanepiper/SublimeText-Node.js "%APPDATA%\
Sublime Text 3\Packages\Node.js"
```

Sublime Text 3 按照类型可以把快捷键分为编辑、选择、查找&替换、跳转、窗口、屏幕，这里分别对常用的快捷键做一个简单介绍。

1. 编辑

- Ctrl+Enter：在当前行下新增一行，然后跳至该行。
- Ctrl+Shift+Enter：在当前行上增加一行并跳至该行。
- Ctrl+←/→：进行逐词移动。
- Ctrl+Shift+←/→：进行逐词选择。
- Ctrl+↑/↓：移动当前显示区域。
- Ctrl+Shift+↑/↓：移动当前行。

2. 选择

- Ctrl+D：选择当前光标所在的词并高亮该词所有出现的位置，再次按 Ctrl+D 快捷键选择该词出现的下一个位置。在多重选词的过程中，使用 Ctrl+K 快捷键进行跳过，使用 Ctrl+U 快捷键进行回退，使用 Esc 键退出多重编辑。
- Ctrl+Shift+L：将当前选中区域打散。
- Ctrl+J：把当前选中区域合并为一行。
- Ctrl+M：在起始括号和结尾括号间切换。
- Ctrl+Shift+M：快速选择括号间的内容。
- Ctrl+Shift+J：快速选择具有相同缩进的内容。
- Ctrl+Shift+Space：快速选择当前作用域（Scope）的内容。

3. 查找&替换

- F3：跳到当前关键字下一个位置。
- Shift+F3：跳到当前关键字上一个位置。
- Alt+F3：选中当前关键字出现的所有位置。
- Ctrl+F/H：进行标准查找/替换，之后：
  - Alt+C：切换大小写敏感（Case-Sensitive）模式。
  - Alt+W：切换整字匹配（Whole Matching）模式。
  - Alt+R：切换正则匹配（RegEx Matching）模式。
- Ctrl+Shift+H：替换当前关键字。
- Ctrl+Alt+Enter：替换所有关键字匹配。
- Ctrl+Shift+F：多文件搜索&替换。

4. 跳转

- Ctrl+P：跳转到指定文件，输入文件名后可以再输入以下内容。
  - @符号：跳转输入，如@symbol 跳转到 symbol 符号所在的位置。
  - #关键字：跳转输入，如#keyword 跳转到 keyword 所在的位置。
  - :行号：跳转输入，如:12 跳转到文件的第 12 行。
- Ctrl+R：跳转到指定符号。
- Ctrl+G：跳转到指定行号。

5. 窗口

- Ctrl+Shift+N：创建一个新窗口。
- Ctrl+N：在当前窗口创建一个新标签。
- Ctrl+W：关闭当前标签，当窗口内没有标签时会关闭该窗口。
- Ctrl+Shift+T：恢复刚刚关闭的标签。

6. 屏幕

- F11：切换至普通全屏。
- Shift+F11：切换至无干扰全屏。
- Alt+Shift+1Single：切换至独屏。
- Alt+Shift+2Columns:2：切换至纵向二栏分屏。
- Alt+Shift+3Columns:3：切换至纵向三栏分屏。
- Alt+Shift+4Columns:4：切换至纵向四栏分屏。
- Alt+Shift+8Rows:2：切换至横向二栏分屏。
- Alt+Shift+9Rows:3：切换至横向三栏分屏。
- Alt+Shift+5Grid：切换至四格式分屏。

1.5 Node.js 开发平台 WebStorm 配置

前文介绍的 Sublime Text 3 其实是一款轻量级的代码编辑器，如果读者打算选择一款平台级别的开发工具，这里推荐大家使用 jetBrains 公司的 WebStorm 软件。WebStorm 是 JavaScript 集成开发平台中针对性最强、功能最完善且简单易学的一款重量级开发平台，因其具有强大的代码管理和调试功能，所以非常适合开发大型的 Web 项目。下面我们简单介绍一下 WebStorm 的配置及使用过程。

首先，读者可以从 jetBrains 的官方网址（http://www.jetbrains.com/）下载 WebStorm 的试用版（30-day），具体下载页面如图 1.16 所示。

如图 1.16 中的箭头和标识所示，默认下载了最新版的 WebStorm 2018.3.5 安装包。软件的安装过程很简单，安装成功后双击桌面上的“WebStorm 2018”快捷图标，就可以打开 WebStorm 平台，具体界面如图 1.17 所示。

图 1.16　jetBrains WebStorm 官方下载页面

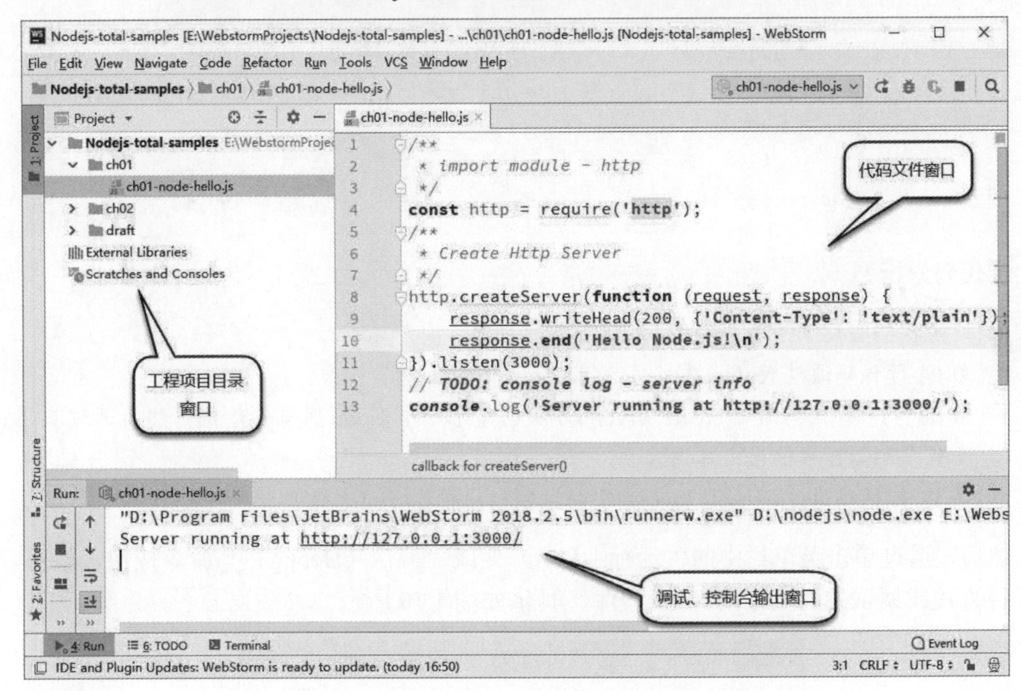

图 1.17　WebStorm 平台操作界面

如图 1.17 中的标识所示，WebStorm 操作界面主要包括“工程项目目录”窗口、“代码文件”窗口和“运行、调试和控制台输出”窗口等。下面我们通过一个简单的代码实例介绍如何使用 WebStorm 开发 Node 程序。

首先，在“工程项目目录窗口”中通过右键打开新建文件菜单，然后选择新建 JavaScript 文件菜单项，就会打开如图 1.18 所示的新建窗口。

如图 1.18 中的标识所示，输入新建的 JavaScript 文件名后，继续单击 OK 按钮就可以了。下面我们通过一个简单的 Node 程序代码实例进行操作演示。

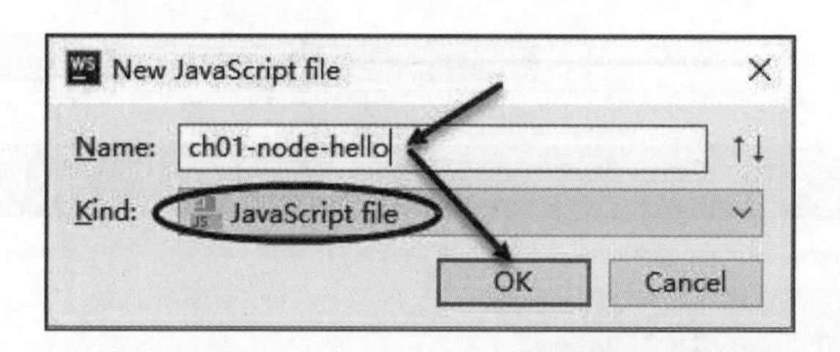

图 1.18　WebStorm 平台操作（新建 JavaScript 文件）

【代码 1-1】（详见源代码目录 ch01-node-hello.js 文件）

```
01  /**
02   * import module - http
03   */
04  const http = require('http');
05  /**
06   * Create Http Server
07   */
08  http.createServer(function (request, response) {
09      response.writeHead(200, {'Content-Type': 'text/plain'});
10      response.end('Hello Node.js!\n');
11  }).listen(3000);
12  console.log('Server running at http://127.0.0.1:3000/');
```

【代码分析】

- 这段代码实现了一个基本的 Node 服务器程序。
- 第 04 行代码通过 require 指令引入了“http”模块。
- 第 08～11 行代码通过 createServer()方法创建了一个 Node 服务器实例，然后通过 response 参数向浏览器中输出文本内容。
- 第 12 行代码通过 console.log()方法向控制台中输出了日志信息。

然后，通过单击菜单栏中的“运行（Run）”或“调试（Debug）”命令按钮，就可以通过运行方式或调试方式执行该 Node 程序，具体如图 1.19 所示。

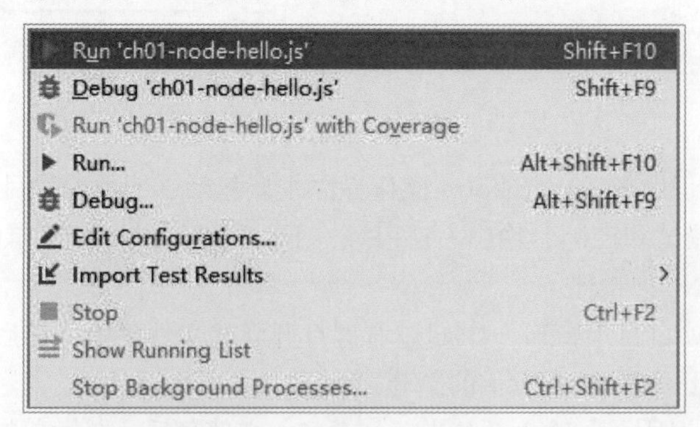

图 1.19　WebStorm 平台操作（运行 Node 程序）

Node 程序运行后，就可以在“运行、调试和控制台输出”中查看输出的日志信息，如图 1.20 所示。

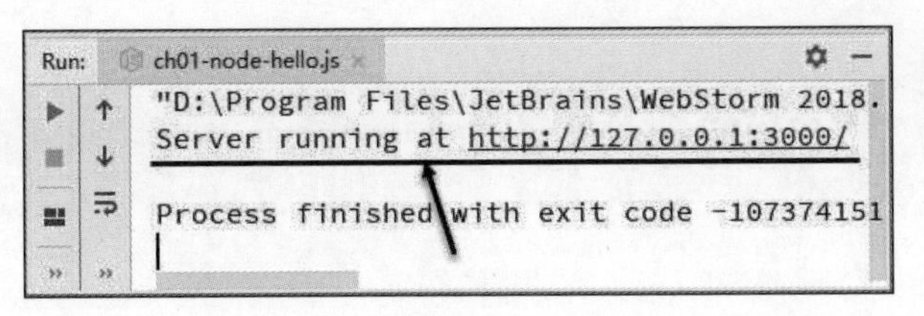

图 1.20　WebStorm 平台操作（查看输出的日志信息）

由于本例 Node 代码实现的是一个简单的服务器，因此需要先通过 Node 命令运行该程序，才可以在浏览器地址栏中通过输入定义好的服务器地址（http://127.0.0.1:3000/）打开页面进行测试，如图 1.21 和图 1.22 所示。

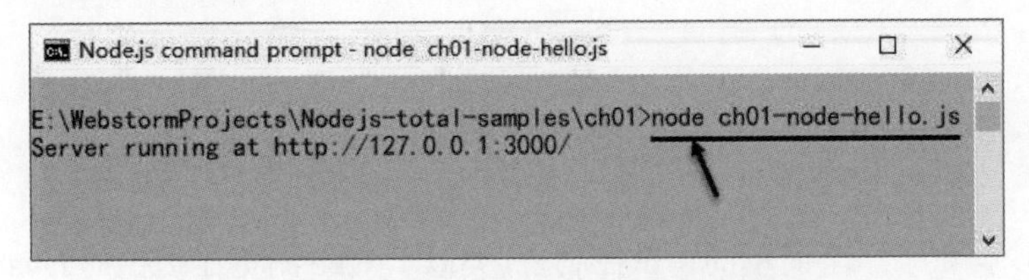

图 1.21　WebStorm 平台操作（运行 Node 程序）

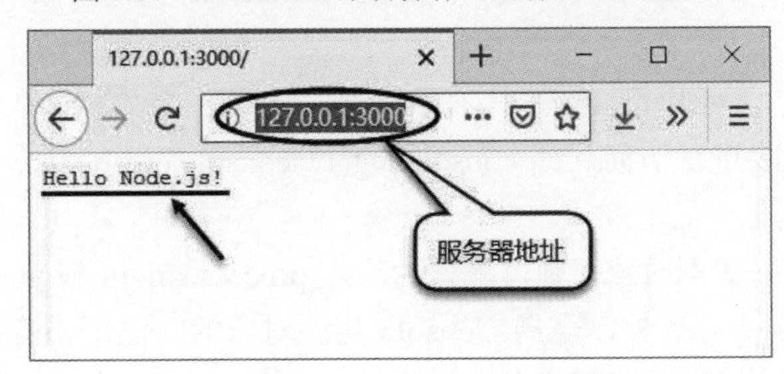

图 1.22　WebStorm 平台操作（浏览器测试）

以上就是通过 WebStorm 开发平台的配置及使用 Node 程序的基本过程。

第 2 章

Node.js控制台输出

Node.js 控制台模块（Console）可以向操作系统控制台实现输入和输出等操作，实际上就是目前非常流行的“读取-求值-输出”循环（Read-Eval-Print Loop，REPL）交互式的编程环境。

2.1 Node.js 中的 Console 概述

Console 模块提供了一个简单的调试控制台，类似于 Web 浏览器提供的 JavaScript 控制台。同时，Console 模块中分别导出了 Console 类和全局 Console 实例对象两个特定组件，提供给设计人员使用。

对于 Console 类，可用于创建具有可配置的输出流的简单记录器，可以使用 require('console').Console 进行访问（如 console.log()、console.error()和 console.warn()方法），可用于写入任何 Node 流。

而对于全局 Console 实例对象，则可配置为写入 process.stdout 和 process.stderr，在使用时无须调用 require('console')。另外，全局 Console 实例对象的方法既不像浏览器中的 API 那样总是同步的，也不像其他 Node 流那样总是异步的。

2.2 控制台日志信息输出

Node.js 中的控制台模块（Console）定义了多种方法可以实现常规日志信息的输出操作。下面我们通过 console.log()与 console.info()两个方法来实现一个简单的控制台日志信息输出实例。

【代码 2-1】（详见源代码目录 ch02-node-console-loginfo.js 文件）

```
01  /* ch02-node-console-loginfo.js */
02  /**
03   * console - log()
04   */
05  console.log("Node.js - console.log() 方法");        // TODO: 输出日志内容
06  /**
```

```
07   * console - info()
08   */
09 console.info("Node.js - console.info() 方法"); // TODO: 输出信息内容
```

【代码分析】

- 这段代码演示了如何使用 console.log()方法和 console.info()方法向控制台输出内容基本类似的两段字符串。
- 第 05 行代码中使用的 console.log()方法可以向控制台实现标准输出，该方法也可以像 C 语言的 printf()一样接收多个参数。而第 09 行代码中使用的 console.info()方法与 console.log()方法的功能效果是完全一致的。

单击工具栏中的“运行（Run）”命令按钮，通过“运行、调试和控制台输出”查看信息输出，如图 2.1 所示。

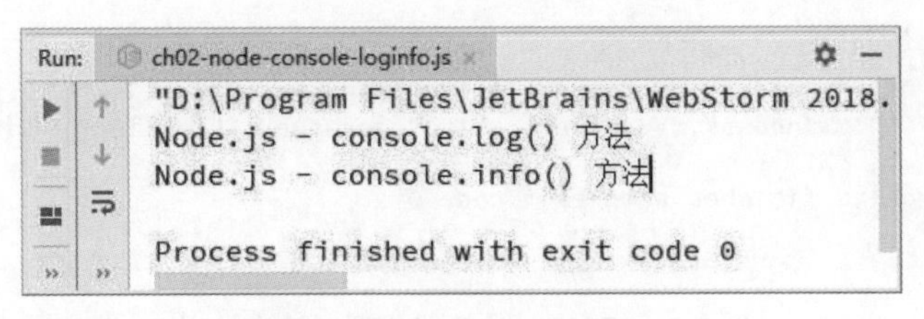

图 2.1　控制台日志信息输出

从图 2.1 中输出的结果可以看到，使用 console.log()与 console.info()两个方法输出的结果是完全一致的，说明这两个方法实现的功能是完全一致的。

2.3　输出 JSON 数据交换格式

JSON（JavaScript Object Notation）是目前非常流行的、轻量级的数据交换格式。JSON 是基于 ECMAScript 规范定义的一个子集，采用完全独立于编程语言的文本格式来存储和表示数据。

对于任何一种编译执行或解释执行的编程语言来讲，数据格式化输出都是基本的功能之一。所谓格式化，就是将数据的表现形式固定为某一种常用格式。JSON 具有简洁清晰的层次结构，方便用户读写编辑，易于机器解析生成，可有效地提升网络传输效率，是一种理想的 Web 数据交换语言。

下面我们向读者介绍如何通过 Node 程序输出 JSON 数据交换格式的方法，具体代码如下：

【代码 2-2】（详见源代码目录 ch02-node-console-json.js 文件）

```
01 /* ch02-node-console-json.js */
02 console.log("%j", {OS:"Windows",Version:"8.1",Language:["English",
   "Chinese"]});
03 var v_json = {
04     OS:"Windows",
```

```
05     Version:"8.1",
06     Language:["English","Chinese"]
07  };
08  console.log("%j", v_json);
```

【代码分析】

- 第 02 行直接在 console.log()方法中将第一个参数定义为 JSON 格式（"%j"），然后输出第二个参数定义的 JSON 数据。
- 第 03～08 行是另一种实现方式，首先定义了一个 JSON 格式的变量并对该变量进行赋值，然后由 console.log()方法对该变量进行输出。

单击工具栏中的“运行（Run）”命令按钮，通过“运行、调试和控制台输出”查看信息输出，如图 2.2 所示。

```
Run:  ch02-node-console-json.js
{"OS":"Windows","Version":"8.1","Language":["English","Chinese"]}
{"OS":"Windows","Version":"8.1","Language":["English","Chinese"]}

Process finished with exit code 0
```

图 2.2　JSON 对象格式化调试输出结果

如图 2.2 中输出的结果所示，两种方法执行后的效果是完全一致的，可见 Node 对 JSON 数据交换格式有很好的支持。

2.4　输出逻辑运算符结果

如果读者学习过 C、Java 和 JavaScript 这样的基础编程语言，那么一定知道对于含有比较运算符或逻辑运算符的表达式，同普通表达式一样会有一个表达式值。在 Node.js 平台下，比较运算符和逻辑运算符的特性是什么呢？

下面通过一个 Node 代码实例来测试一下 Node 程序对于特殊运算符是如何进行判断取值的。

【代码 2-3】（详见源代码目录 ch02-node-console-logic.js 文件）

```
01  /* ch02-node-console-logic.js */
02  var a=0;
03  var b=1;
04  console.log(a==b);  // TODO: 使用比较运算符，输出 false
05  console.log(a>=b);  // TODO: 使用比较运算符，输出 false
06  console.log(a<=b);  // TODO: 使用比较运算符，输出 true
07  console.log(a==0 && b==1);  // TODO: 使用逻辑运算符，输出 true
```

【代码分析】

- 第 04～06 行使用比较运算符（“==”“>=”“<=”）进行运算，然后输出运算结果（true 或者 false）。
- 第 07 行综合使用比较运算符（“==”）与逻辑运算符（“&&”，逻辑“与”运算符）进行运算，然后输出运算结果（true 或者 false）。

单击工具栏中的“运行（Run）”命令按钮，通过“运行、调试和控制台输出”查看信息输出，如图 2.3 所示。

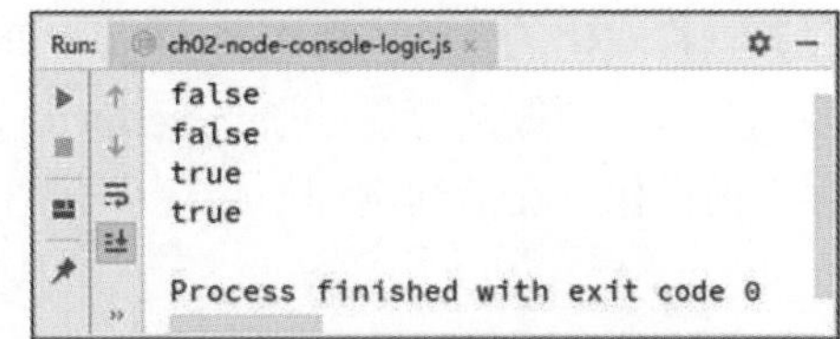

图 2.3　逻辑运算符调试输出结果

如图 2.3 中输出的结果所示，运算符比较运算与逻辑运算的结果为 true 和 false 两个真值，基本沿用了 C、Java、JavaScript 等编程语言的规范传统。其实，Node 程序对于比较运算符与逻辑运算符的用法借鉴了 JavaScript 语言，两者在逻辑上几乎是完全一致的。

2.5　格式化参数输出

在前面几节中，向读者演示了几种常规数据格式化的应用。在实际开发过程中，设计人员可能还会碰到许多特殊情况，例如当仅有第一个参数出现时，其写法有类似“%8s”这样的格式化参数，Node 程序会如何处理呢？

下面通过一个 Node 代码实例说明 Node 程序关于特殊格式化参数输出的用法。

【代码 2-4】（详见源代码目录 ch02-node-console-arguments.js 文件）

```
01  /* ch02-node-console-arguments.js */
02  console.log("%s", "argument");
03  console.log("%s");
04  console.log("%d", 8);
05  console.log("%d");
06  console.log("%8s");
07  console.log("%8d");
08  console.log("%8s", "%8s");
09  console.log("%8d", 8);
```

【代码分析】

- 第 02～03 行是“%s”的比较用法，如第 03 行单独使用“%s”且仅有一个参数时，Node 程序将会把“%s”当作字符串直接输出。
- 第 04～05 行是“%d”的比较用法，其输出结果与“%s”是一致的。
- 第 06～07 行是格式化参数的特殊用法，如果格式化参数写成如“%8s”或“%8d”这样的格式，Node 程序就会把其当作字符串来处理。

- 第08～09行代码告诉我们，即使console.log()方法有第2个参数，第1个参数（如写成“%8s”或“%8d”这样的格式）也不会具有数据格式化功能，仍将其直接当作字符串来处理并输出。

单击工具栏中的“运行（Run）”命令按钮，通过“运行、调试和控制台输出”查看信息输出，如图2.4所示。

另外，在Node程序中单独使用Console模块进行数据格式化的功能，相比于Java和JavaScript语言要弱一些，一般需要借助JavaScript语言才能完成更强大的操作，在后续例程中会逐步介绍给读者。

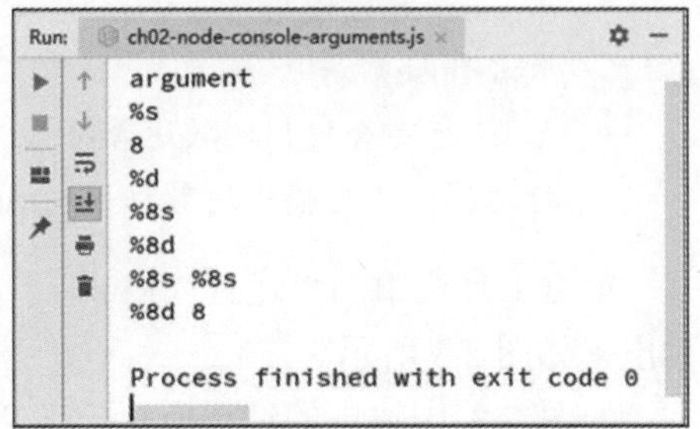

图 2.4　特殊格式化参数调试与输出结果

2.6　输出错误和警告

当用户在界面中输入发生错误的时候，系统通常会给出一个错误或警告提示。如想在Node程序中实现这个错误或警告提示功能，那么可以通过console.error()与console.warn()两个方法来实现。

下面通过一个具体的Node代码实例说明Node程序关于输出错误和警告的方法。

【代码 2-5】（详见源代码目录 ch02-node-console-error-warn.js 文件）

```
01  /* ch02-node-console-error-warn.js */
02  /**
03   * import module - fs
04   */
05  var fs = require('fs');
06  var file = 'error-warn.txt';
07  var encoding = 'UTF-8';
08  // TODO: read file
09  fs.readFile(file, encoding, function(err, data) {
10      if(err) {
11          console.error("error - \n %s", err);
12          console.warn("warn - \n %s", err);
13      } else {
14          console.log(data);
15      }
16  });
```

【代码分析】

- 这个例程的主要功能为读取本地文本（.txt）文件，并将其中的内容进行输出。
- 在第09行代码中通过readFile()方法尝试读取第06行代码定义的文本文件(error-warn.txt)。

- 若读取成功，则第 14 行代码会在控制台中输出该文本文件的内容。
- 若读取失败，则第 11～12 行代码分别使用 console.error()和 console.warn()方法将 err 参数的内容输出到控制台中。

单击工具栏中的“运行（Run）”命令按钮，通过“运行、调试和控制台输出”查看信息输出，如图 2.5 所示。

如图 2.5 所示，控制台中输出了文本文件（error-warn.txt）中的内容，说明读取文件的操作成功了。

如果读取文件的操作失败呢？我们可以手动将文本文件（error-warn.txt）的名称修改为（error-warn-none.txt），目的是让 Node 程序读取一个实际不存在的文件，具体代码如下：

【代码 2-6】（详见源代码目录 ch02-node-console-error-warn.js 文件）

```
06  var file = 'error-warn-none.txt'; // TODO: 手动方式修改为文本文件名称
```

再次单击工具栏中的“运行（Run）”命令按钮，通过“运行、调试和控制台输出”查看信息输出，如图 2.6 所示。

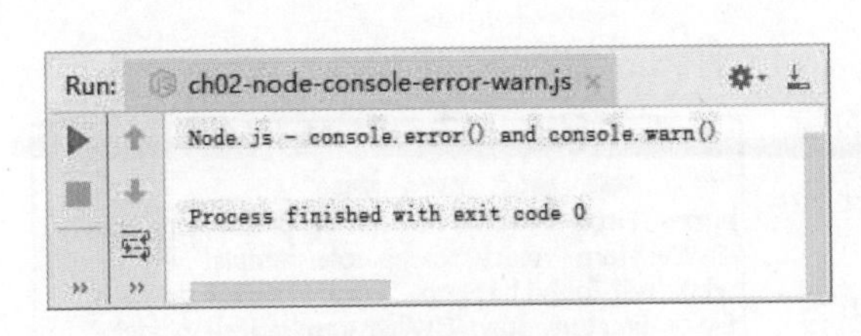

图 2.5　输出错误和警告（1）

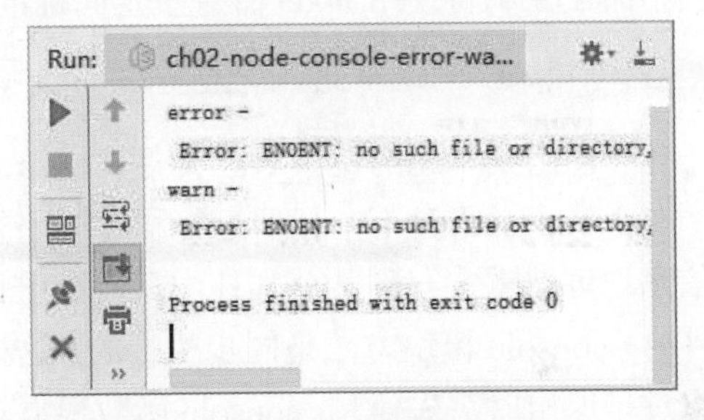

图 2.6　输出错误和警告（2）

如图 2.6 所示，控制台中分别输出了“no such file or directory…”的错误和警告信息。

另外，Node.js 平台下的 console.error()方法与 console.log()方法一样，在 console.error()方法中也可以通过参数指定输出字符串的格式。

2.7　输出位置重定向

Node.js 平台的控制台操作同样具有实现重定向标准错误输出流的功能。在执行 node 命令时，可以指定命令的标准错误输出流形式，默认状态是控制台屏幕，也可以为文件重定向。

下面通过一个具体的 Node 代码实例介绍实现重定向标准错误输出流到文件的功能。

【代码 2-7】（详见源代码目录 ch02-node-console-redirect.js 文件）

```
01  /* ch02-node-console-redirect.js */
02  /**
03   * import module - fs
04   */
```

```
05 var fs = require('fs');
06 var file = 'not-found.txt';
07 var encoding = 'UTF-8';
08 fs.readFile(file, encoding, function(err, data) {
09     if(err) {
10         console.error("error - \n %s", err);
11         console.warn("warn - \n %s", err);
12     } else {
13         console.log(data);
14     }
15 });
```

【代码分析】

- 该实例的主要功能通过读取一个本地不存在的文本文件（not-found.txt）来产生错误，并将系统错误提示输出到本地错误文件中。

下面在控制台使用 node 命令重定向标准错误输出流到文件，具体命令如下：

```
命令：node ch02-node-console-redirect.js 2> error.log
```

打开输出到本地的错误日志文件（error.log），文件内容如图 2.7 所示。

在 Node.js 平台下，任何运行程序时引发的错误信息均可被重定向到某个文件中。当输出目标是文件时，console 模块方法是同步执行的，这样可以防止过早退出时丢失信息。console 函数根据输出目标的不同分为“同步/异步”两种方式，在平常使用中用户不需要太担心“阻塞/非阻塞”的差别，除非需要记录大量数据。

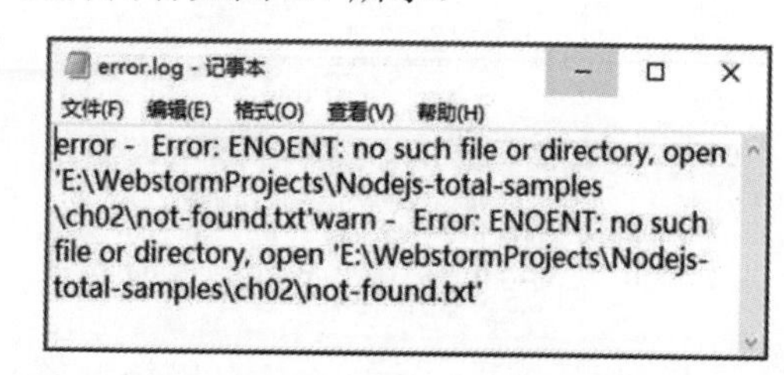

图 2.7 输出位置重定向

2.8 输出对象的属性和方法

在 Node.js 平台下，可以使用 console.dir()方法实现快速查看对象实例所包含属性和方法的功能。在我们不知道某个 Node.js 对象实例所包含的属性和方法时，这个功能还是非常实用的。

在下面这个例程中，我们可以看到 console.dir()方法对于不同的对象类型是如何进行输出的。

【代码 2-8】（详见源代码目录 ch02-node-console-obj-dir.js 文件）

```
01 /**
02  * ch02-node-console-obj-dir.js
03  */
04 console.dir(123);               // 使用 console.dir()方法查看整型对象
05 console.dir("abc");             // 使用 console.dir()方法查看字符串对象
```

```
06  console.dir({"abc":123});       // 使用 console.dir()方法查看 JSON 对象
07  console.dir(1+2*3+1);           // 使用 console.dir()方法查看表达式对象
08  console.dir(console);           // 使用 console.dir()方法查看 Node.js 核心模块
```

【代码分析】

- 第 04 行实现的是查看整型对象（123）的功能，其输出结果仍是整型对象。
- 第 05 行实现的是查看字符串对象（"abc"）的功能，其输出结果仍是字符串对象。
- 第 06 行实现的是查看 JSON 类型对象（{"abd":123}）的功能，其输出结果仍是 JSON 类型对象。
- 第 07 行实现的是查看运算表达式对象（1+2*3+1）的功能，其输出结果是该运算表达式的计算结果（本例程计算结果等于 8）。
- 第 08 行实现的是查看 console 核心模块对象的功能，console.dir()方法将会输出 console 对象所包含的全部属性和方法明细。

再次单击工具栏中的“运行（Run）”命令按钮，通过“运行、调试和控制台输出”查看信息输出，如图 2.8 所示。

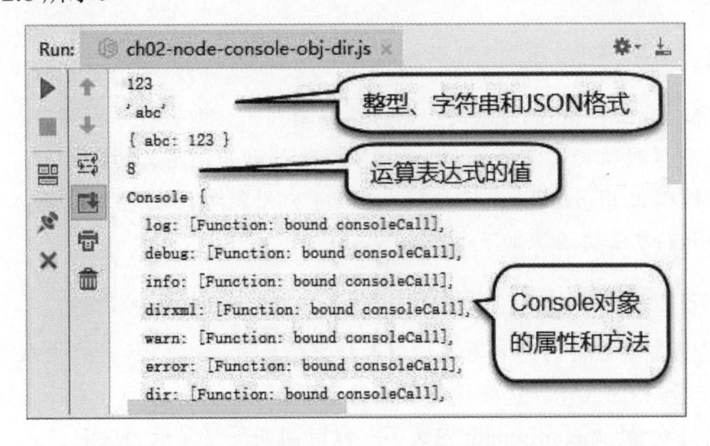

图 2.8　使用 console.dir()方法查看对象实例的属性和方法

另外，如果查阅 Node.js 文档规范，就会知道 console.dir()方法实际上在底层是通过对 obj 对象使用 util.inspect()方法并将结果字符串输出到 stdout 来实现的。关于 Util 模块的方法会在后面章节做详细介绍。

2.9　输出控制键

在很多情况下，应用程序需要模拟组合控制键操作（如复制、粘贴、撤销等）来代替用户完成一些键盘操作功能。而在 Node.js 平台下，通过 readline 模块的 write()方法可以实现向控制台输出控制键的功能。

下面通过一个具体的实例向读者演示如何应用 readline.write()方法实现对控制台输出的内容进行撤销操作的功能。

【代码 2-9】(详见源代码目录 ch02-node-console-ctrl-key.js 文件)

```
01  /**
02   * ch01.console-write.js
03   */
04  console.info('Node.js - readline.write() Usage');
05  var readline = require('readline');         // 引入 readline 模块
06  var rl = readline.createInterface({         // 初始化 rl 对象
07      input: process.stdin,
08      output: process.stdout
09  });
10  rl.write('Delete me! Wait for 3 seconds...');
11  var timeoutLength = 3 * 1000;           // 3秒
12  var timeout = setTimeout(function() {       //调用 setTimeout()方法
13      // 模仿 Ctrl+U 快捷键，删除之前所写行
14      rl.write(null, {ctrl:true, name:'u'});
15  }, timeoutLength);
```

【代码分析】

- 第 04 行通过 console.info()方法向控制台终端输入一行内容提示文字。
- 第 05～09 行代码执行了加载 readline 模块并进行初始化定义的操作。
- 第 10 行代码使用 readline 模块的 write()方法来向控制台终端写入一行文字内容。readline.write()方法的语法如下：

```
readline.write(data, [key])
```

  write()方法将参数 data 的内容写入控制台标准输出流，参数 key 是一个代表键序列的对象，当终端是一个 TTY（计算机终端设备）时可用。
- 第 11 行通过变量 timeoutLength 定义了一段时间间隔（时长为 3 秒）。
- 第 12～15 行借助 setTimeout()方法实现了经过一段时间延迟后，通过第 14 行中的 rl.write()方法执行向控制台模拟输出撤销操作快捷键并删除之前写入的一行文字内容的功能；其中 rl.write()方法的 key 参数为一个 JSON 对象（{ctrl:true, name:'u'}），该对象设定了一个组合控制键“Ctrl+U”，该组合控制键可以实现撤销上一步操作的功能。

下面在控制台中测试该代码实例，具体效果如图 2.9 和图 2.10 所示。

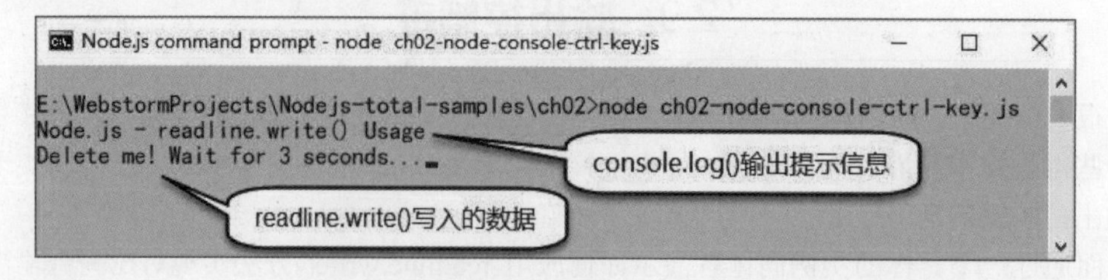

图 2.9 向控制台输出组合控制键（1）

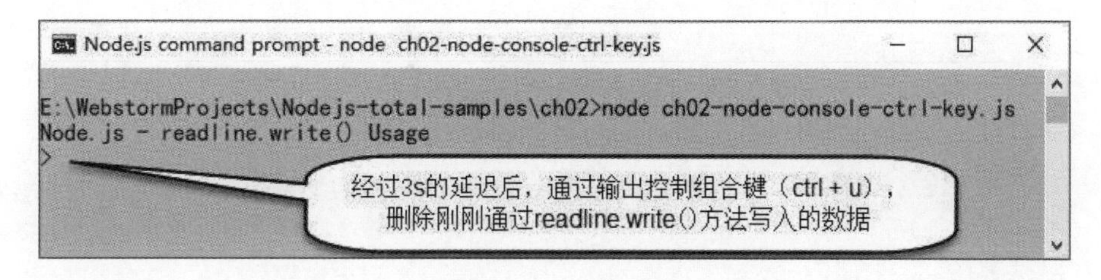

图 2.10　向控制台输出组合控制键（2）

从图 2.9 和图 2.10 中的结果可以看到，图 2.9 中通过 readline.write()方法向控制台终端写入的数据，在经过一段时间（3s）延迟后，再次通过 readline.write()方法向控制台终端写入具有撤销操作的组合控制键（Ctrl+U）后，实现了删除数据的操作。

2.10　从控制台读取用户输入

Node.js 平台的 Readline 模块提供了很多实用的方法可以实现足够强大的应用。在本节中，通过一个 Node 实例向读者演示如何应用 Readline 模块模拟一个简单的控制台，来实现从控制台读取用户输入的功能。

【代码 2-10】（详见源代码目录 ch02-node-console-cli-readline.js 文件）

```
01  /**
02   * ch01.console-tinyCLI.js
03   */
04  var readline = require('readline');         // 引入 readline 模块
05  rl = readline.createInterface(              // 初始化 rl 对象
06      process.stdin,
07      process.stdout
08  );
09  rl.setPrompt('NodeJS> ');                 // 定义模拟控制台命令行提示符
10  rl.prompt();                              // 初始化模拟控制台
11  rl.on('line', function(line) {            // 激活 readline 模块的 line 事件
12      switch(line.trim()) {
13          case 'name':
14              console.log('king!');
15              break;
16          case 'code':
17              console.log('Node.js!');
18              break;
19          case 'time':
20              console.log('2015!');
21              break;
22          default:
23              console.log('Say what? I might have heard `' + line.trim() + '`');
```

```
24              break;
25          }
26          rl.prompt();
27      }).on('close', function() {                    // 激活 readline 模块的 close 事件
28          console.log('Have a great day!');
29          process.exit(0);                           // 退出进程
30      });
```

【代码分析】

- 第 04～08 行代码执行的是加载 Readline 模块并进行初始化定义的操作。
- 第 09 行代码通过 readline.setPrompt()方法模拟输出控制台的命令行提示符，本例程提示符为“NodeJS>”。关于 readline.setPrompt()方法的语法说明如下：

```
readline.setPrompt(prompt, length)
```

其中，prompt 参数用来定义命令行提示符；length 参数用来定义命令行提示符的长度，length 参数为可选参数。

- 第 10 行代码通过 readline.prompt()方法模拟实现控制台，等待接收用户的输入。readline.prompt()方法的语法说明如下：

```
readline.prompt([preserveCursor])
```

其中，当 preserveCursor 参数设置为 true 时，用来阻止命令行提示符光标位被重置为 0，通常 preserveCursor 参数可以不用设定。

- 第 11 行代码通过 Readline 模块提供的 line 事件来激发命令行输入功能，激活事件的方法为 Node.js 平台 Event 模块提供的 on()方法。
- 第 12～24 行代码通过 switch 选择语法来实现接收用户输入后模拟控制台所做出的应答，具体效果如图 2.11 所示。

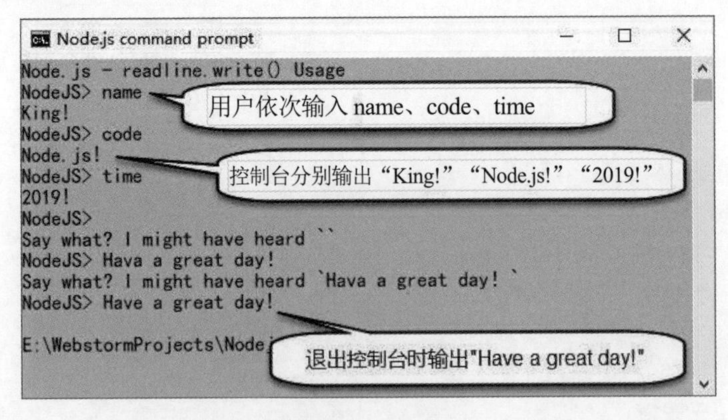

图 2.11　模拟控台 tinyCLI 应用效果

从图 2.11 中可以看到，在命令行提示符“NodeJS>”出现后，用户依次输入 name、code、time，控制台依次向用户反馈“King!”“Node.js!”“2019!”。而当用户无输入，直接按回车键时，控制台则会向用户反馈默认定义的字符串“Say what? I might have heard”，表示用户没有任何输入。

- 第 26 行代码通过 readline.prompt()方法用来实现在接收完一次用输入后，再次返回模拟控制台命令行，等待用户下一次输入；如果没有该行，模拟控制台在接收完一次用户输入后就会失去命令行界面，读者可以自行验证一下。
- 第 27～29 行代码用来实现退出模拟控制台时的操作，此处通过 readline 模块提供的 close 事件来激发退出模拟控制台的操作，并且使用 process 模块的 exit()方法完成退出的功能；另外，本例程在模拟控制台退出前向控制台界面输出一段字符串“Have a great day!”，用于提示退出操作已完成。

2.11　在控制台使用断言工具

在 Node.js 平台下，可以使用 console.assert()方法实现断言操作，从而很方便地完成逻辑判断的功能。关于 console.assert()方法的语法说明如下：

```
console.assert(value[, ...message])
```

其中，value 参数定义为用于测试的逻辑表达式，message 参数（可选）定义为当逻辑表达式为 false 时输出的错误提示信息。

下面看一个使用 console.assert()方法进行逻辑表达式判断并输出错误提示信息的代码实例。

【代码 2-11】（详见源代码目录 ch02-node-console-assert.js 文件）

```
01  /* ch02-node-console-assert.js */
02  var a = 1;
03  var b = 2;
04  console.assert(a == b, "Error : 1 == 2");   // TODO: assert 1 == 2
05  console.assert(a >= b, "Error : 1 >= 2");   // TODO: assert 1 >= 2
06  console.assert(a <= b, "Error : 1 <= 2");   // TODO: assert 1 <= 2
```

【代码分析】

- 第 01~02 行代码定义了两个变量（a、b），并分别初始化为数值 1 和 2，用于定义逻辑表达式的参数。
- 第 04～06 行代码分别使用 console.assert()方法测试了“a==b”“a>=b”和“a<=b”三组逻辑表达式，同时定义了错误提示信息。

单击工具栏中的“运行（Run）”命令按钮，通过“运行、调试和控制台输出”查看信息输出，如图 2.12 所示。

从图 2.12 中的结果可以看到，“a==b”和“a>=b”两组逻辑表达式为 false，因此输出了错误提示信息；而“a<=b”这组逻辑表达式为 true，所以 console.assert()方法没有输出提示信息。

```
Run: ch02-node-console-assert.js
Assertion failed: Error : 1 == 2
Assertion failed: Error : 1 >= 2

Process finished with exit code 0
```

图 2.12　在控制台使用断言工具

2.12 在控制台输出表格

在 Node.js 平台下，可以使用 console.table()方法将数组格式的信息以表格（Table）形式进行输出。可以向 console.table()方法传递任意结构形式的数组信息，譬如对象数组等。console.table()方法在 RPEL 交互运行环境中执行以下代码：

```
console.table(tabularData[, properties]);
```

console.table()方法将一个对象数组以表格形式进行了输出。第一个参数为必需的，代表对象数组；第二个参数为可选的，代表对象数组的列。

下面看一个使用 console.table()方法将一个对象数组以表格形式进行输出的代码实例。

【代码 2-12】（详见源代码目录 ch02-node-console-table.js 文件）

```
01  /* ch02-node-console-table.js */
02  var arrTable = {
03      A: {no : "1", name : "Apple"},
04      B: {no : "2", name : "Google"},
05      C: {no : "3", name : "Microsoft"}
06  };
07  // TODO: output table
08  console.table(arrTable);
09  // TODO: output table by item
10  console.table(arrTable, ["name"]);
```

【代码分析】

- 第 03～06 行代码定义了一个 JSON 格式数据（arrTable）。
- 第 08 行代码通过 console.table()方法将 JSON 格式数据(arrTable)以表格形式进行了输出。
- 第 10 行代码通过 console.table()方法将 JSON 格式数据（arrTable）中的列（"name"）以表格形式进行了输出。

单击工具栏中的“运行（Run）”命令按钮，通过“运行、调试和控制台输出”查看信息输出，如图 2.13 所示。

从图 2.13 中的结果可以看到，第 08 行代码通过 console.table()方法将 JSON 格式数据（arrTable）以表格形式成功进行了输出，第 10 行代码通过 console.table()方法将 JSON 格式数据（arrTable）的列（"name"）以表格形式成功进行了输出。

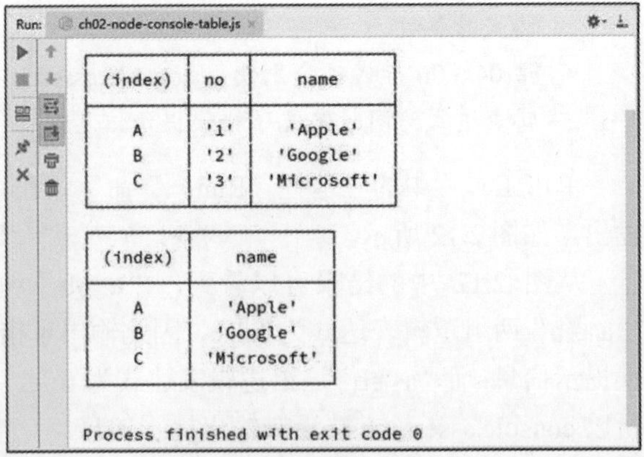

图 2.13 在控制台使用表格工具

第 3 章

Node.js文件管理

Node.js 文件系统（File System）模块可以实现文件管理的操作，在 Node 程序中使用文件管理功能时，需要先引用文件系统的 fs 模块。

3.1 文件管理概述

这里在介绍文件系统模块之前，有必要先介绍一下 POSIX 标准。关于 POSIX 标准，其实是指一种可移植的操作系统接口（Portable Operating System Interface，POSIX）。

POSIX 标准定义了操作系统应该为应用程序提供的接口标准，意在实现源代码级别的软件可移植性。换而言之，为一个 POSIX 兼容的操作系统编写的程序，应该可以在任何其他的 POSIX 操作系统上编译执行。

设计人员在程序开发过程中，常常会有文件 I/O 操作的需求。Node.js 框架下的文件系统模块提供了对 I/O 操作的支持，其实就是对标准 POSIX 函数进行了简单封装，其提供了文件的读取、写入、更名、删除、遍历目录、链接等 POSIX 文件系统操作。

如果要在 Node 程序中使用文件管理功能，就需要先引用文件系统 fs 模块。Node.js 框架下的 fs 模块与其他模块有所不同，该模块中对文件的所有操作都提供了异步的和同步的两个版本。比如，读取文件内容的方法就有异步的 fs.readFile()方法和同步的 fs.readFileSync()方法。笔者这里建议优先使用异步方法，因为异步方法性能更高、速度更快，同时最大程度地避免了 I/O 阻塞。

3.2 打开与关闭文件

其实，在 Node 程序中管理一个文件，最简单、最常用的就是打开文件和关闭文件这两个操作。文件系统 fs 模块中提供了 fs.open()与 fs.openSync()两个方法来完成打开文件的操作，相应地提供了 fs.close()与 fs.closeSync()两个方法来完成关闭文件的操作。

下面我们分别通过同步方式打开文件和异步方式打开文件进行介绍。

1. 同步方式打开文件

以同步方式打开和关闭文件需要使用 fs.openSync()方法和 fs.closeSync()方法进行操作。下面是一个以同步方式打开文件的代码实例。

【代码 3-1】（详见源代码目录 ch03-node-fs-open-sync.js 文件）

```
01  /* ch03-node-fs-open-sync.js */
02  console.info("------   fs openSync()   ------");
03  /**
04   * 引入 child_process 模块
05   * @type {(string: string) => (RegExpExecArray | null)}
06   */
07  const path = require('path');
08  const process = require('process');
09  const { exec } = require('child_process');  // TODO: 引入 child_process 模块
10  process.chdir(process.cwd() + "\\txt");
11  exec('type openSync.txt', function (error, stdout, stderr) {
12      if(error) {
13          console.log(error);   // TODO: 打印输出 error
14      } else {
15          console.info('type openSync.txt stdout: ');
16          console.log(stdout);   // TODO: 打印输出 stdout
17          console.log(stderr);   // TODO: 打印输出 stderr
18      }
19  });
20  console.info();
21  /**
22   * 引入文件系统 fs 模块
23   */
24  var fs = require('fs'); // TODO: 引入文件系统 fs 模块
25  var fd = fs.openSync('openSync.txt', 'a');  // TODO: 打开文件（同步方式）
26  console.info("文件描述符: " + fd);
27  console.log('fs.openSync() Done.');
28  console.info();
29  fs.closeSync(fd);
30  console.info("文件描述符: " + fd);
31  console.log('fs.closeSync() Done.');
32  console.info();
```

【代码分析】

- 为了测试文件打开与关闭的操作，先在代码文件目录下新建一个“txt”子目录，然后在该子目录中创建一个名称为“openSync.txt”的文本文件。

- 第 07～19 行代码主要用于参看文本文件的内容，其中第 11～18 行使用 exec()方法打印输出了“openSync.txt”文本文件的内容；另外，这段代码中使用到的功能模块会在后续章节中详细介绍，读者可先忽略。
- 第 24 行代码通过 require()指令引用了文件系统 fs 模块。
- 第 25 行代码和第 29 行代码分别通过 fs.openSync()与 fs.closeSync()方法执行了文件打开与文件关闭的操作；同时，通过这两个方法的返回值获取了文本文件的文件描述符（fd）参数信息。

单击工具栏中的“运行（Run）”命令按钮，通过“运行、调试和控制台输出”查看信息输出，如图 3.1 所示。

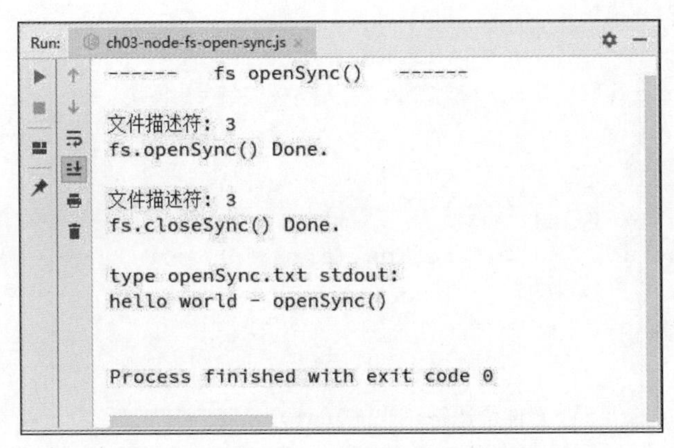

图 3.1　打开与关闭文件的方法（同步方式）

如图 3.1 所示，通过 fs.openSync()方法与 fs.closeSync()方法进行文件打开与文件关闭（同步版本）的操作均获得了成功，同时还获取了文件描述符参数信息（本例为数值 3）。

2. 异步方式打开文件

上面介绍的是同步方式打开文件的方法，下面接着向读者介绍异步方式打开文件的方法。异步方式打开文件和关闭文件需要使用 fs.open()方法和 fs.close()方法进行操作。下面看一个以异步方式打开文件的代码实例。

【代码 3-2】（详见源代码目录 ch03-node-fs-open-async.js 文件）

```
01  /* ch03-node-fs-open-async.js */
02  console.info("------   fs open()   ------");
03  /**
04   * 引入 child_process 模块
05   * @type {(string: string) => (RegExpExecArray | null)}
06   */
07  const path = require('path');
08  const process = require('process');
09  const { exec } = require('child_process');  // TODO: 引入 child_process 模块
10  process.chdir(process.cwd() + "\\txt");
```

```
11 exec('type open.txt', function (error, stdout, stderr) {
12     if(error) {
13         console.log(error);   // TODO: 打印输出 error
14     } else {
15         console.info('type open.txt stdout: ');
16         console.log(stdout);   // TODO: 打印输出 stdout
17         console.log(stderr);   // TODO: 打印输出 stderr
18     }
19 });
20 /**
21  * 引入文件系统 fs 模块
22  */
23 var fs = require('fs'); // TODO: 引入文件系统 fs 模块
24 /**
25  * 异步方式打开文件
26  */
27 fs.open('open.txt', 'a', function (err, fd) {
28     if (err) {
29         throw err;
30     } else {
31         console.info("文件描述符: " + fd);
32         console.log('fs.open() Done');
33         console.info();
34     }
35     fs.close(fd, function () {
36         console.info("文件描述符: " + fd);
37         console.log('fs.close() Done');
38         console.info();
39     });
40 });
41 console.info();
```

【代码分析】

- 为了测试以异步方式打开与关闭文件的操作，继续在之前创建的“txt”子目录中创建一个名称为“open.txt”的文本文件。
- 第 23 行代码通过 require()指令引用了文件系统 fs 模块。
- 第 27 行代码通过 fs.open()方法执行了异步方式打开文件的操作，其中参数 a 表示以追加方式打开文件，如果文件不存在，就创建一个空文件；而第 27～40 行代码定义了 fs.open()方法的回调函数，参数 fd 为文件描述符。
- 因为 fs.open()方法是以异步方式打开文件的，所以关闭文件的操作定义在了该回调函数中，具体就是在第 35～39 行代码中，通过 fs.close()方法执行了以异步方式关闭文件的操作。

单击工具栏中的“运行（Run）”命令按钮，通过“运行、调试和控制台输出”查看信息输出，如图 3.2 所示。

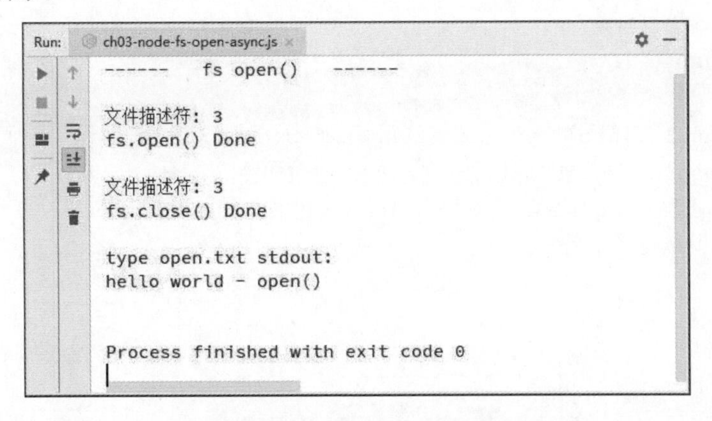

图 3.2　打开与关闭文件的方法（异步版本）

如图 3.2 所示，通过 fs.open()方法与 fs.close()方法进行文件打开与关闭（异步版本）操作均获得了成功，同时还获取了文件描述符参数信息（本例为数值 3）。

另外，对于操作系统内核而言，所有打开的文件都通过文件描述符引用。文件描述符是一个非负整数，当打开一个现有文件或创建一个新文件时，内核向进程返回文件描述符信息。

3.3　创建与删除文件硬链接

链接是对文件的引用，硬链接只能引用同一系统中的文件。当移动或删除原始文件时，硬链接不会被破坏，因为它所引用的是文件的物理数据而不是文件在文件结构中的位置。硬链接的文件不需要用户有访问原始文件的权限，也不会显示原始文件的位置，这样有助于文件的安全。

文件系统模块提供了 fs.link()、fs.unlink()、fs.linkSync()、fs.unlinkSync()四个方法来完成创建与删除文件硬链接的操作。其中，fs.linkSync()与 fs.unlinkSync()是同步方式的一组方法，而 fs.link()与 fs.unlink()是异步方式的一组方法。

下面介绍以同步方式创建文件硬链接的代码实例。

【代码 3-3】（详见源代码目录 ch03-node-fs-link-sync.js 文件）

```
01  /* ch03-node-fs-link-sync.js */
02  console.info("------   fs linkSync()   ------");
03  /**
04   * 引入 child_process 模块
05   * @type {(string: string) => (RegExpExecArray | null)}
06   */
07  const path = require('path');
08  const process = require('process');
09  const { exec } = require('child_process');  // TODO: 引入 child_process 模块
```

```
10 process.chdir(process.cwd() + "\\txtlink");
11 exec('type linkSync.txt', function (error, stdout, stderr) {
12     if(error) {
13         console.log(error);   // TODO: 打印输出 error
14     } else {
15         console.info('type linkSync.txt stdout: ');
16         console.log(stdout);   // TODO: 打印输出 stdout
17         console.log(stderr);   // TODO: 打印输出 stderr
18     }
19 });
20 console.info();
21 /**
22  * 引入 child_process 模块
23  */
24 const { spawn } = require('child_process');
25 var srcpath = "linkSync.txt";
26 var dstpath = "linkSyncNew.txt";
27 /**
28  * 引入文件系统 fs 模块
29  */
30 var fs = require('fs');             // TODO: 引入文件系统 fs 模块
31 fs.linkSync(srcpath, dstpath);     // TODO: 链接文件（同步方式）
32 console.log('fs.linkSync() Done.');
33 console.info(process.cwd());
34 exec('type linkSyncNew.txt',
35     function (error, stdout, stderr) {
36         console.info('type linkSyncNew.txt stdout: ');
37         console.log(stdout);   // TODO: 打印输出 stdout
38         console.log(stderr);   // TODO: 打印输出 stderr
39         // console.log('fs.unlinkSync() Start...');
40         // fs.unlinkSync(dstpath);
41         // console.log('fs.unlinkSync() Done.');
42         /**
43          * 定义命令行 dir txtlink
44          */
45         var dir_txt = spawn('dir', {
46             stdio: 'inherit',
47             shell: true
48         });
49         /**
50          * 捕获控制台输出对象 stdout,输出捕获数据
51          */
52         dir_txt.on('data', function (data) {
```

```
53            console.info('dir txtlink stdout:');
54            console.log('stdout: ' + data);
55            console.info();
56        });
57        /**
58         * 绑定系统 error 事件
59         */
60        dir_txt.on('error', function (code) {
61            console.log('child process error with code ' + code);
62            console.info();
63        });
64        /**
65         * 绑定系统 close 事件
66         */
67        dir_txt.on('close', function (code) {
68            console.log('child process closed with code ' + code);
69            console.info();
70        });
71    });
72 console.info();
```

【代码分析】

- 为了测试创建与删除文件硬链接的操作，先在代码文件目录中新建一个“txtlink”子目录，并新建一个名称为“linkSync.txt”的文本文件；同时，通过 fs.linkSync()方法创建的硬链接“linkSyncNew.txt”也将存放在该目录中。
- 第 25 行和第 26 行代码声明了两个变量（srcpath 和 dstpath），分别定义为原始文本文件“linkSync.txt”和将要创建硬链接“linkSyncNew.txt”的路径。
- 第 31 行代码通过 fs.linkSync()方法创建了原始文本文件“linkSync.txt”的硬链接“linkSyncNew.txt”。
- 第 42～70 行代码通过 spawn()方法查看了“txtlink”子目录的文件信息。关于这段代码中所使用到的功能模块会在后续章节中详细介绍，读者可先忽略。

在控制台中运行该 Node 程序，具体的输出内容如图 3.3 所示。

如图 3.3 所示，第 16 行代码输出的原始文件“linkSync.txt”的内容（文本内容为 fs.linkSync()）与第 37 行代码输出的硬链接文件“linkSyncNew.txt”的内容是完全一致的，这说明 fs.linkSync()方法执行的创建硬链接文件的操作成功完成了。

接下来介绍以同步方式删除文件硬链接的方法。其实，【代码 3-3】中所注销的第 39～41 行代码就是以同步方式删除文件硬链接的操作，只要撤销注销这 3 行代码就可以了。

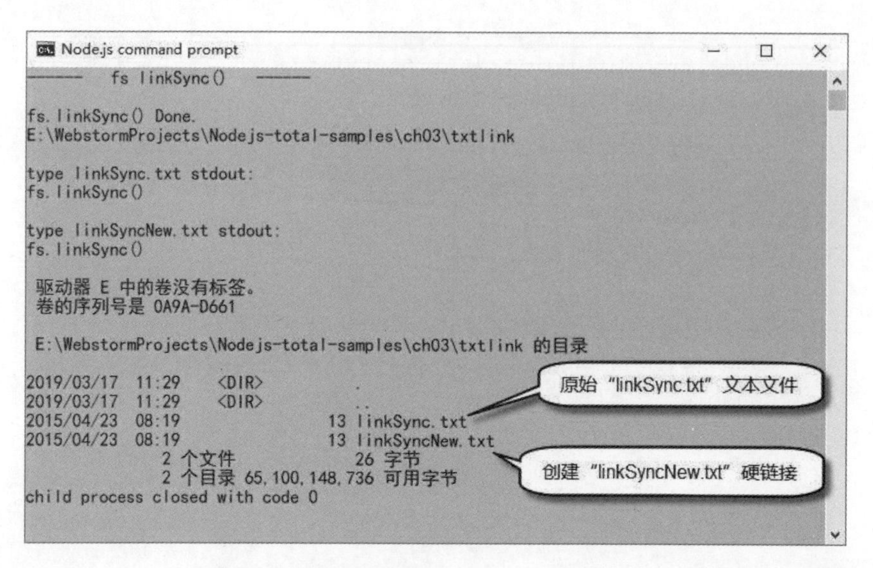

图 3.3 创建文件硬链接的方法（同步版本）

【代码 3-4】（详见源代码目录 ch03-node-fs-link-sync.js 文件）

```
39  console.log('fs.unlinkSync() Start...');
40  fs.unlinkSync(dstpath);
41  console.log('fs.unlinkSync() Done.');
```

【代码分析】

- 第 40 行代码通过 fs.unlinkSync()方法执行了删除硬链接文件的操作。

再次在控制台中运行该 Node 程序，具体的输出内容如图 3.4 所示。

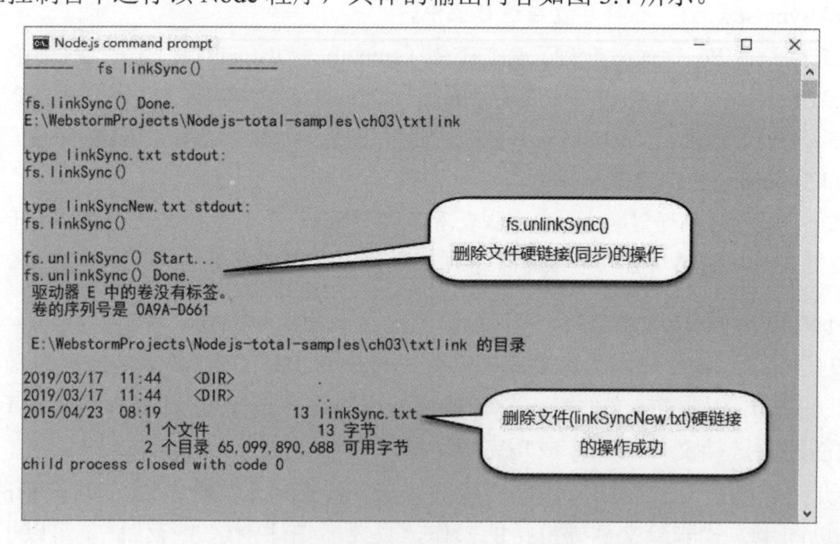

图 3.4 删除文件硬链接的方法（同步版本）

如图 3.4 所示，第 40 行代码调用 fs.unlinkSync()方法（同步方式）成功执行了删除文件硬链接的操作。

另外，结合本代码实例的运行结果来看，使用 fs.linkSync()方法（fs.link()方法相同）创建的文件硬链接实际上是创建原始文件的新副本，而不是文件的符号链接。关于创建文件符号链接的方法，将在下一节进行介绍。

3.4　创建文件符号链接

符号链接也称为软链接，是一类特殊的文件，这个文件包含另一个文件的路径名（绝对路径或相对路径）。路径可以是任意文件或目录，同硬链接不同的是，符号链接可以链接不同文件系统的文件。

文件系统 fs 模块提供了 fs.symlink()和 fs.symlinkSync()两个方法来完成创建文件符号链接的方法的操作。下面介绍一个通过 fs.symlink()方法以同步方式创建文件符号链接的代码实例。

【代码 3-5】（详见源代码目录 ch03-node-fs-symlink-sync.js 文件）

```
01  /* ch03-node-fs-symlink-sync.js */
02  console.info("------   fs symlinkSync()   ------");
03  /**
04   * 引入 child_process 模块
05   * @type {(string: string) => (RegExpExecArray | null)}
06   */
07  const path = require('path');
08  const process = require('process');
09  const { exec } = require('child_process');  // TODO: 引入 child_process 模块
10  process.chdir(process.cwd() + "\\txtSymlink");
11  exec('type symlinkSync.txt', function (error, stdout, stderr) {
12      if(error) {
13          console.log(error);   // TODO: 打印输出 error
14      } else {
15          console.info('type symlinkSync.txt stdout: ');
16          console.log(stdout);   // TODO: 打印输出 stdout
17          console.log(stderr);   // TODO: 打印输出 stderr
18      }
19  });
20  console.info();
21  /**
22   * 引入 child_process 模块
23   */
24  const { spawn } = require('child_process');
25  var srcpath = "symlinkSync.txt";
26  var dstpath = "symlinkSyncNew.txt";
27  /**
28   * 引入文件系统 fs 模块
```

```
29  */
30 var fs = require('fs'); // TODO: 引入文件系统 fs 模块
31 fs.symlinkSync(srcpath, dstpath);  // TODO: 符号链接（同步方式）
32 console.log('fs.symlinkSync() Done.');
33 console.info(process.cwd());
34 exec('type symlinkSyncNew.txt',
35     function (error, stdout, stderr) {
36         console.info('type symlinkSyncNew.txt stdout: ');
37         console.log(stdout);   // TODO: 打印输出 stdout
38         console.log(stderr);   // TODO: 打印输出 stderr
39         /**
40          * 定义命令行 'dir txtSymlink'
41          */
42         var dir_txt = spawn('dir', {
43             stdio: 'inherit',
44             shell: true
45         });
46         /**
47          * 捕获控制台输出对象 stdout，输出捕获数据
48          */
49         dir_txt.on('data', function (data) {
50             console.info('dir txtSymlink stdout:');
51             console.log('stdout: ' + data);
52             console.info();
53         });
54         /**
55          * 绑定系统 error 事件
56          */
57         dir_txt.on('error', function (code) {
58             console.log('child process error with code ' + code);
59             console.info();
60         });
61         /**
62          * 绑定系统 close 事件
63          */
64         dir_txt.on('close', function (code) {
65             console.log('child process closed with code ' + code);
66             console.info();
67         });
68     });
69 console.info();
```

【代码分析】

- 为了测试创建文件符号链接的操作，先在代码文件目录中新建一个“txtSymlink”子目录，并新建一个名称为“symlinkSync.txt”的文本文件；同时，将通过 fs.symlinkSync()方法以同步方式创建的符号链接“symlinkSyncNew.txt”也将存放在该目录中。
- 第 25 行和第 26 行代码声明了两个变量（srcpath 和 dstpath），分别定义为原始文本文件“symlinkSync.txt”和将要创建符号链接“symlinkSyncNew.txt”的路径。
- 第 31 行代码通过 fs.symlinkSync()方法以同步方式创建了原始文本文件“symlinkSync.txt”的符号链接“symlinkSyncNew.txt”。
- 第 39～67 行代码通过 spawn()方法查看了“txtSymlink”子目录的文件信息。

在控制台中运行该 Node 程序，具体的输出内容如图 3.5 所示。

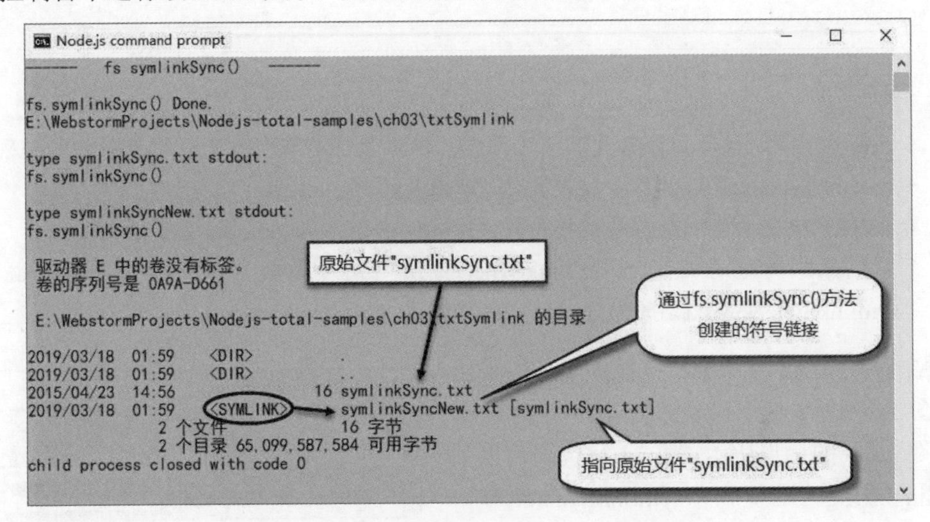

图 3.5　创建文件符号链接的方法（同步版本）

如图 3.5 中的箭头和标识所示，“symlinkSyncNew.txt”是一个符号链接，指向了原始文件“symlinkSync.txt”。由此可见，使用 fs.symlinkSync()方法创建的文件符号链接实际上就是文件快捷方式。

3.5　读取文件符号链接

文件系统模块提供了 fs.readlink()和 fs.readlinkSync()两个方法来完成读取文件符号链接的方法的操作。下面介绍一个通过 fs.readlinkSync()方法以同步方式读取文件符号链接的代码实例。

【代码 3-6】（详见源代码目录 ch03-node-fs-readlink-sync.js 文件）

```
01  /* ch03-node-fs-readlink-sync.js */
02  console.info("------   fs readlinkSync()   ------");
03  /**
```

```
04  * 引入process模块
05  */
06 const process = require('process');
07 process.chdir(process.cwd() + "\\txtSymlink");
08 var linkpath = "symlinkSyncNew.txt";
09 /**
10  * 引入文件系统fs模块
11  */
12 var fs = require('fs');
13 var linkString = fs.readlinkSync(linkpath);  // TODO: 读取链接文件（同步方式）
14 console.info('read linkpath: ' + linkString);
15 console.log('fs.readlinkSync() Done.');
16 console.info();
```

【代码分析】

- 本例程为了测试读取文件符号链接的操作，借用了3.4节中所使用的两个文件（原始文件“symlinkSync.txt”及其符号链接文件“symlinkSyncNew.txt”）。
- 第08行代码定义了一个符号链接文件“symlinkSyncNew.txt”的路径。
- 第13行代码通过调用fs.readlinkSync()方法（同步方式）执行了读取符号链接文件“symlinkSyncNew.txt”的操作，返回值保存在变量（linkString）中。

在控制台中运行该Node程序，具体的输出内容如图3.6所示。

图3.6 读取文件符号链接的方法（1）

如图3.6中的标识所示，第14行代码输出了变量（linkString）的值为“symlinkSync.txt”，说明“symlinkSyncNew.txt”是一个文件符号链接，其所链接的对象就是原始文件symlinkSync.txt。

上面介绍了通过fs.readlinkSync()方法读取文件符号链接的方法。如果通过该方法读取原始文件，那么会得到什么结果呢？下面将【代码3-6】略作修改，尝试用fs.readlinkSync()方法读取原始文件。

【代码3-7】（详见源代码目录ch03-node-fs-readlink-sync.js文件）

```
01 /* ch03-node-fs-readlink-sync.js */
02 console.info("------   fs readlinkSync()   ------");
03 /**
04  * 引入process模块
05  */
06 const process = require('process');
07 process.chdir(process.cwd() + "\\txtSymlink");
08 var srcpath = "symlinkSync.txt";
09 /**
```

```
10   * 引入文件系统 fs 模块
11   */
12  var fs = require('fs');
13  var srcString = fs.readlinkSync(srcpath);  // TODO: 读取演示文件（同步方式）
14  console.info('read srcpath: ' + srcString);
15  console.log('fs.readlinkSync() Done.');
16  console.info();
```

【代码分析】

- 第 08 行代码定义了一个原始文件“symlinkSync.txt”的路径。
- 第 13 行代码通过调用 fs.readlinkSync() 方法（同步方式）执行了读取原始文件“symlinkSync.txt”的操作，返回值保存在变量（srcString）中。

在控制台中运行该 Node 程序，具体的输出内容如图 3.7 所示。

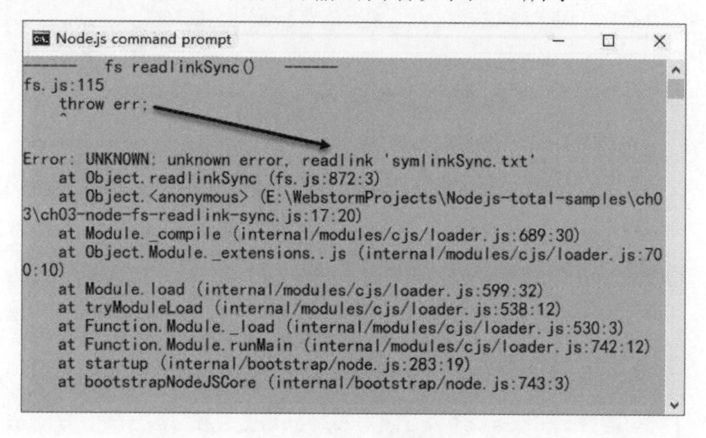

图 3.7　读取文件符号链接的方法（2）

如图 3.7 中的箭头所示，第 13 行代码中尝试通过 fs.readlinkSync()方法读取原始文件“symlinkSync.txt”的操作抛出了错误，这说明 fs.readlinkSync()方法只对文件符号链接有效。

3.6　截取文件内容

文件截取其实就是按照设定好的长度保留文件内容，其余的部分将会被舍弃。假设我们将辞海存放在文件中，当用户输入一个词时，我们找到这个词的解释并取出来给用户看。

文件系统 fs 模块提供了 fs.ftruncate()与 fs.ftruncateSync()两个方法来完成文件截取的操作。下面介绍一个通过 fs.ftruncateSync()方法以同步方式实现截取文件内容的代码实例。

【代码 3-8】（详见源代码目录 ch03-node-fs-ftruncate-sync.js.js 文件）

```
01  /* ch03-node-fs-ftruncate-sync.js */
02  console.info("------   fs ftruncateSync()   ------");
03  /**
```

```
04  * 引入文件系统 fs 模块
05  */
06 const fs = require('fs');
07 /**
08  * 引入 process 模块
09  */
10 const process = require('process');
11 process.chdir(process.cwd() + "\\txtFtruncate");
12 /**
13  * 引入 child_process 模块
14  */
15 const { exec } = require('child_process');
16 exec('type ftruncateSync.txt', function (error, stdout, stderr) {
17     if(error) {
18         console.log(error);   // TODO: 打印输出 error
19     } else {
20         console.info('type ftruncateSync.txt stdout: ');
21         console.log(stdout);   // TODO: 打印输出 stdout
22         console.log(stderr);   // TODO: 打印输出 stderr
23         var fd = fs.openSync('ftruncateSync.txt', 'r+');
                                                    // TODO: 打开文件（同步方式）
24         fs.ftruncateSync(fd, 16);                // TODO: 文件内容截取
25         console.info("文件描述符: " + fd);       // TODO: 打印输出文件描述符
26         console.log('fs.ftruncateSync() Done');
27         fs.closeSync(fd);            // TODO: 关闭文件（同步方式）
28         exec('type ftruncateSync.txt', function (error, stdout, stderr) {
29             console.info('type ftruncateSync.txt stdout: ');
30             console.log(stdout);   // TODO: 打印输出 stdout
31             console.log(stderr);   // TODO: 打印输出 stdout
32         });
33         console.info();
34     }
35 });
36 console.info();
```

【代码分析】

- 本例程为了测试文件截取的操作，在代码文件目录下新建一个“txtFtruncate”子目录，然后在该子目录下创建一个名称为“ftruncateSync.txt”的文本文件。
- 第 23 行代码调用 fs.openSync()方法打开“ftruncateSync.txt”文本文件，并将文件描述符保存在变量 fd 中。
- 第 24 行代码调用 fs.ftruncateSync()方法执行文件（fd）截取的操作，截取长度为 16。
- 第 27 行代码调用 fs.closeSync()方法关闭“ftruncateSync.txt”文本文件。

在控制台中运行该 Node 程序，具体的输出内容如图 3.8 所示。

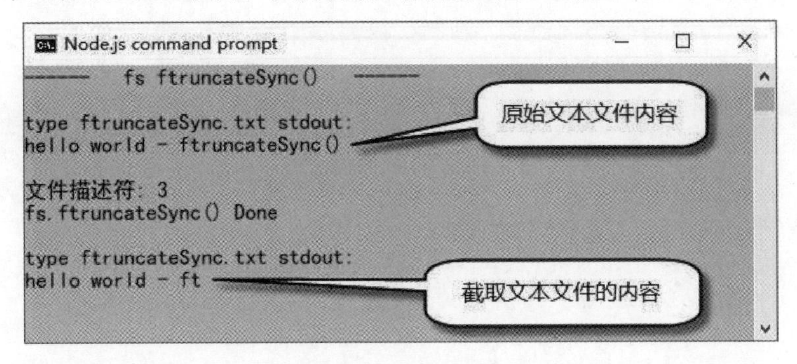

图 3.8　截取文件内容

如图 3.8 所示，文本文件"ftruncateSync.txt"的内容被截取后，由"hello world - ftruncateSync()"变成了"hello world - ft"，表明截取操作成功完成了。

3.7　修改文件长度

文件系统模块提供了 fs.truncate()与 fs.truncateSync()两个方法来完成修改文件长度的操作。fs.truncate()与 fs.truncateSync()两个方法在使用上与 3.6 节中的 fs.ftruncate()与 fs.ftruncateSync()两个方法类似，区别是这两个方法可以直接使用文件路径进行操作。

下面介绍一个通过 fs.truncateSync()方法以同步方式实现修改文件长度的代码实例。

【代码 3-9】（详见源代码目录 ch03-node-fs-truncate-sync.js.js 文件）

```
01 /* ch03-node-fs-truncate-sync.js */
02 console.info("------   fs truncateSync()   ------");
03 /**
04  * 引入文件系统 fs 模块
05  */
06 const fs = require('fs');
07 /**
08  * 引入 process 模块
09  */
10 const process = require('process');
11 process.chdir(process.cwd() + "\\txtTruncate");
12 /**
13  * 引入 child_process 模块
14  */
15 const { exec } = require('child_process');
16 exec('type truncateSync.txt', function (error, stdout, stderr) {
17     if(error) {
18         console.log(error);   // TODO: 打印输出 error
19     } else {
```

```
20          console.info('type truncateSync.txt stdout: ');
21          console.log(stdout);   // TODO: 打印输出 stdout
22          console.log('length: ' + stdout.length);        // TODO: 输出数据长度
23          console.log(stderr);   // TODO: 打印输出 stderr
24          fs.truncateSync('truncateSync.txt', 6);
                                         // TODO: 修改文件内容长度（同步方法）
25          console.log('fs.truncateSync() Done');
26          exec('type truncateSync.txt', function (error, stdout, stderr) {
27              console.info('type truncateSync.txt stdout: ');
28              console.log(stdout);     // TODO: 打印输出 stdout
29              console.log('length: ' + stdout.length); // TODO: 输出数据长度
30              console.log(stderr);     // TODO: 打印输出 stdout
31          });
32          console.info();
33      }
34  });
35  console.info();
```

【代码分析】

- 本例程为了测试修改文件长度的操作，在代码文件目录下新建一个“txtTruncate”子目录，然后在该子目录下创建一个名称为“truncateSync.txt”的文本文件。
- 第 22 行代码在修改文件长度之前，先输出了“truncateSync.txt”文本文件内容的长度。
- 第 24 行代码调用 fs.truncateSync()方法以同步方式修改了“truncateSync.txt”文本文件的长度。
- 第 29 行代码在修改文件长度之后，再次输出了“truncateSync.txt”文本文件内容的长度，以便验证 fs.truncateSync()方法是否操作成功。

在控制台中运行该 Node 程序，具体的输出内容如图 3.9 所示。

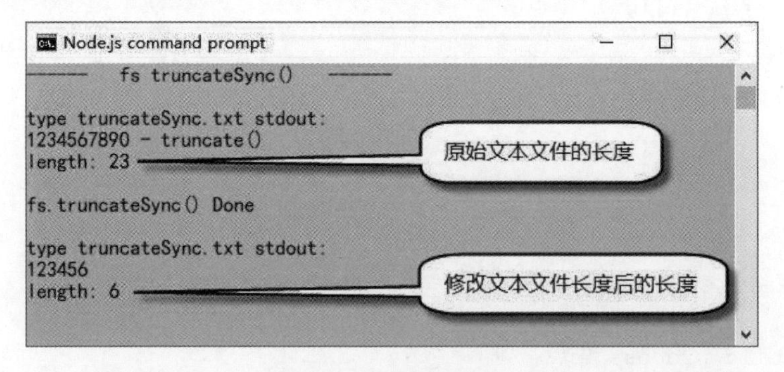

图 3.9　修改文件长度

如图 3.9 所示，文本文件“truncateSync.txt”的长度被修改后，由数值 23 变成了数值 6，表明 fs.truncateSync()方法的操作成功了。

3.8　获取文件信息

获取文件信息的方法有 4 个，分别是 fs.stat()、fs.statSync()、fs.fstat()、fs.fstatSync()。其中，fs.stat()与 fs.statSync()两个方法可以直接使用文件路径进行操作，而 fs.fstat()与 fs.fstatSync()两个方法需要使用文件描述符进行操作。

下面介绍一个通过 fs.statSync()方法以同步方式获取文件信息的代码实例。

【代码 3-10】（详见源代码目录 ch03-node-fs-stat-sync.js.js 文件）

```
01  /* ch03-node-fs-stat-sync.js */
02  console.info("------   fs statSync()   ------");
03  /**
04   * 引入文件系统 fs 模块
05   */
06  const fs = require('fs');
07  /**
08   * 引入 process 模块
09   */
10  const process = require('process');
11  process.chdir(process.cwd() + "\\txtStat");
12  var statSync = fs.statSync('statSync.txt');   // TODO: 获取文件信息（同步方法）
13  console.info('statSync.txt file info: ');
14  console.info(statSync);                        // TODO: 打印输出文件信息
15  console.info();
16  console.info('fs.statSync() Done.');
17  console.info();
```

【代码分析】

- 本例程为了测试获取文件信息的操作，在代码文件目录下新建一个“txtStat”子目录，然后在该子目录下创建一个名称为“statSync.txt”的文本文件。
- 第 12 行调用 fs.statSync()方法以同步方式实现获取文件信息的操作，该方法返回一个 fs 模块的 Stats 对象（保存在变量 statSync 中），用来保存文件信息。

下面是 Node.js 官方文档中关于 Stats 对象的举例说明：

```
{ dev: 2114,
  ino: 48064969,
  mode: 33188,
  nlink: 1,
  uid: 85,
  gid: 100,
  rdev: 0,
```

```
    size: 527,
    blksize: 4096,
    blocks: 8,
    atime: Fri, 8 Mar 2019 22:33:11 GMT,
    mtime: Fri, 8 Mar 2019 22:33:11 GMT,
    ctime: Fri, 8 Mar 2019 22:33:11 GMT,
    birthtime: Fri, 8 Mar 2019 22:33:11 GMT }
```

上面各项数据均是对文件信息的详细描述，譬如 dev 表示设备号、size 表示文件大小、birthtime 表示创建时间等，更详细的说明读者可以参考官方文档，在此就不一一详细解释了。

在控制台中运行该 Node 程序，具体的输出内容如图 3.10 所示。

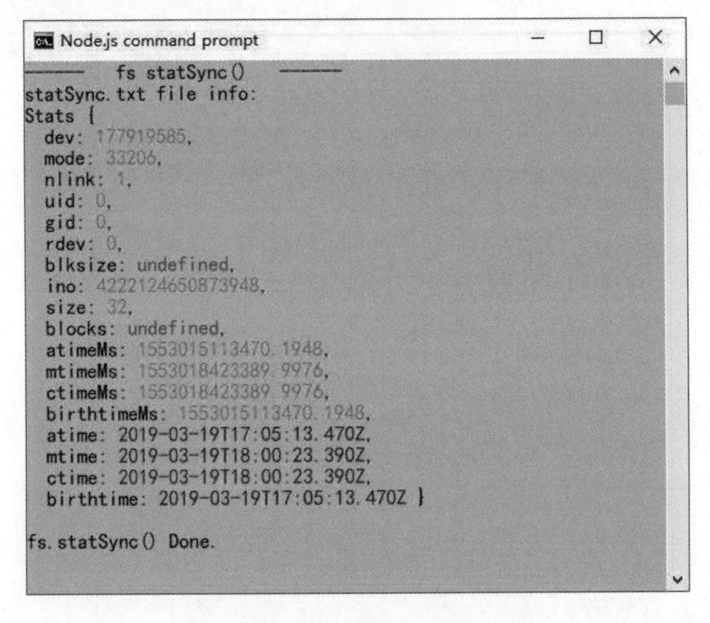

图 3.10　获取文件信息

3.9　重命名文件

重命名文件是任何一款操作系统都要提供的基础功能，文件系统 fs 模块提供了 fs.rename()与 fs.renameSync()方法来完成重命名的操作。

下面介绍一个通过 fs renameSync()方法以同步方式重命名文件的代码实例。

【代码 3-11】（详见源代码目录 ch03-node-fs-rename-sync.js.js 文件）

```
01  /* ch03-node-fs-rename-sync.js */
02  console.info("------   fs renameSync()   ------");
03  /**
04   * 引入文件系统 fs 模块
05   */
06  const fs = require('fs');
```

```
07 /**
08  * 引入process模块
09  */
10 const process = require('process');
11 process.chdir(process.cwd() + "\\txtRename");
12 /**
13  * 引入child_process模块
14  */
15 const { exec } = require('child_process');
16 exec('dir', {encoding: 'utf8'}, function (error, stdout, stderr) {
17     if (error) {
18         console.log(error);                    // TODO: 打印输出 error
19     } else {
20         console.info('dir -pre txtRename stdout: ');
21         console.log(stdout);                   // TODO: 打印输出 stdout
22         console.time('fs-rename-sync');        // TODO: 定义时间开始标记
23         fs.renameSync('renameSync.txt', 'renameSync-re.txt');
                                                  // TODO: 文件重命名
24         console.timeEnd('fs-rename-sync');     // TODO: 定义时间结束标记
25         exec('dir', {encoding: 'utf8'}, function (error, stdout, stderr) {
26             if (error) {
27                 console.log(error);            // TODO: 打印输出 error
28             } else {
29                 console.info('dir -suf txtRename stdout: ');
30                 console.log(stdout);           // TODO: 打印输出 stdout
31             }
32         });
33     }
34 });
```

【代码分析】

- 本例程为了测试重命名文件的操作，在代码文件目录下新建一个“txtRename”子目录，然后在该子目录下创建一个名称为“renameSync.txt”的文本文件。
- 第 22 行代码定义了一个时间开始标记（fs-rename-sync），用于标记 fs.renameSync()方法（同步方式）的时间。
- 第 23 行代码调用 fs.renameSync()方法执行以同步方式进行文件重命名的操作。
- 第 24 行代码定义了一个时间结束标记（'fs-rename-sync'）。

在控制台中运行该 Node 程序，具体的输出内容如图 3.11 所示。

如图 3.11 所示，原始文本文件“renameSync.txt”已经成功被重命名为“renameSync-re.txt”。

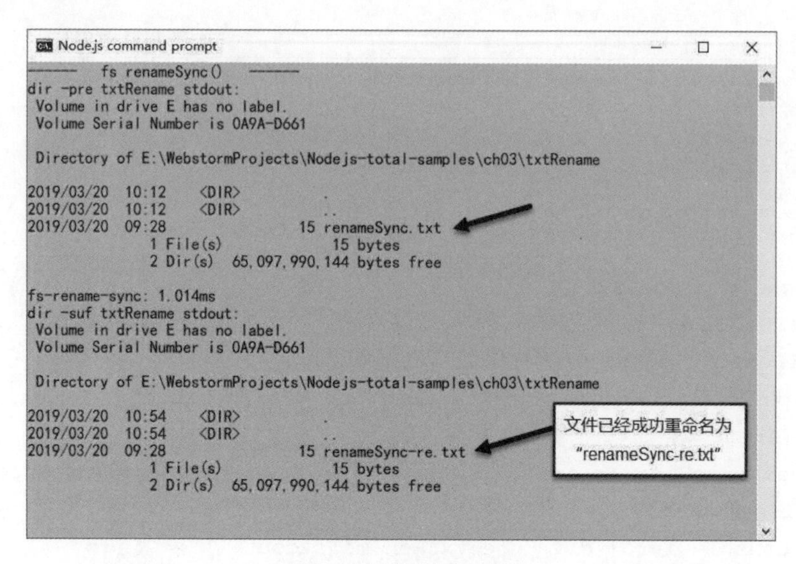

图 3.11　重命名文件

3.10　相对路径转绝对路径

相对路径和绝对路径是操作系统中文件必须要面对的两个概念，相对路径可以理解为相对于当前应用程序的路径，而绝对路径则是指从根目录开始的完整路径。在系统编程中，相对路径和绝对路径之间的转换是经常要用到的基本操作。Node.js 文件系统 fs 模块提供了 fs.realpath()和 fs.realpathSync()两个方法来完成相对路径转绝对路径的操作。

下面介绍一个通过 fs.realpathSync()方法以同步方式将相对路径转为绝对路径的代码实例。

【代码 3-12】（详见源代码目录 ch03-node-fs-realpath-sync.js.js 文件）

```
01  /* ch03-node-fs-realpath-sync.js */
02  console.info("------   fs realpathSync()   ------");
03  /**
04   * 引入文件系统 fs 模块
05   */
06  const fs = require('fs');
07  var realpath = fs.realpathSync("./");    // TODO: 相对路径转绝对路径（同步方法）
08  console.info('current realpath is : ');
09  console.info(realpath);                              // TODO: 打印输出绝对路径
10  var cache = {'E:/':'E:/WebstormProjects'};           // TODO: 定义 cache
11  var relpath = 'txtRealpath/realpathSync.txt';        // TODO: 定义相对路径
12  var resolvedPath = fs.realpathSync(relpath, cache); // TODO: 相对路径转绝对
    路径（同步方法）
13  console.info('txtRealpath/realpathSync.txt realpath is : ');
14  console.info(resolvedPath);                         // TODO: 打印输出绝对路径
15  console.info();
```

【代码分析】

- 本例程为了测试相对路径转绝对路径的操作，在代码文件目录下新建一个“txtRealpath”子目录，然后在该子目录下创建一个名称为“realpathSync.txt”的文本文件。
- 第 07 行代码通过 fs.realpathSync()方法获取了当前目录的绝对路径，注意相对路径参数("./")的使用。
- 第 10 行代码定义了 fs.realpathSync()方法的 cache 参数(本例为{'E:/':'E:/WebstormProjects'})。
- 第 11 行代码定义了 fs.realpathSync()方法的相对路径（'txtRealpath/realpathSync.txt'）。
- 第 12 行调用 fs.realpathSync()方法以同步方式执行将相对路径转为绝对路径的操作，参数见第 10 行和第 11 行代码的定义。

在控制台中运行该 Node 程序，具体的输出内容如图 3.12 所示。

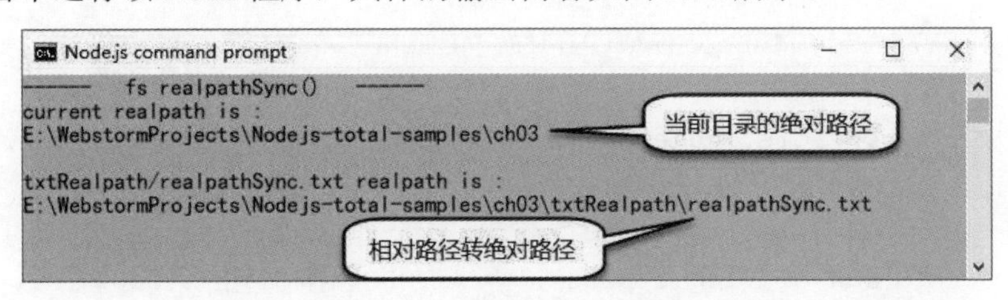

图 3.12　相对路径转绝对路径

3.11　创建和删除目录

目录操作（新建目录、删除目录等）是操作系统中很基本的功能，Node.js 文件系统 fs 模块提供了 fs.mkdir()、fs.rmdir()、fs.mkdirSync()、fs.rmdirSync()四个方法来完成创建与删除目录的操作。

下面介绍一个通过 fs.mkdirSync()方法以同步方式创建新目录的代码实例。

【代码 3-13】（详见源代码目录 ch03-node-fs-mkdir-sync.js.js 文件）

```
01  /* ch03-node-fs-mkdir-sync.js */
02  console.info("------   fs mkdirSync()   ------");
03  /**
04   * 引入文件系统 fs 模块
05   */
06  const fs = require('fs');
07  /**
08   * 引入 process 模块
09   */
10  const process = require('process');
11  process.chdir(process.cwd() + "\\mkdir");
12  /**
13   * 引入 child_process 模块
```

```
14   */
15  const { exec } = require('child_process');
16  exec('dir', {encoding: 'utf8'}, function (error, stdout, stderr) {
17     if (error) {
18        console.log(error);     // TODO: 打印输出 error
19     } else {
20        console.info('dir -pre mkdir stdout: ');
21        console.log(stdout);  // TODO: 打印输出 stdout
22        var newdir = 'newdir';  // TODO: 定义目录
23        console.info('start fs.mkdirSync()...');
24        fs.mkdirSync(newdir); // TODO: 创建目录（同步方法）
25        console.info('fs.mkdirSync() done!');
26        exec('dir', {encoding: 'utf8'}, function (error, stdout, stderr) {
27           if (error) {
28              console.log(error);  // TODO: 打印输出 error
29           } else {
30              console.info('dir -suf mkdir stdout: ');
31              console.log(stdout);  // TODO: 打印输出 stdout
32           }
33        });
34     }
35  });
```

【代码分析】

- 本例程为了测试创建新目录的功能，在代码文件目录下新建一个“mkdir”子目录，然后在该子目录下执行创建新目录的操作。
- 第 24 行代码通过调用 fs.mkdirSync()方法以同步方式执行了创建新目录（newdir）的操作。

在控制台中运行该 Node 程序，具体的输出内容如图 3.13 所示。

下面介绍一个通过 fs.rmdirSync()方法以同步方式删除目录的代码实例。

【代码 3-14】（详见源代码目录 ch03-node-fs-rmdir-sync.js.js 文件）

```
01  /* ch03-node-fs-rmdir-sync.js */
02  console.info("------   fs rmdirSync()   ------");
03  /**
04   * 引入文件系统 fs 模块
05   */
06  const fs = require('fs');
07  /**
08   * 引入 process 模块
09   */
10  const process = require('process');
```

```
11 process.chdir(process.cwd() + "\\mkdir");
12 /**
13  * 引入 child_process 模块
14  */
15 const { exec } = require('child_process');
16 exec('dir', {encoding: 'utf8'}, function (error, stdout, stderr) {
17     if (error) {
18         console.log(error);   // TODO: 打印输出 error
19     } else {
20         console.info('dir -pre mkdir stdout: ');
21         console.log(stdout);   // TODO: 打印输出 stdout
22         var rmdir = 'newdir';   // TODO: 定义目录
23         console.info('start fs.rmdirSync()...');
24         fs.rmdirSync(rmdir); // TODO: 删除目录（同步方法）
25         console.info('fs.rmdirSync() done!');
26         exec('dir', {encoding: 'utf8'}, function (error, stdout, stderr) {
27             if (error) {
28                 console.log(error);   // TODO: 打印输出 error
29             } else {
30                 console.info('dir -suf mkdir stdout: ');
31                 console.log(stdout);   // TODO: 打印输出 stdout
32             }
33         });
34     }
35 });
```

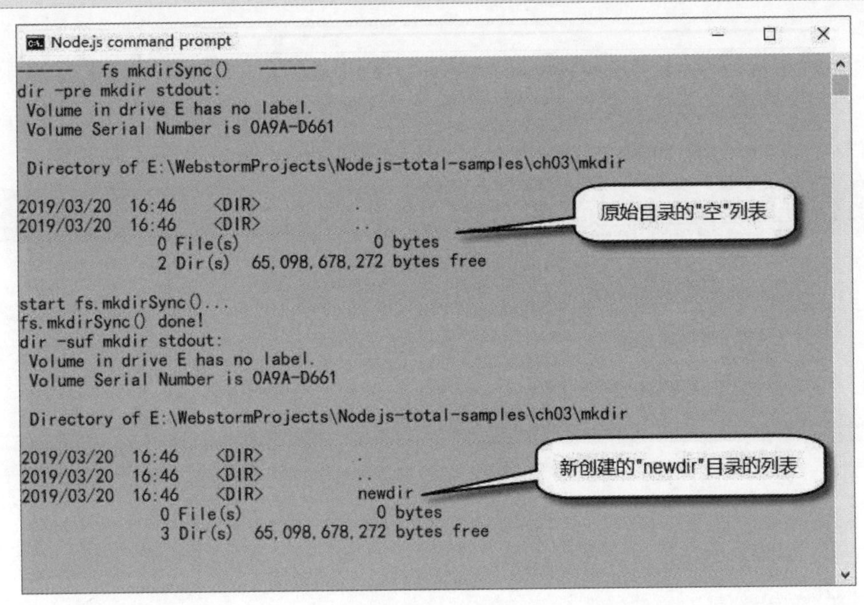

图 3.13　创建新目录

【代码分析】

- 本例程在【代码 3-13】的基础上实现了删除目录的功能，就是将在【代码 3-13】中新创建的子目录（newdir）再次进行删除操作。
- 第 24 行代码通过调用 fs.rmdirSync()方法以同步方式执行了删除目录（newdir）的操作。

在控制台中运行该 Node 程序，具体的输出内容如图 3.14 所示。

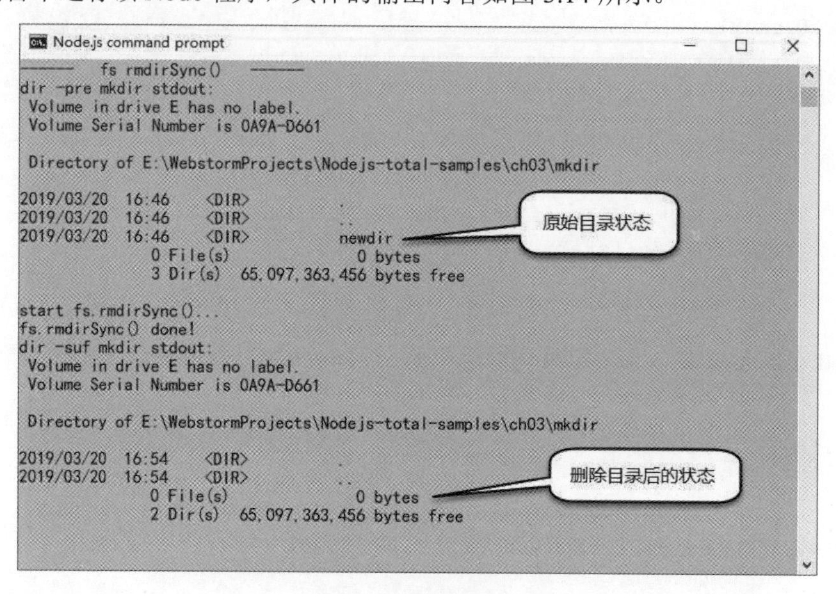

图 3.14 删除目录

3.12 读取文件目录

文件系统模块提供了 fs.readdir()和 fs.readdirSync()两个方法来完成读取文件目录的方法的操作。

下面介绍一个通过 fs.readdirSync()方法以同步方式读取文件目录的代码实例。

【代码 3-15】（详见源代码目录 ch03-node-fs-readdir-sync.js.js 文件）

```
01 /* ch03-node-fs-readdir-sync.js */
02 console.info("------   fs readdirSync()   ------");
03 /**
04  * 引入文件系统 fs 模块
05  */
06 const fs = require('fs');
07 /**
08  * 引入 process 模块
09  */
10 const process = require('process');
11 process.chdir(process.cwd());
```

```
12 var files = fs.readdirSync("./");  // TODO: 读取文件目录（同步方式）
13 console.info('read directory txt: ');
14 console.info(files);            // TODO: 打印输出文件目录
15 console.log('fs.readdirSync() Done.');
16 console.info();
```

【代码分析】

- 第 12 行调用 fs.readdirSync()方法以同步方式执行了读取文件目录的操作。注意，相对路径参数（"./"）表示当前应用所在目录。

在控制台中运行该 Node 程序，具体的输出内容如图 3.15 所示。

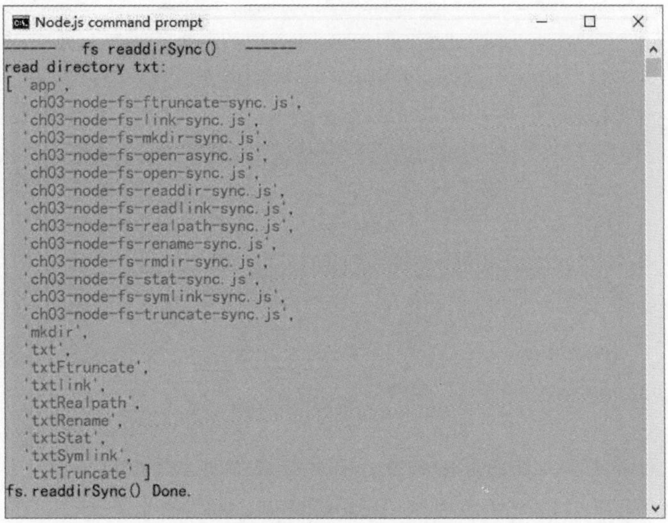

```
Node.js command prompt
------   fs readdirSync()   ------
read directory txt:
[ 'app',
  'ch03-node-fs-ftruncate-sync.js',
  'ch03-node-fs-link-sync.js',
  'ch03-node-fs-mkdir-sync.js',
  'ch03-node-fs-open-async.js',
  'ch03-node-fs-open-sync.js',
  'ch03-node-fs-readdir-sync.js',
  'ch03-node-fs-readlink-sync.js',
  'ch03-node-fs-realpath-sync.js',
  'ch03-node-fs-rename-sync.js',
  'ch03-node-fs-rmdir-sync.js',
  'ch03-node-fs-stat-sync.js',
  'ch03-node-fs-symlink-sync.js',
  'ch03-node-fs-truncate-sync.js',
  'mkdir',
  'txt',
  'txtFtruncate',
  'txtlink',
  'txtRealpath',
  'txtRename',
  'txtStat',
  'txtSymlink',
  'txtTruncate' ]
fs.readdirSync() Done.
```

图 3.15 读取文件目录

3.13 读取文件内容

本节向读者介绍读取文件的应用，在该应用中将会用到判断文件是否存在并读文件的方法。文件系统 fs 模块提供了 fs.readFile()和 fs.readFileSync()两个方法来完成读文件的操作。至于判断文件是否存在，则有 fs.exists()和 fs.existsSync()两个方法来实现。

下面介绍一个通过 fs.readFileSync()方法以同步方式读取文件内容的代码实例。

【代码 3-16】（详见源代码目录 ch03-node-fs-readfile-sync.js.js 文件）

```
01 /* ch03-node-fs-readfile-sync.js */
02 console.info("------   fs readFileSync()   ------");
03 /**
04  * 引入文件系统 fs 模块
05  */
06 const fs = require('fs');
```

```
07 /**
08  * 引入process模块
09  */
10 const process = require('process');
11 /**
12  * 引入child_process模块
13  */
14 const { exec } = require('child_process');  // TODO:引入child_process模块
15 process.chdir(process.cwd() + "\\txtReadfile");
16 var file_path = "readFileSync.txt";
17 if(fs.existsSync(file_path)) {
18    var file_contents = fs.readFileSync(file_path, 'utf-8');  // TODO: 读文
   件（同步方式）
19    console.info('read readFileSync.txt contents: ');
20    console.info(file_contents);              // TODO: 打印输出文件内容
21    console.info();
22 } else {
23    console.log(file_path + 'is not exists.');
24    console.info();
25 }
26 console.info();
```

【代码分析】

- 本例程为了测试读取文件内容的功能，在代码文件目录下新建一个“txtReadfile”子目录，然后在该子目录下创建一个名称为“readFileSync.txt”的文本文件。
- 第 17 行调用 fs.existsSync()方法（同步方式）判断目标文件是否存在。
- 第 18 行调用 fs.readFileSync()方法（同步方式）执行读文件的操作，并将返回值保存在变量 file_contents 中。
- 第 20 行通过变量 file_contents 输出了文本文件的内容。

在控制台中运行该 Node 程序，具体的输出内容如图 3.16 所示。

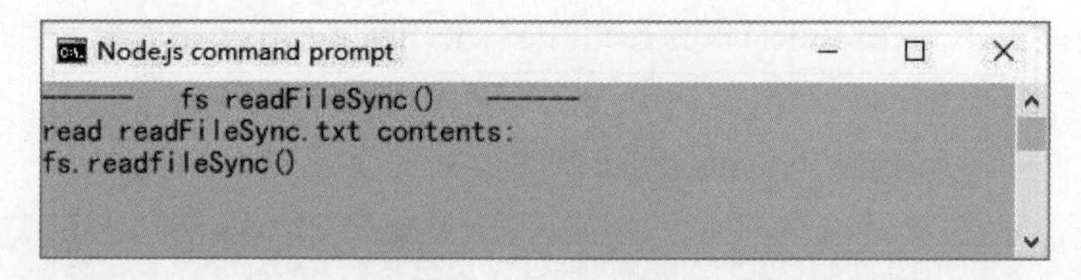

图 3.16 读取文件内容

另外，fs.readFile()方法与 fs.readFileSync()方法是根据绝对路径或相对路径执行读文件操作的。而在有些情况下，设计人员需要根据文件描述符来执行读文件操作，此时就需要使用 fs.read()方法与 fs.readSync()方法，这两个方法是可以根据文件描述符执行读文件操作的。

3.14　根据文件描述符读取文件内容

本节我们向读者介绍一个功能增强的读文件应用，该应用将会根据偏移量执行读文件的操作。文件系统模块提供了 fs.read()和 fs.readSync()两个方法来完成功能增强的读文件操作。

下面介绍一个通过 fs.readSync()方法以同步方式并根据文件描述符来读取文件内容的代码实例。

【代码 3-17】（详见源代码目录 ch03-node-fs-read-sync.js.js 文件）

```
01 /* ch03-node-fs-read-sync.js */
02 console.info("------   fs readSync()   ------");
03 /**
04  * 引入文件系统 fs 模块
05  */
06 const fs = require('fs');
07 /**
08  * 引入 process 模块
09  */
10 const process = require('process');
11 /**
12  * 引入 child_process 模块
13  */
14 const { exec } = require('child_process');  // TODO: 引入 child_process 模块
15 process.chdir(process.cwd() + "\\txtRead");
16 var file_path = "readSync.txt";
17 if(fs.existsSync(file_path)) {
18     fs.open(file_path, 'r', function (err, fd) {
19         if(err) {
20             console.error(err);
21             console.info();
22             return;
23         } else {
24             var buf_a = new Buffer(8);
25             var readbyte_a = fs.readSync(fd, buf_a, 0, 8, null);
26             console.info('读取的字节数: ' + readbyte_a);
27             console.info('读取的内容: ');
28             console.info(buf_a);
29             console.info('fs.readSync() done.');
30             console.info();
31             var buf_b = new Buffer(4);
32             var readbyte_b = fs.readSync(fd, buf_b, 0, 4, 4);
33             console.info('读取的字节数: ' + readbyte_b);
```

```
34              console.info('读取的内容: ');
35              console.info(buf_b);
36              console.info('fs.readSync() done.');
37              console.info();
38              var buf_c = new Buffer(6);
39              var readbyte_c = fs.readSync(fd, buf_c, 2, 4, 2);
40              console.info('读取的字节数: ' + readbyte_c);
41              console.info('读取的内容: ');
42              console.info(buf_c);
43              console.info('fs.readSync() done.');
44              console.info();
45          }
46      });
47  } else {
48      console.log(file_path + 'is not exists.');
49      console.info();
50  }
51  console.info();
```

【代码分析】

- 本例程为了测试读取文件内容的功能，在代码文件目录下新建一个“txtRead”子目录，然后在该子目录下创建一个名称为“readSync.txt”的文本文件。
- 第 17 行通过调用 fs.existsSync()方法以同步方式执行判断目标文件是否存在的操作。
- 第 18 行通过调用 fs.open()方法执行打开文件的操作。
- 第 24～44 行分别调用了 3 次 fs.readSync()方法(同步方式)，执行了 3 种方式的读文件操作。

在控制台中运行该 Node 程序，具体的输出内容如图 3.17 所示。

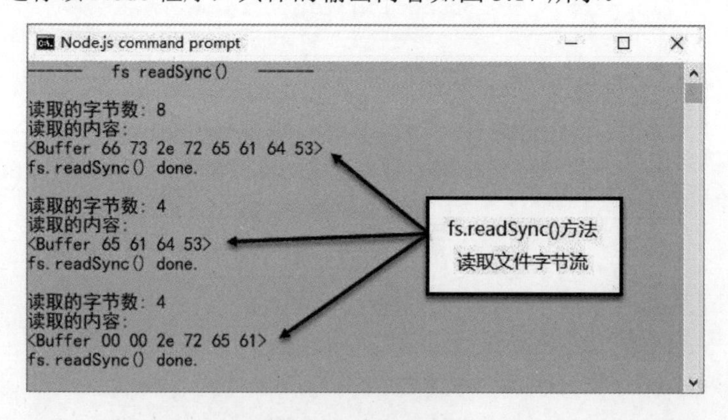

图 3.17　根据文件描述符读取文件内容

从图 3.17 中可以看到，读取到的字节数大小与 fs.readSync()方法定义的完全一致，写入数据缓冲区的二进制编码与文件中的内容也完全符合(读者可自行参考 ASCII 编码表进行对比)，说明 fs.readSync()方法执行的读文件操作成功完成了。

3.15　写入文件内容

所谓写文件，就是将数据写入空白的文件中。文件系统 fs 模块提供了 fs.writeFile()和 fs.writeFileSync()两个方法来完成写文件的操作。

下面介绍一个通过 fs.writeFileSync()方法以同步方式写入文件内容的代码实例。

【代码 3-18】（详见源代码目录 ch03-node-fs-writefile-sync.js.js 文件）

```
01 /* ch03-node-fs-writefile-sync.js */
02 console.info("------   fs writeFileSync()   ------");
03 /**
04  * 引入文件系统 fs 模块
05  */
06 const fs = require('fs');
07 /**
08  * 引入 process 模块
09  */
10 const process = require('process');
11 /**
12  * 引入 child_process 模块
13  */
14 const { exec } = require('child_process');  // TODO:引入 child_process 模块
15 process.chdir(process.cwd() + "\\txtWritefile");
16 var file_path = "writeFileSync.txt";
17 if(fs.existsSync(file_path)) {
18    var file_contents_pre = fs.readFileSync(file_path, 'utf-8');
                                                  // TODO: 读文件（同步方式）
19    console.info('read txtWritefile/writeFileSync.txt contents: ');
20    console.info(file_contents_pre);            // TODO: 打印输出文件内容
21    console.log('fs.writeFileSync() Done.');
22    console.info();
23    console.info('write to txtWritefile/writeFileSync.txt : ');
24    fs.writeFileSync(file_path, 'fs.writeFileSync()');
                                                  // TODO: 写文件（同步方式）
25    console.log('fs.writeFileSync() Done.');
26    console.info();
27    var file_contents_suf = fs.readFileSync(file_path, 'utf-8');
                                                  // TODO: 读文件（同步方式）
28    console.info('read txtWritefile/writeFileSync.txt contents: ');
29    console.info(file_contents_suf);            // TODO: 打印输出文件内容
30    console.log('fs.writeFileSync() Done.');
31    console.info();
```

```
32  } else {
33      console.log(file_path + 'is not exists.');
34      console.info();
35  }
36  console.info();
```

【代码分析】

- 本例程为了测试读取文件内容的功能，在代码文件目录下新建一个“txtWritefile”子目录，然后在该子目录下创建一个名称为“writeFileSync.txt”的文本文件。
- 第 17 行调用 fs.existsSync()方法（同步方式）执行判断目标文件是否存在的操作。
- 第 18～23 行调用 fs.readFileSync()方法先执行读文件的操作，再查看目标文件（txtWritefile/writeFileSync.txt）的内容。其中，第 18 行通过变量 file_contents_pre 打印输出了文件内容。
- 第 27～31 行再次调用 fs.readFileSync()方法执行读文件的操作，查看目标文件（txtWritefile/writeFileSync.txt）被改写后的内容。

在控制台中运行该 Node 程序，具体的输出内容如图 3.18 所示。

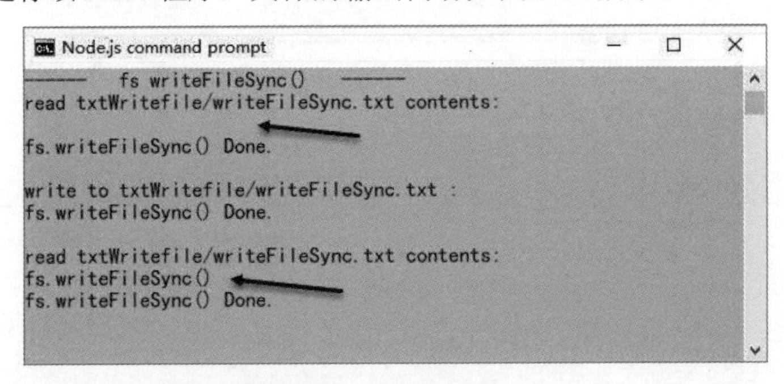

图 3.18　写入文件内容

从图 3.18 中可以看到，通过 fs.writeFileSync()方法写入文件中的内容成功显示出来了。

3.16　根据文件描述符写入文件内容

本节向读者介绍根据文件描述符写入文件内容的应用，可以实现偏移量写入、追加写入等增强功能。文件系统 fs 模块提供了 fs.write()和 fs.writeSync()两个方法来完成写文件的操作。

下面介绍一个通过 fs.writeSync()方法以同步方式并根据文件描述符写入文件内容的代码实例。

【代码 3-19】（详见源代码目录 ch03-node-fs-write-sync.js.js 文件）

```
01  /* ch03-node-fs-write-sync.js */
02  console.info("------    fs writeSync()    ------");
03  /**
```

```
04  * 引入文件系统 fs 模块
05  */
06 const fs = require('fs');
07 /**
08  * 引入 process 模块
09  */
10 const process = require('process');
11 /**
12  * 引入 child_process 模块
13  */
14 const { exec } = require('child_process');  // TODO: 引入 child_process 模块
15 process.chdir(process.cwd() + "\\txtWrite");
16 var file_path = "writeSync.txt";
17 if(fs.existsSync(file_path)) {
18     fs.open(file_path, 'w', function (err, fd) {
19         if(err){
20             throw err;
21         } else {
22             console.log('fs.open() done.');
23             console.info();
24     var file_contents_pre = fs.readFileSync(file_path, 'utf-8');
                                                   // TODO: 读文件（同步方式）
25             console.info('read txtWrite/writeSync.txt contents: ');
26             console.info(file_contents_pre);    // TODO: 打印输出文件内容
27             console.log('fs.readFileSync() Done.');
28             console.info();
29             console.info('write to txtWrite/writeSync.txt : ');
30             var buf = new Buffer('fs.writeSync(fd, buffer, offset, length[,
   position])\n');
31     var len_buf = fs.writeSync(fd, buf, 0, buf.length, 0);
                                                   // TODO: 写文件（同步方式）
32             console.log('fs.writeSync() Done.');
33             console.info();
34             console.log('写入数据的字节数: ' + len_buf);
35             console.info();
36     var file_contents_suf = fs.readFileSync(file_path, 'utf-8');
                                                   // TODO: 读文件（同步方式）
37             console.info('read txtWrite/writeSync.txt contents: ');
38             console.info(file_contents_suf);    // TODO: 打印输出文件内容
39             console.log('fs.readFileSync() Done.');
40             console.info();
41             /**
42              * 关闭文件（异步方式）
```

```
43              */
44             fs.close(fd, function (err) {
45                 if (err) {
46                     throw err;
47                 } else {
48                     console.log('fs.close() done.');
49                     console.info();
50                 }
51             });
52         }
53     });
54 } else {
55     console.log(file_path + 'is not exists.');
56     console.info();
57 }
58 console.info();
```

【代码分析】

- 本例程为了测试读取文件内容的功能，在代码文件目录下新建一个“txtWrite”子目录，然后在该子目录下创建一个名称为“writeSync.txt”的文本文件。
- 第 17 行通过调用 fs.existsSync()方法以同步方式执行判断目标文件是否存在的操作。
- 第 18 行代码通过调用 fs.open()方法执行打开文件的操作。
- 第 24～28 行通过调用 fs.readFileSync()方法执行读文件的操作，查看目标文件（txtWrite/writeSync.txt）中的内容。
- 第 30 行定义了一个 Buffer 类型的变量，并进行了初始化操作。初始化内容为本例程用到的 fs.writeSync()方法的语法形式（'fs.writeSync(fd, buffer, offset, length[, position])\n'）。
- 第 31 行调用 fs.writeSync()方法以同步方式执行写文件的操作，并将返回值保存在变量 len_buf 中。
- 第 34 行通过变量 len_buf 打印输出了实际写入数据的长度。
- 第 36～40 行再次调用 fs.readFileSync()方法执行读文件的操作，查看目标文件（txtWrite/writeSync.txt）被改写后的内容。
- 第 44～51 行调用 fs.close()方法执行关闭文件的操作。

在控制台中运行该 Node 程序，具体的输出内容如图 3.19 所示。

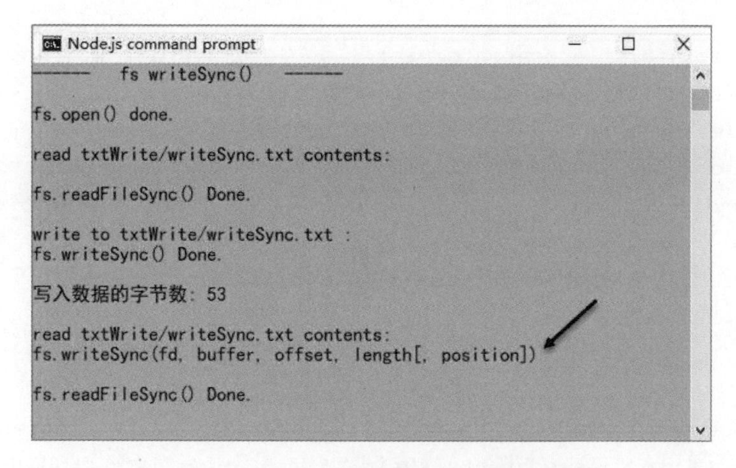

图 3.19　根据文件描述符写入文件内容

3.17　追加写入文件内容

所谓追加写入文件内容，就是将数据写入文件原有内容之后。文件系统 fs 模块提供了 fs.appendFile() 和 fs.appendFileSync() 两个方法来完成追加写入文件的操作。其中，fs.appendFileSync()是同步方式的方法，而 fs.appendFile()是异步方式的方法。

下面介绍一个通过 fs.appendFileSync()方法以同步方式追加写入文件内容的代码实例。

【代码 3-20】（详见源代码目录 ch03-node-fs-appendfile-sync.js.js 文件）

```
01  /* ch03-node-fs-appendfile-sync.js */
02  console.info("------   fs appendFileSync()   ------");
03  /**
04   * 引入文件系统 fs 模块
05   */
06  const fs = require('fs');
07  /**
08   * 引入 process 模块
09   */
10  const process = require('process');
11  /**
12   * 引入 child_process 模块
13   */
14  const { exec } = require('child_process');  // TODO: 引入 child_process 模块
15  process.chdir(process.cwd() + "\\txtAppendfile");
16  var file_path = "appendFileSync.txt";
17  if(fs.existsSync(file_path)) {
18      var file_contents_pre = fs.readFileSync(file_path, 'utf-8');
                                                // TODO:读文件（同步方式）
19      console.info('read txtAppendfile/appendFileSync.txt contents: ');
```

```
20      console.info(file_contents_pre);    // TODO: 打印输出文件内容
21      console.log('fs.readFileSync() Done.');
22      console.info();
23      console.info('append to txtAppendfile/appendFileSync.txt : ');
24    fs.appendFileSync(file_path, 'append new to appendFileSync.txt\n');
                                             // TODO:追加写入文件
25      console.log('fs.appendFileSync() Done.');
26      console.info();
27      var file_contents_suf = fs.readFileSync(file_path, 'utf-8');
                                             // TODO:读文件（同步方式）
28      console.info('read txtAppendfile/appendFileSync.txt contents: ');
29      console.info(file_contents_suf);           // TODO: 打印输出文件内容
30      console.log('fs.readFileSync() Done.');
31      console.info();
32  } else {
33      console.log(file_path + 'is not exists.');
34      console.info();
35  }
36  console.info();
```

【代码分析】

- 本例程为了测试读取文件内容的功能，在代码文件目录下新建一个“txtAppendfile”子目录，然后在该子目录下创建一个名称为“appendFileSync.txt”的文本文件。
- 第 17 行通过调用 fs.existsSync()方法以同步方式执行判断目标文件是否存在的操作。
- 第 18～22 行通过调用 fs.readFileSync()方法执行读文件的操作，查看目标文件（txtAppendfile/appendFileSync.txt）中的内容。
- 第 24 行调用 fs.appendFileSync()方法以同步方式执行追加写入文件的操作。
- 第 27～31 行再次调用 fs.readFileSync()方法执行读文件的操作，查看目标文件（txtAppendfile/appendFileSync.txt）被追加写入后的内容。

在控制台中运行该 Node 程序，具体的输出内容如图 3.20 所示。

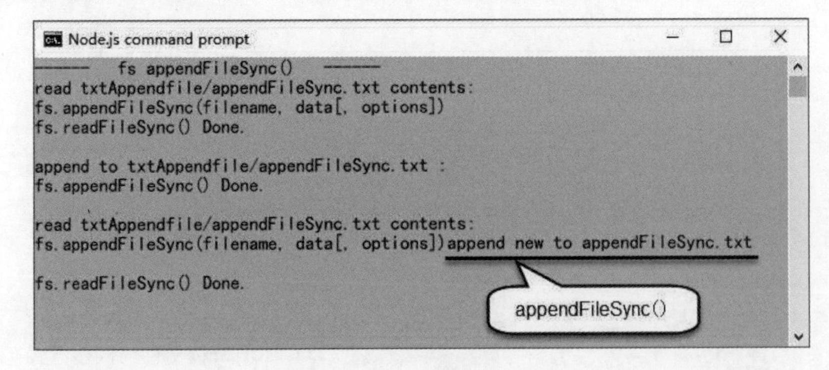

图 3.20　追加写入文件内容

另外，在执行 fs.appendFile()方法与 fs.appendFileSync()方法执行追加写入文件内容的操作时，如果目标文件不存在，就会直接创建该文件。

3.18　监控文件

所谓监控文件，就是对指定的文件或路径添加监听事件，当文件或路径发生改变时，触发该事件。文件系统 fs 模块提供了 fs.watch()和 fs.watchFile()两个方法来完成监控文件的操作。

根据 Node.js 框架官方文档的说明，fs.watch()和 fs.watchFile()两个方法针对不同的系统平台使用起来不是很稳定，设计人员需要谨慎使用。

【代码 3-21】（详见源代码目录 ch03-node-fs-watchfile.js.js 文件）

```
01 /* ch03-node-fs-watchfile.js */
02 console.info("------   fs watchFile()   ------");
03 /**
04  * 引入文件系统 fs 模块
05  */
06 const fs = require('fs');
07 /**
08  * 引入 process 模块
09  */
10 const process = require('process');
11 /**
12  * 引入 child_process 模块
13  */
14 const { exec } = require('child_process');  // TODO: 引入 child_process 模块
15 process.chdir(process.cwd() + "\\watchFile");
16 var file_path = "watchFile.txt";
17 /**
18  * 监控文件函数方法
19  *
20  * fs.watchFile(filename, [options], listener);
21  */
22 fs.watchFile(file_path, function (curr, prev) {
23    console.log('the current mtime is: ' + curr.mtime);
24    console.log('the previous mtime was: ' + prev.mtime);
25    /**
26     * 监控文件函数方法
27     *
28     * fs.watch(filename, [options], [listener]);
29     */
```

```
30     fs.watch(file_path, function (event, filename) {
31         console.log('the event is: ' + event);
32         console.log('the filename is: ' + filename);
33     });
34 });
35 console.info();
```

【代码分析】

- 本例程为了测试读取文件内容的功能，在代码文件目录下新建一个“watchFile”子目录，然后在该子目录下创建一个名称为“watchFile.txt”的文本文件。
- 第 22 行调用 fs.watchFile()方法执行了监控文件的操作，第 23～24 行通过参数 listener 打印输出了目标文件（watchFile/watchFile.txt）的实时状态。
- 第 30 行调用 fs.watch()方法再次执行了监控文件的操作，第 31～32 行通过参数 listener 打印输出了目标文件（watchFile/watchFile.txt）的状态信息。

在控制台中运行该 Node 程序，具体的输出内容如图 3.21 所示。

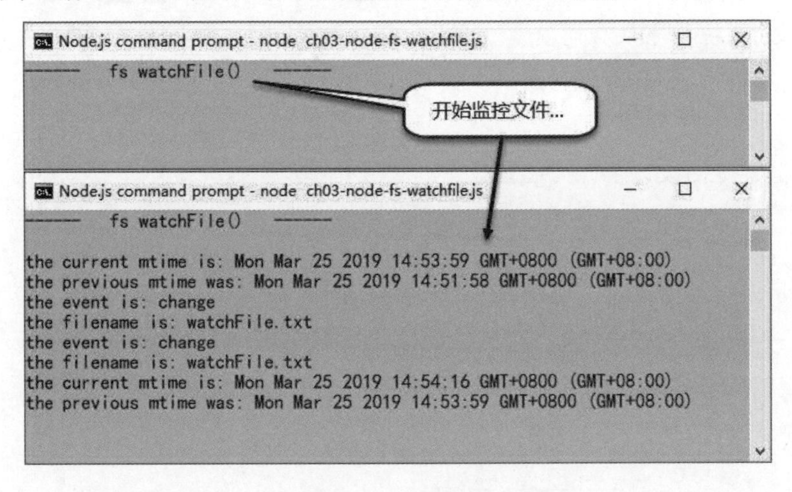

图 3.21　监控文件

如图 3.21 所示，程序运行后其一直处于监控状态（程序未被终止），此时读者可以人工操作文本文件（watchFile/watchFile.txt），比如改变文件的内容，经过几秒钟的刷新后，文件监控的信息就会显示出来了。

另外，执行 fs.watch()方法与 fs.watchFile()方法不是完全跨平台的，且在某些情况下是不可用的。主要是因为此功能需要依赖于操作系统底层提供的方法来监视文件系统的变化。如果操作系统底层函数出于某些原因不可用，那么 fs.watch()方法与 fs.watchFile()方法就无法工作。例如，监视网络文件系统（如 NFS、SMB 等）的文件或者目录就时常不能稳定地工作，有时甚至完全不起作用。很多时候，在调用 fs.watch()方法与 fs.watchFile()方法后会没有反应，有可能是因为比较慢造成的，可能等待一段时间或者重新刷新一下才会打印出反馈信息，可以说 Node.js 框架的文件系统提供的监控文件的方法是不太可靠的。

第 4 章

进程与异步管理

Node.js 框架提供了功能强大的进程（Process）模块，同时配合异步 I/O 和事件驱动可以实现进程与异步管理的高效控制。

4.1 进程与异步概述

对于操作系统而言，进程是正在运行的程序的载体，这个载体包括程序中所占用的全部系统资源，譬如 CPU（寄存器）、I/O、内存、网络资源等。因此，对进程进行有效的管理是高级编程语言重要的功能之一。

Node.js 框架专门设计了针对进程管理的模块（Process），该模块是 Node.js 框架的一个全局内置对象。Node 代码可以在任何位置访问该对象，实际上这个对象就是 Node 代码宿主的操作系统进程对象。使用 Process 模块可以截获进程的异常、退出等事件，可以获取进程的环境变量、当前目录、内存占用等信息，还可以操作工作目录的切换、进程退出等操作。

相信绝大部分开发人员在初次接触 Node.js 框架的时候，最先被灌输的就是 Node.js 框架可以完美地支持异步 I/O 和事件驱动，这也是 Node.js 框架最令开发人员激动之处。Node.js 框架的异步 I/O 编程可以分为几大类内容：异步 I/O 机制、异步 I/O 应用和 Async 流程控制库应用。相信 Node.js 框架所拥有的这些先天优势一定会在 Web 服务端开发中大放异彩。

4.2 获取程序当前目录

查看程序的当前目录（或完整路径）是一项非常实用的功能，Node.js 框架提供了 process.cwd()函数方法来完成这项操作。

在本节这个简单的代码例程中，我们使用 process.cwd()函数来获取当前程序的完整路径。

【代码 4-1】（详见源代码目录 ch04-node-process-cwd.js 文件）

```
01  /**
02   * ch04-node-process-cwd.js
03   */
04  console.info("------   Process cwd   ------");
```

```
05  console.info();
06  console.log('Current directory: ' + process.cwd());
07  console.info();
08  console.info("------   Process cwd   ------");
```

【代码分析】

- 第 06 行代码使用 process.cwd()函数查看并打印输出了应用程序当前的完整路径，process.cwd()函数的语法如下：

```
process.cwd();
```

单击工具栏中的“运行（Run）”命令按钮，通过“运行、调试和控制台输出”查看信息输出，如图 4.1 所示。

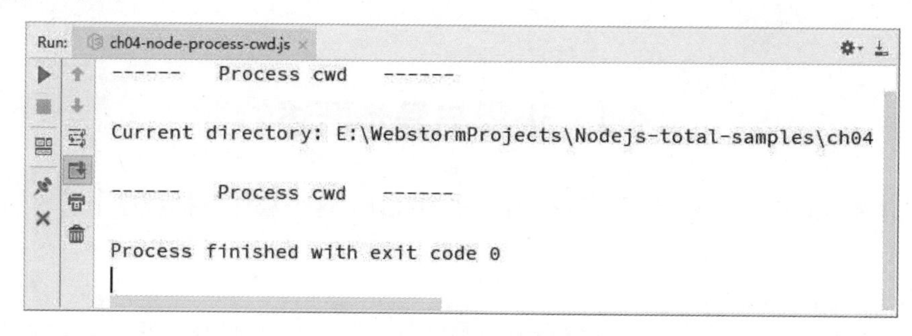

图 4.1　获取程序当前目录

对于 process 对象来讲，其本身是一个全局对象，设计人员可以在代码的任何地方访问该对象；另外，使用 process 对象时不像使用其他对象那样，无须先使用 require 引用 Process 模块。

4.3　改变当前目录

4.2 节介绍了查看应用程序当前目录的方法，本节我们进一步介绍改变程序当前目录的方法，Node.js 框架提供了 process.chdir()函数来完成这项工作。

在本节这个代码例程中，通过结合 process.cwd()和 process.chdir()这两个函数来查看并改变应用程序的当前目录，同时将操作结果反馈给用户。

【代码 4-2】（详见源代码目录 ch04-node-process-chdir.js 文件）

```
01  /**
02   * ch04-node-process-chdir.js
03   */
04  console.info("------   Process chdir   ------");
05  console.info();
06  console.log('Current directory: ' + process.cwd());
07  console.log('Change directory to: C:\\');
08  process.chdir('C:\\');
```

```
09 console.log('Current directory: ' + process.cwd());
10 console.info();
11 console.info("------   Process chdir   ------");
```

【代码分析】

- 第 06 行代码使用 process.cwd()函数查看并打印输出了应用程序当前的目录（完整路径）。
- 第 08 行代码使用 process.chdir()函数将应用程序当前的完整路径改变为新的路径('C:\\')。
- 第 09 行代码使用 process.cwd()函数查看并打印输出了应用程序更改后的完整路径。

单击工具栏中的“运行（Run）”命令按钮，通过“运行、调试和控制台输出”查看信息输出，如图 4.2 所示。

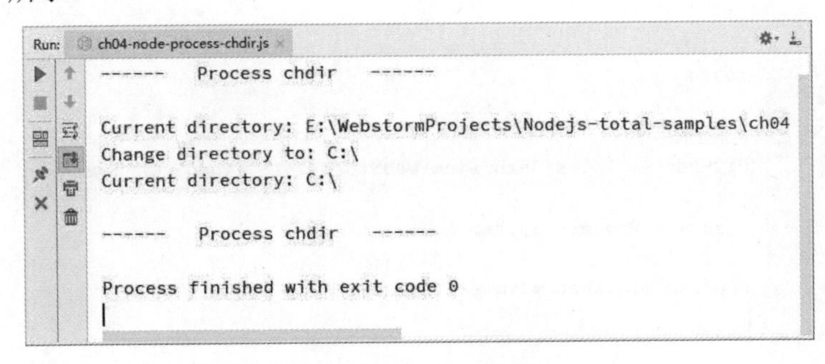

图 4.2　改变当前目录

另外，在使用 process.chdir()函数改变目录时，其路径参数必须是完整路径。

4.4　获取系统相关信息

Process 模块提供了一系列属性参数，用于返回非常有用的系统相关信息，设计人员可以根据这些信息完成相关的实际工作。在本节这几个代码例程中，分别通过 process 对象来查看几组系统的相关信息。

首先介绍通过 Process 模块获取进程 pid 和进程名称的操作方法。

【代码 4-3】（详见源代码目录 ch04-node-process-sysinfo-pid.js 文件）

```
01 /**
02  * ch04-node-process-sysinfo-pid.js
03  */
04 console.info("------   Process System Info   ------");
05 console.info();
06 console.info('当前进程 id:');
07 console.info(process.pid);
08 console.info();
09 console.info('当前进程名称:');
10 console.info(process.title);
```

```
11  console.info();
12  console.info("------   Process System Info   ------");
```

【代码分析】

- 第 07 行代码使用 process.pid 属性查看并打印输出了进程 pid(如图 4.3 所示,pid 为 10224)。
- 第 10 行代码使用 process.title 属性查看并打印输出了进程名称，如图 4.3 所示。

单击工具栏中的“运行（Run）”命令按钮，通过“运行、调试和控制台输出”查看信息输出，如图 4.3 所示。

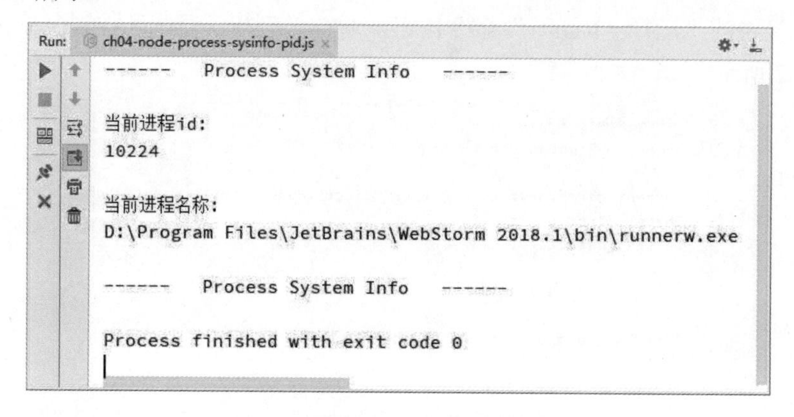

图 4.3　查看进程 pid 和进程名称

接着介绍通过 Process 模块获取 Node 版本信息与属性的操作方法。

【代码 4-4】（详见源代码目录 ch04-node-process-sysinfo-node.js 文件）

```
01  /**
02   * ch05.process-sysinfo-node.js
03   */
04  console.info("------   Process System Info   ------");
05  console.info();
06  console.info('Node.js 版本号:');
07  console.info(process.version);
08  console.info();
09  console.info('Node.js 版本属性:');
10  console.info(process.versions);
11  console.info();
12  console.info("------   Process System Info   ------");
```

【代码分析】

- 第 07 行代码使用 process.version 属性查看 Node 的版本号（如图 4.4 所示，当前 Node 版本号为 v10.15.1）。
- 第 10 行代码使用 process.versions 属性查看 Node 的版本属性，如图 4.4 所示。

单击工具栏中的“运行（Run）”命令按钮，通过“运行、调试和控制台输出”查看信息输出，如图 4.4 所示。

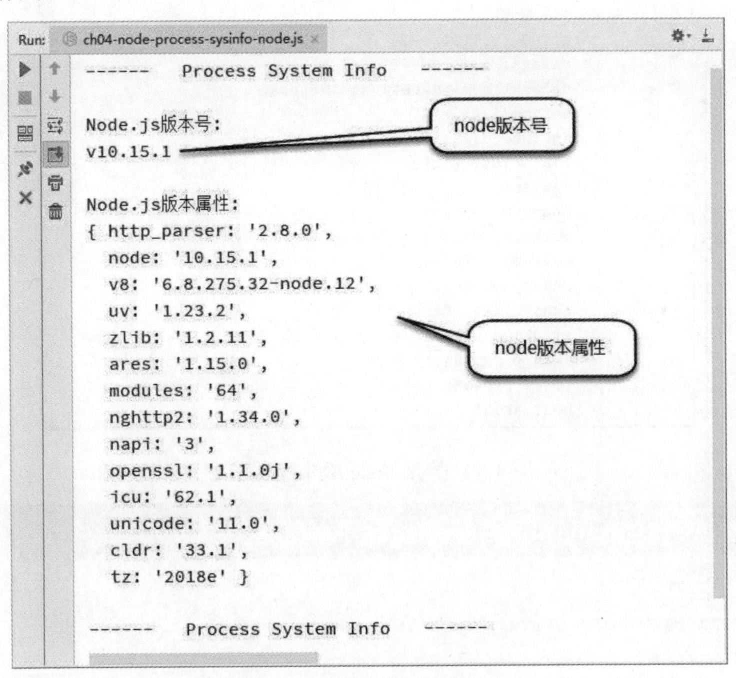

图 4.4　查看 Node 版本信息

接着介绍通过 Process 模块获取 Node 配置信息的操作方法。

【代码 4-5】（详见源代码目录 ch04-node-process-sysinfo-nodeconfig.js 文件）

```
01  /**
02   * ch04-node-process-sysinfo-nodeconfig.js
03   */
04  console.info("------   Process System Info   ------");
05  console.info();
06  console.info('Node.js 配置选项:');
07  console.info(process.config);
08  console.info();
09  console.info("------   Process System Info   ------");
```

【代码分析】

- 第 07 行代码使用 process.config 属性查看 Node 的配置信息（如图 4.5 所示），从图 4.5 中可以看到，关于 Node.js 框架详细的系统配置信息，以 JSON 数据格式进行了打印输出。

单击工具栏中的“运行（Run）”命令按钮，通过“运行、调试和控制台输出”查看信息输出，如图 4.5 所示。

接着通过 Process 模块获取当前进程相关参数的方法。

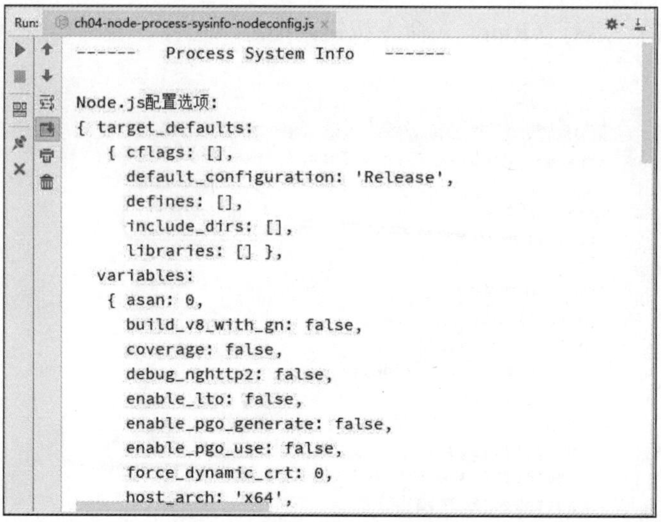

```
Run: ch04-node-process-sysinfo-nodeconfig.js
------   Process System Info   ------

Node.js配置选项:
{ target_defaults:
   { cflags: [],
     default_configuration: 'Release',
     defines: [],
     include_dirs: [],
     libraries: [] },
  variables:
   { asan: 0,
     build_v8_with_gn: false,
     coverage: false,
     debug_nghttp2: false,
     enable_lto: false,
     enable_pgo_generate: false,
     enable_pgo_use: false,
     force_dynamic_crt: 0,
     host_arch: 'x64',
```

图 4.5　查看 Node 版本配置信息

【代码 4-6】（详见源代码目录 ch04-node-process-sysinfo-process.js 文件）

```
01  /**
02   * ch04-node-process-sysinfo-process.js
03   */
04  console.info("------   Process System Info   ------");
05  console.info();
06  console.info('运行当前进程可执行文件的绝对路径:');
07  console.info(process.execPath);
08  console.info();
09  console.info('当前进程的命令行参数数组:');
10  console.info(process.argv);
11  console.info();
12  console.info("------   Process System Info   ------");
```

【代码分析】

- 第 07 行代码使用 process.execPath 属性查看当前进程可执行文件的绝对路径，如图 4.6 所示。
- 第 10 行代码使用 process.argv 属性查看当前进程的命令行参数数组，如图 4.6 所示。

单击工具栏中的“运行（Run）”命令按钮，通过“运行、调试和控制台输出”查看信息输出，如图 4.6 所示。

接着介绍如何通过 Process 模块获取系统和 CPU 架构相关参数的方法。

【代码 4-7】（详见源代码目录 ch04-node-process-sysinfo-cpu.js 文件）

```
01  /**
02   * ch04-node-process-sysinfo-cpu.js
03   */
```

```
04 console.info("------   Process System Info   ------");
05 console.info();
06 console.info('当前系统平台:');
07 console.info(process.platform);
08 console.info();
09 console.info('当前 CPU 架构:');
10 console.info(process.arch);
11 console.info();
12 console.info("------   Process System Info   ------");
```

【代码分析】

- 第 07 行代码使用 process.platform 属性查看当前系统信息（如图 4.7 所示，当前系统为 Windows）。
- 第 10 行代码使用 process.arch 属性查看当前 CPU 架构信息（如图 4.7 所示，当前 CPU 架构为 x64，说明本机为 x64 指令集架构）。

单击工具栏中的“运行（Run）”命令按钮，通过“运行、调试和控制台输出”查看信息输出，如图 4.7 所示。

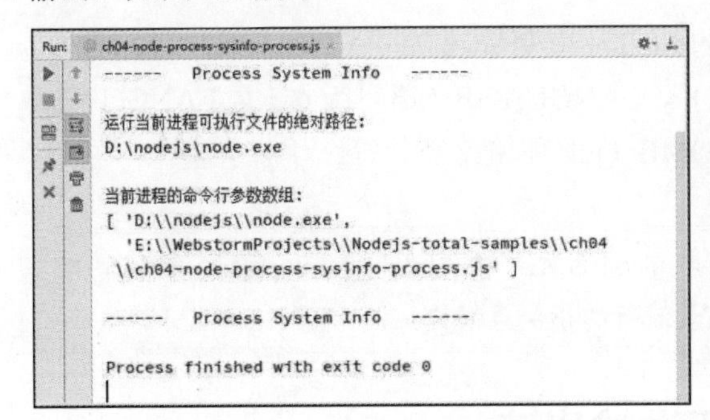

图 4.6　查看当前进程的相关参数

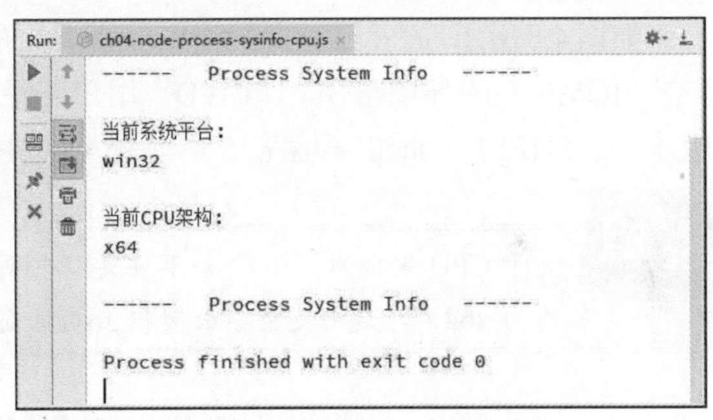

图 4.7　系统与 CPU 架构信息

最后介绍如何通过 Process 模块获取当前 shell 环境变量参数的方法。

【代码 4-8】（详见源代码目录 ch04-node-process-sysinfo-shell.js 文件）

```
01 /**
02  * ch04-node-process-sysinfo-shell.js
03  */
04 console.info("------   Process System Info   ------");
05 console.info();
06 console.info('指向当前 shell 的环境变量:');
07 console.info(process.env);
08 console.info();
09 console.info("------   Process System Info   ------");
```

【代码分析】

- 第 07 行代码使用 process.env 属性查看 shell 环境变量参数信息并进行打印输出，如图 4.8 所示。

单击工具栏中的“运行（Run）”命令按钮，通过“运行、调试和控制台输出”查看信息输出，如图 4.8 所示。

```
Run: ch04-node-process-sysinfo-shell.js
------   Process System Info   ------

指向当前shell的环境变量：
{ ALLUSERSPROFILE: 'C:\\ProgramData',
  APPDATA: 'C:\\Users\\KING\\AppData\\Roaming',
  CLASSPATH:
   '.;D:\\Program Files\\Java\\jdk1.8.0_191\\lib\\dt.jar;D:\\Program
Files\\Java\\jdk1.8.0_191\\lib\\tools.jar;',
  CommonProgramFiles: 'C:\\Program Files\\Common Files',
  'CommonProgramFiles(x86)': 'C:\\Program Files (x86)\\Common Files',
  CommonProgramW6432: 'C:\\Program Files\\Common Files',
  COMPUTERNAME: 'DESKTOP-KING',
  ComSpec: 'C:\\Windows\\system32\\cmd.exe',
```

图 4.8　shell 环境变量信息

如图 4.8 所示，读者可以找到很多非常有用的 shell 环境变量，例如 PATH（系统环境路径）、JRE_HOME（jre 环境路径）、PWD（用户路径）、LANGUAGE（语言版本）、LANG（编码版本）、SHELL（shell 环境路径）与 JAVA_HOME（jdk 环境路径）等。

关于 CPU 架构为“x64”，其实是特指英特尔 64 位元架构（Intel Architecture，64-bit，缩写为 x64），是由英特尔公司推出的目前最流行的指令集架构。

4.5　实现标准输出流

在第 1 章中介绍了使用 console.log()或 console.info()方法向控制台实现标准输出流的方法。感兴趣的读者可以查阅 Node.js 源代码，会发现 console.log()与 console.info()方法实际上是通过封装 Process 模块的 stdout.write()方法来实现的。

在本节这个代码实例中，通过对比 console.log()、console.info()与 process.stdout()方法，向读者演示如何使用 process.stdout.write()方法实现标准输出流。

【代码 4-9】（详见源代码目录 ch04-node-process-stdout.js 文件）

```
01  /**
02   * ch04-node-process-stdout.js
03   */
04  console.info("------   Process stdout   ------");
05  console.info();
06  console.log('Node.js Process Module - stdout method.');
```

```
07 process.stdout.write('Node.js Process Module - stdout method.');
08 console.info('\n');
09 console.info('console.log()方法封装了process.stdout.write()方法');
10 console.log = function(d) {
11    process.stdout.write('process.stdout.write: ' + d + '\n');
12 }
13 console.log('Node.js Process Module - stdout method.');
14 console.info();
15 console.info("------   Process stdout   ------");
```

【代码分析】

- 第 06 行代码使用 console.log()方法打印输出了一个字符串，内容为'Node.js Process Module - stdout method.'；第 07 行代码使用 process.stdout.write()方法打印输出了与第 06 行代码同样的一个字符串；从图 4.9 中的输出结果来看，第 06 行代码与第 07 行代码的打印输出结果是完全一致的。
- 第 10～12 行代码参考 Node.js 源码中关于 console.log()方法的实现过程，我们看到 console.log()方法是通过封装 process.stdout.write()方法来实现的，区别是我们添加了一段字符串（'process.stdout.write: '）作为标记；第 13 行代码使用新封装的 console.log()方法打印输出了同一个字符串，内容为'Node.js Process Module - stdout method.'，从图 4.9 中的输出结果来看，第 13 行代码打印输出的结果加上了我们人为添加的标记字符串（'process.stdout.write: '）。

单击工具栏中的“运行（Run）”命令按钮，通过“运行、调试和控制台输出”查看信息输出，如图 4.9 所示。

其实 console.log()方法与 process.stdout.write()方法还是有一点小小的区别的，细心的读者阅读源代码会发现 console.log()方法在封装 process.stdout.write()方法时在结尾增加了一个换行符。所以，在使用 console.log()方法打印输出一行后会自动换行，而 process.stdout.write()方法则不会自动换行。

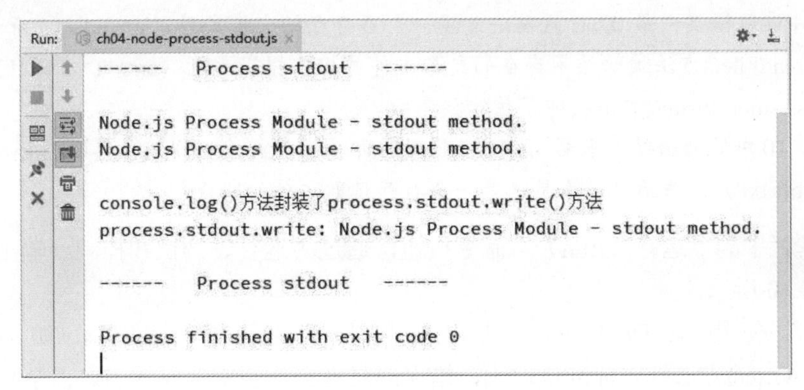

图 4.9　实现标准输出流的方法

4.6 实现标准错误流

在本节这个代码实例中，通过一个读取本地文本文件的例程向读者演示如何使用process.stderr.write()方法实现标准错误流。

【代码 4-10】（详见源代码目录 ch04-node-process-stderr.js 文件）

```
01  /**
02   * ch04-node-process-stderr.js
03   */
04  console.info("------   Process stderr   ------");
05  console.info();
06  var fs = require('fs');
07  var file = 'err.txt';
08  var encoding = 'UTF-8';
09  fs.readFile(file, encoding, function(err, data) {
10      if(err) {
11          setTimeout(function() {
12              process.stderr.write('err: ' + err + '\n');  //打印输出标准错误流
13          }, 1000);
14      } else {
15          console.log(data);
16      }
17  });
18  console.info();
19  console.info("------   Process stderr   ------");
```

【代码分析】

- 第 06～17 行代码实现了一个读取本地文本文件的过程，为了测试本例程，代码实现了一个文件读取错误；第 07 行代码定义了一个不存在的文本文件（'err.txt'）；第 09 行代码使用 fs.readFile()方法读取该不存在的文本文件并抛出错误参数（err）；在第 12 行代码使用 process.stderr.write()方法打印了该错误参数。
- 从图 4.10 中的输出结果来看，第 12 行代码打印输出了标准错误流信息(err: Error: ENOENT, open 'err.txt')，告诉设计人员这是一个打开读取文件的错误。

单击工具栏中的“运行（Run）”命令按钮，通过“运行、调试和控制台输出”查看信息输出，如图 4.10 所示。

本例程中使用 setTimeout() 方法主要是为了控制输出格式，如果直接使用process.stderr.write()方法打印标准错误流，错误信息就会在正常信息输出之前全部输出到控制台中。

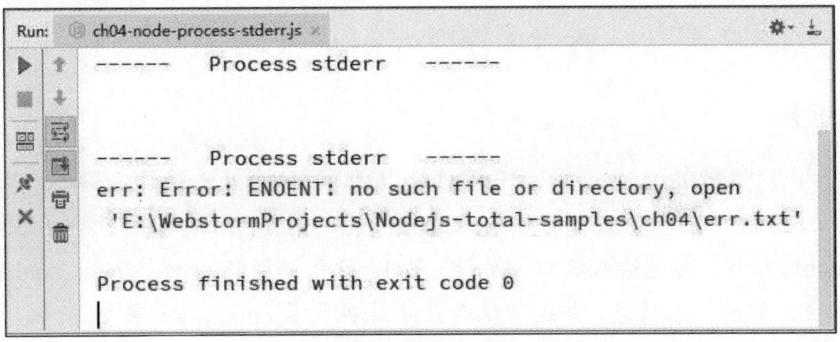

```
Run:  ch04-node-process-stderr.js
------   Process stderr   ------


------   Process stderr   ------
err: Error: ENOENT: no such file or directory, open
 'E:\WebstormProjects\Nodejs-total-samples\ch04\err.txt'

Process finished with exit code 0
```

图 4.10　实现标准错误流的方法

4.7　实现标准输入流

在第 1 章中介绍了使用 readline 模块在控制台实现标准输入流的方法。现在，读者再回去阅读一下相关代码，就会发现其中使用了 Process 模块的 process.stdout 与 process.stdin 两个对象。

在本节这个代码实例中，通过使用 process.stdin.read()方法实现一个基本的控制台回写应用，向读者演示如何使用 process.stdin.read()方法实现标准输入流。

【代码 4-11】（详见源代码目录 ch04-node-process-stdin.js 文件）

```
01  /**
02   * ch04-node-process-stdin.js
03   */
04  console.info("------   Process stdin   ------");
05  console.info();
06  console.info('用户输入数据');
07  /**
08   * readable - 接收控制台用户输入事件
09   */
10  process.stdin.setEncoding('utf8');
11  process.stdin.on('readable', function() {
12      var chunk = process.stdin.read();   //process.stdin.read() 方法
13      if (chunk !== null) {
14          process.stdout.write('Print Data: ' + chunk + '\n');    //打印输出
15      }
16  });
17  /**
18   * end - 结束控制台输入事件
19   */
20  process.stdin.on('end', function() {
21      process.stdout.write('end.\n');
22  });
23  console.info();
```

```
24 console.info("------   Process stdin   ------");
```

【代码分析】

- 第 10 行代码使用 process.stdin.setEncoding('utf8')方法为输入流设定编码，此处设定为'utf8'编码；在第 11～16 行实现了标准输入流的功能：第 11 行代码通过为 process.stdin 对象注册 readable 事件，实现输入流回调函数；第 12 行代码通过 process.stdin.read()方法读入用户在控制台终端的输入信息，并返回保存在字符串变量 chunk 中；第 14 行代码将用户输入的信息回写在控制台终端中。
- 从图 4.11 中可以看到，用户输入的每一行数据信息（包含中英文混合字符）均完成了成功的回写功能，中英文混合字符的回写不出现乱码，需要感谢在第 10 行代码使用了 process.stdin.setEncoding()方法设定了 utf8 编码。在第 20～22 行代码通过为 process.stdin 对象注册 end 事件来实现控制台输入流结束的功能（用户可以输入 Ctrl+D 结束控制台输入流），控制台输入结束后，通过 process.stdout.write()方法向控制台中输出提示信息（字符串'end'）。从图 4.11 中可以看到，在用户输入 Ctrl+D 组合键后，控制台输入流结束，控制台中输出提示信息 end。

单击工具栏中的“运行（Run）”命令按钮，通过“运行、调试和控制台输出”查看信息输出，如图 4.11 所示。

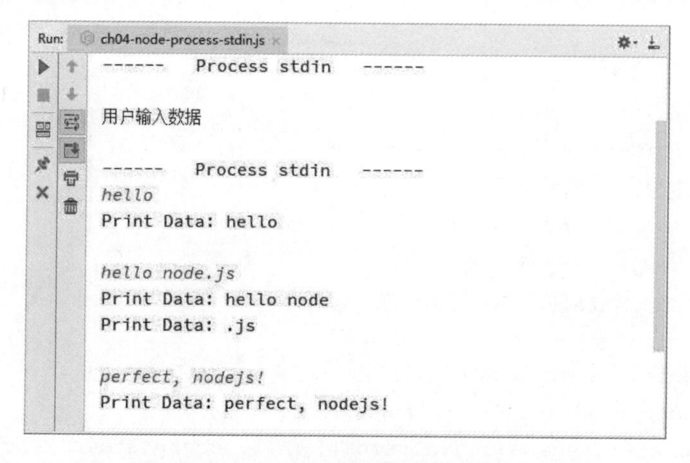

图 4.11 实现标准输入流的方法

4.8 Process 模块的异步方法

在前面的很多例程中都使用了 setTimeout()方法完成异步操作的执行。其实，Process 模块同样提供了一个 process.nextTick()方法用于完成异步操作的执行。按照 Node.js 框架的官方文档给出的解释，process.nextTick()方法比 setTimeout()方法效率要高很多，实际情况是不是这样呢？

在本节这个代码实例中，通过对比 setTimeout()方法与 process.nextTick()方法，测试这两个方法效率的差异有多大，具体体现在什么方面。

【代码 4-12】（详见源代码目录 ch04-node-process-nextTick.js 文件）

```
01  /**
02   * ch04-node-process-nextTick.js
03   */
04  console.info("------   Process nextTick   ------");
05  console.info();
06  /**
07   * 使用 setTimeout()方法执行异步操作
08   */
09  console.time('startB');             //console.time()计时器 B
10  console.log('start - setTimeout');
11  /**
12   * setTimeout()方法
13   */
14  setTimeout(function() {
15     console.log('nextTick callback 2');
16  }, 0);
17  console.log('scheduled - setTimeout');
18  console.timeEnd('startB');         //console.time()计时器 B
19  /**
20   * 使用 process.nextTick()方法执行异步操作
21   */
22  console.time('startA');            //console.time()计时器 A
23  console.log('start - nextTick');
24  /**
25   * process.nextTick()方法
26   */
27  process.nextTick(function() {
28     console.log('nextTick callback 1');
29  });
30  console.log('scheduled - nextTick');
31  console.timeEnd('startA');         //console.time()计时器 A
32  console.info();
33  console.info("------   Process nextTick   ------");
```

【代码分析】

- 整个代码段分为两大部分：第 06～18 行代码使用 setTimeout()方法完成了一个异步操作功能；第 19～31 行代码使用 process.nextTick()方法完成了一个同样效果的异步操作功能。
- 如图 4.12 所示，执行 setTimeout()方法进行异步操作时，计时器标记(startB)显示为 29.287ms；而执行 process.nextTick()方法进行异步操作时，计时器标记（startA）显示为 0.171ms，表明 process.nextTick()方法在执行过程中几乎没有被阻塞。

- 同样，从图 4.12 中可以看到，第 15 行和第 28 行代码在第 33 行代码的提示信息执行完毕后再打印输出，说明这两行均是异步执行的；而第 28 行代码的提示信息是先于第 15 行代码的提示信息打印输出的，这更加表明了 process.nextTick()方法在执行过程中几乎没有被阻塞。由此可见，Node.js 框架官方文档关于 process.nextTick()方法的执行效率高于 setTimeout()方法的说法还是有可信度的。

单击工具栏中的“运行（Run）”命令按钮，通过“运行、调试和控制台输出”查看信息输出，如图 4.12 所示。

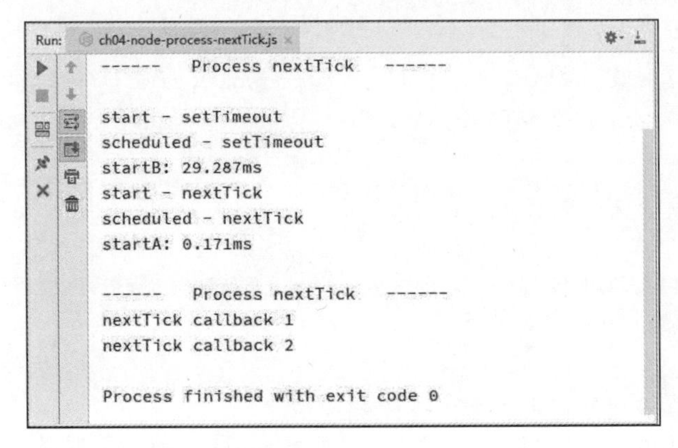

图 4.12 process.nextTick()异步方法

（1）我们知道 Node.js 是单线程执行的，除了系统 I/O 之外，在其事件轮询过程中，同一时间只会处理一个事件。也就是说，无论用户电脑有多少个 CPU 核心，都无法同时并行地处理多个事件。

（2）然而，恰恰是 Node.js 的这种特性使得其更适合处理 I/O 型应用，却不适合诸如 CPU 运算型的应用。在每个 I/O 型的应用中，设计人员只需要给每一个输入输出定义一个回调函数即可，系统会将其自动加入事件轮询的处理队列里。当 I/O 操作完成后，这个回调函数会被触发，然后系统会继续处理其他的请求。

4.9 异步方法基础

要学习 Node.js 框架的异步 I/O 编程，就要先了解什么是异步编程。所谓异步编程，是指由于异步 I/O 等因素，在无法同步获得执行结果时，在回调函数中进行下一步操作的代码编写风格，常见的异步编程方式有 Ajax 异步请求、通过 setTimeout()方法设定回调函数以及事件监听等。

在本节这个代码实例中，通过 setTimeout()方法来实现一个异步打印输出控制台内容的应用。

【代码 4-13】（详见源代码目录 ch04-node-async-basic.js 文件）

```
01  /**
02   * ch04-node-async-basic.js
```

```
03  */
04 console.info('------   Node.js 异步编程:基础初步   ------');
05 console.info("\n");
06 // 使用 setTimeout()异步方法初探异步机制
07 setTimeout(function(){
08    console.log('async - print it now!');  // 在回调函数内输出信息
09 },3000);
10 console.log('async - print it 3 second later!');    // 异步方法后输出信息
11 console.info("\n");
12 console.info('------   Node.js 异步编程   ------');
13 console.info("\n");
```

【代码分析】

- 第 07～09 行代码使用 setTimeout()方法实现了一个异步回调过程，在回调过程中通过第 08 行代码向控制台打印输出了一个字符串（'async - print it now!'），顾名思义，就是要马上打印输出的意思。
- 第 10 行代码向控制台打印输出了另一个字符串（'async - print it 3 second later!'），其含义是延迟 3 秒打印。

单击工具栏中的“运行（Run）”命令按钮，通过“运行、调试和控制台输出”查看信息输出，如图 4.13 所示。

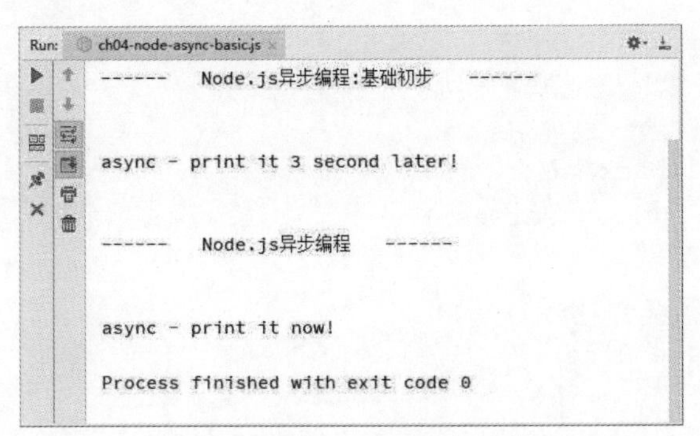

图 4.13　异步打印输出控制台内容

如图 4.13 所示，第 10 行代码中的字符串（'async - print it 3 second later!'）首先被打印输出了，而第 08 行代码中的字符串（'async - print it now!'）是之后打印输出的。希望延迟打印输出的先被执行了，而希望马上打印输出的却延迟执行了，原因就是第 08 行代码是通过 setTimeout()方法的异步回调方式执行的。

4.10　Async 串行流程

Async 是一个基于 JavaScript 语言的流程控制库，专为 Node.js 框架而设计，同时可以直接在浏览器中使用。

Async 流程控制库提供了简单而强大的异步功能，一共包括大约 20 个函数。比较常用的函数有 map、reduce、filter 和 forEach 等，异步流程控制模式包括串行（series）、并行（parallel）和瀑布（waterfall）等。

本节先从 Async 流程控制库基本的串行流程控制开始讲起。所谓串行流程控制，是指串行执行一个函数数组中的每个函数，且需要每一个函数执行完成之后才能执行下一个函数，Async 库串行流程控制是通过 series 函数来实现的。

【代码 4-14】（详见源代码目录 ch04-node-async-series-array.js 文件）

```
01 /**
02  * ch04-node-async-series-array.js
03  */
04 console.info('------   Node.js 异步编程: Async series   ------');
05 console.info();
06 var async = require('async');   // TODO: 引用'async'包
07 /**
08  * TODO: 使用 series 函数方法
09  */
10 async.series([
11     function(callback) {
12         callback(null, 'hello');
13     },
14     function(callback) {
15         callback(null, 'async');
16     },
17     function(callback) {
18         callback(null, 'series');
19     }
20 ],function(err, results) {
21     console.log(results);
22 });
23 console.info();
24 console.info('------   Node.js 异步编程: Async series   ------');
```

【代码分析】

- 第 06 行代码通过 require('async')方法引用 Async 流程控制库，引用后的对象名称为 async。
- 第 10～22 行代码使用 async.series()函数实现串行流程控制过程，具体说明如下：
    - 第 11～13 行、第 14～16 行和第 17～19 行代码分别定义了一个包含 3 个函数的函数组，读者应该注意到这个函数组是通过中括号“[]”（第 10~20 行代码）包含在一起的，实际上这个函数组是 async.series()函数的第 1 个参数。

- 第 20～22 行代码定义的函数是 async.series()函数的第 2 个参数，其实也是回调函数，回调函数中的第 21 行打印输出 results 参数（此时 results 参数为['hello', 'async', 'series']）。async.series()函数的语法如下：

```
series(tasks,callback);
```

其中，第 1 个参数 tasks 可以是一个数组，也可以是一个 JSON 对象，参数类型不同，影响的是返回数据的格式；第 2 个参数 callback 是一个回调函数，用于执行 async.series()函数完成后的操作。

单击工具栏中的“运行（Run）”命令按钮，通过“运行、调试和控制台输出”查看信息输出，如图 4.14 所示。

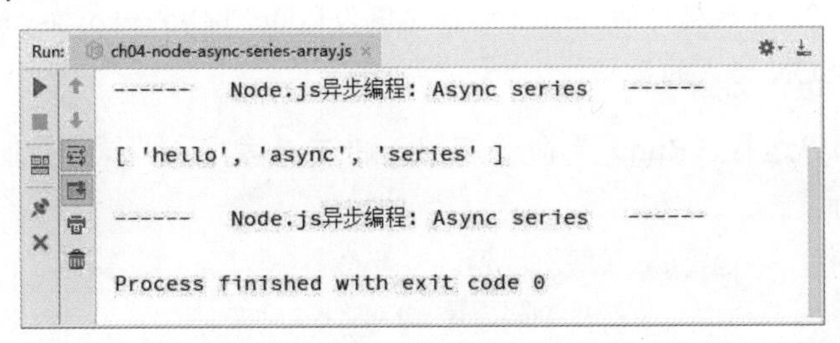

图 4.14　Async 串行流程控制（数组格式）

前一个例程 async.series()函数的第 1 个参数是一个数组，如果是 JSON 数据格式的参数，那么会是什么结果呢？下面看一个具体的代码实例。

【代码 4-15】（详见源代码目录 ch04-node-async-series-json.js 文件）

```
01  /**
02   * ch04-node-async-series-json.js
03   */
04  console.info('------   Node.js 异步编程: Async series   ------');
05  console.info();
06  var async = require('async');   // TODO: 引用'async'包
07  /**
08   * TODO: 使用 series 函数方法
09   */
10  async.series({
11      one: function(callback) {
12          callback(null, 'hello');
13      },
14      two: function(callback) {
15          callback(null, 'async');
16      },
17      three: function(callback) {
18          callback(null, 'series');
19      }
```

```
20  },function(err, results) {
21      console.log(results);
22  });
23  console.info();
24  console.info('------   Node.js 异步编程: Async series   ------');
```

【代码分析】

- 第 11～13 行、第 14～16 行和第 17～19 行代码分别定义了一个包含 3 个 JSON 数据格式的函数组。读者应该注意到，这个 JSON 数据格式的函数组是通过大括号“{}”（第 10～20 行代码）包含在一起的，这就是 async.series()函数的第 1 个参数。
- 此时，第 20～22 行代码中的 results 参数的值为{ one: 'hello', two: 'async', three: 'series' }，这其实是一个 JSON 格式的数据。

单击工具栏中的“运行（Run）”命令按钮，通过“运行、调试和控制台输出”查看信息输出，如图 4.15 所示。

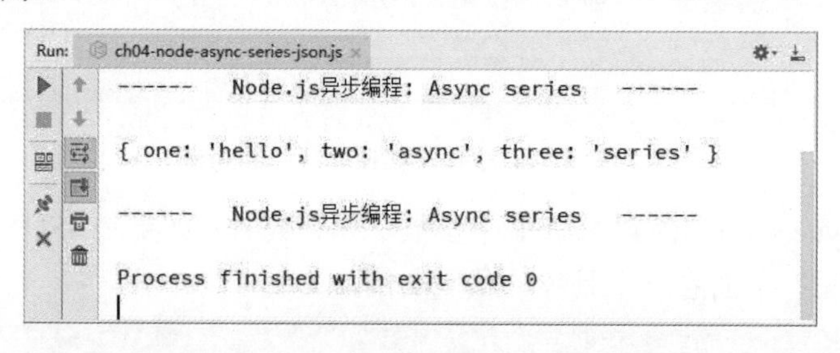

图 4.15　Async 串行流程控制（JSON 格式）

在应用 Async 流程控制库的过程中，async.series()函数是完全严格按照串行流程来执行的。从这层意义上来说，其完成的是同步操作的功能。

4.11　Async 瀑布模式流程控制

本节介绍 Async 瀑布模式流程控制 waterfall()函数。其实 waterfall()和 series()函数在功能上有很多相似之处，基本上都是按顺序依次执行一组函数，不同之处是通过 waterfall()每个函数产生的值都将传给下一个函数，而 series()函数则没有这个功能。

【代码 4-16】（详见源代码目录 ch04-node-async-waterfall.js 文件）

```
01  /**
02   * ch04-node-async-waterfall.js
03   */
04  console.info('------   Node.js 异步编程: Async waterfall   ------');
05  console.info();
06  var async = require('async');   // TODO: 引用'async'包
07  /**
```

```
08   * TODO: 使用 waterfall 函数方法
09   */
10  async.waterfall([
11      function(callback) {
12    callback(null, 1);
             //TODO:当回调函数的第一个参数为非空值时,waterfall 会停止执行剩余任务
13      },
14      function(data, callback) {
15          console.info(data);
16          callback('test', 2);
17      },
18      function(data, callback) {
19          console.info(data);
20          callback(null, 3);
21      }
22  ],function(err, results) {
23      console.log(results);
24  });
25  console.info();
26  console.info('------  Node.js 异步编程: Async waterfall  ------');
```

【代码分析】

- 第 06 行代码通过 require('async')方法引用 Async 流程控制库，引用后的对象名称为 async。
- 第 10～24 行代码使用 async.waterfall()函数实现瀑布模式流程控制，具体说明如下：
  - 第 11～13 行、第 14～17 行和第 18～21 行代码分别定义了一个包含 3 个函数的函数组。读者应该注意到，这个函数组是通过中括号“[]”（第 10～22 行代码）包含在一起的，与 async.series()函数类同，实际上这个函数组是 async.waterfall()函数的第 1 个参数。
  - 另外，需要注意第 12 行代码，当回调函数 callback(null, 1)的第一个参数为非空时，流程就会在此终止，后面的函数组将不会被执行。由于此处第一个参数为 null，因此第 14～17 行代码定义的第二函数将会继续执行。
  - 第 22～24 行代码定义的函数是 async.waterfall()函数的第 2 个参数，其实也是回调函数，回调函数中的第 23 行代码打印输出 results 参数（此时 results 参数为 1，2）。

async.waterfall()函数的语法如下：

```
waterfall(tasks, [callback]);
```

其中，第 1 个参数 tasks 可以是一个数组对象；第 2 个参数 callback 是一个回调函数，用于执行 async.waterfall()函数完成后的操作。

单击工具栏中的“运行（Run）”命令按钮，通过“运行、调试和控制台输出”查看信息输出，如图 4.16 所示。

```
Run:  ch04-node-async-waterfall.js
------    Node.js异步编程: Async waterfall    ------

1
2

------    Node.js异步编程: Async waterfall    ------

Process finished with exit code 0
```

图 4.16　Async 瀑布模式流程控制

（1）waterfall()函数的 tasks 参数只能是数组类型。

（2）当回调函数的第一个参数为非空值时，waterfall 会停止执行剩余任务。

4.12　Async 并行流程控制

本节介绍 Async 并行流程控制 parallel()函数。关于并行的概念读者一定不陌生，其是指两个或两个以上事件或活动在同一时刻发生。因此，我们可以理解 parallel()函数是指并行执行多个函数，且每个函数都是立即执行的，不需要等待其他函数先执行。本节我们通过一具体例程来演示 parallel()函数是如何实现并行流程控制的。

【代码 4-17】（详见源代码目录 ch04-node-async-parallel.js 文件）

```
01 /**
02  * ch04-node-async-parallel.js
03  */
04 console.info('------   Node.js 异步编程: Async parallel   ------');
05 console.info();
06 var async = require('async');   // TODO: 引用'async'包
07 /**
08  * TODO: 使用 parallel 函数方法
09  */
10 async.parallel([
11         function(callback) {
12             setTimeout(function() {
13                 callback(null, 'one');
14             }, 2000);
15         },
16         function(callback) {
17             setTimeout(function() {
18                 callback(null, 'two');
19             }, 1000);
20         }
```

```
21      ],
22      function(err, results) {
23         console.log(results);
24      });
25  console.info();
26  console.info('------   Node.js 异步编程: Async parallel   ------');
```

【代码分析】

- 第 06 行代码通过 require('async')方法引用 Async 流程控制库，引用后的对象名称为 async。
- 第 10～24 行代码使用 async.parallel()函数实现并行流程控制，具体说明如下：
  - 第 11～15 行与第 16～20 行代码定义了一个包含两个函数的函数组，读者应该注意到这个函数组是通过中括号“[]”（从第 10～23 行代码）包含在一起的，实际上这个函数组是 async.parallel()函数的第 1 个参数。
  - 第 22～24 行代码定义的函数是 async.parallel()函数的第 2 个参数，其实也是回调函数，回调函数中的第 23 行代码打印输出 results 参数（此时 results 参数为数组['one', 'two']）。async.parallel()函数的语法如下：

    ```
    parallel(tasks, [callback]);
    ```

    其中，第 1 个参数 tasks 可以是一个数组或 JSON 对象，其与 series()函数一样，tasks 参数类型不同，返回的 results 格式也会不一样；第 2 个参数 callback 是一个回调函数，用于执行 async.parallel()函数完成后的操作。

单击工具栏中的“运行（Run）”命令按钮，通过“运行、调试和控制台输出”查看信息输出，如图 4.17 所示。

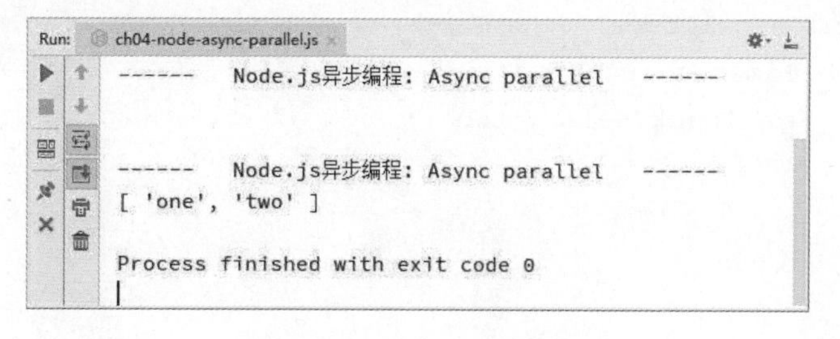

图 4.17　Async 并行流程控制

如图 4.17 所示，由于在第 12～14 行与第 17～19 行代码中使用 setTimeout()方法设定了 1 秒的时间延迟，因此第 23 行代码打印输出的 results 参数是在第 26 行代码执行完毕后才完成的。另外，由于 async.parallel()函数是并行流程控制的，因此打印输出 results 参数的过程一共只耗费了 1 秒的时间。

async.parallel()函数传给最终 callback 的数组中的数据是按照 tasks 中声明的顺序来的，而不是执行完成的顺序。

4.13　Async 限制性并行流程控制

本节介绍 Async 限制性并行流程控制 parallelLimit()函数。所谓限制性并行流程控制，就是对并行数量限制一个上限，而不是无限制的并发。parallelLimit()函数和 parallel()函数类似，只是多了一个参数 limit，limit 参数限制任务只能同时并发一定的数量，而不是全部并发。

下面通过一个具体的代码实例来演示 parallelLimit()函数是如何实现限制性并行流程控制的。

【代码 4-18】（详见源代码目录 ch04-node-async-parallelLimit.js 文件）

```
01  /**
02   * ch04-node-async-parallelLimit.js
03   */
04  console.info('------   Node.js 异步编程: Async parallelLimit   ------');
05  console.info();
06  var async = require('async');   // TODO: 引用'async'包
07  /**
08   * TODO: 使用 parallelLimit 函数方法
09   */
10  async.parallelLimit([
11          function(callback) {
12              setTimeout(function() {
13                  callback(null, 'one');
14              }, 1000);
15          },
16          function(callback) {
17              setTimeout(function() {
18                  callback(null, 'two');
19              }, 1000);
20          }
21      ],
22      1,
23      function(err, results) {
24          console.log(results);
25      });
26  console.info();
27  console.info('------   Node.js 异步编程: Async parallelLimit   ------');
```

【代码分析】

- 第 06 行代码通过 require('async')方法引用 Async 流程控制库，引用后的对象名称为 async。
- 第 10～25 行代码使用 async.parallelLimit()函数实现并行流程控制。

async.parallelLimit()函数的语法如下：

```
parallelLimit(tasks, limit, [callback])
```

parallelLimit()函数和 parallel()函数类似，但是其多了一个 limit 参数，limit 参数限制同时并发任务有一定数量上限，而不是无限制并发。读者可以看到，第 22 行代码中的数字 1 就是 limit 参数，本例程设定并行执行的函数数量最大为 1 个。

单击工具栏中的“运行（Run）”命令按钮，通过“运行、调试和控制台输出”查看信息输出，如图 4.18 所示。

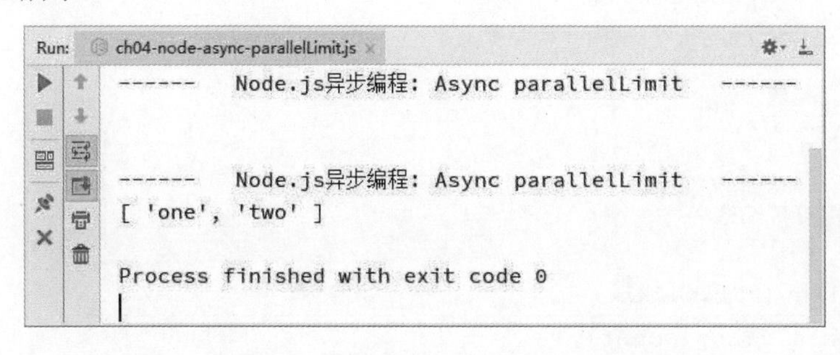

图 4.18　Async 限制性并行流程控制

如图 4.18 所示，由于在第 12～14 行与第 17～19 行代码中使用 setTimeout()方法设定了 1 秒的时间延迟，因此第 24 行代码打印输出的 results 参数是在第 26 行代码执行完毕后才完成的。

另外，由于 async.parallelLimit()函数的 limit 参数设定为 1，因此打印输出 results 参数的过程一共耗费了 2 秒的时间。

4.14　Async 循环流程控制

本节介绍 Async 循环流程控制函数，分别是 whilst()、doWhilst()、until()、与 doUntil()。读者是不是觉得似曾相识，这些循环流程控制函数基本上是按照 while、until 和 foreach 这些循环语句的方式设计的。下面我们分别通过几个例程逐一介绍 Async 循环流程控制函数的使用方法。

第一个例程用来介绍 whilst()函数的用法，主要代码如下。

【代码 4-19】（详见源代码目录 ch04-node-async-whilst.js 文件）

```
01  /**
02   * ch04-node-async-whilst.js
03   */
04  console.info('------   Node.js 异步编程: Async whilst   ------');
05  console.info();
06  var async = require('async');
```

```
07 var count = 0;
08 /**
09  * Define JSON Array
10  * @type {{name: string, age: number}[]}
11  */
12 var list = [
13     {name:'Jack',age:20},
14     {name:'Lucy',age:18},
15     {name:'Jack',age:20},
16     {name:'Lucy',age:18},
17     {name:'Lucy',age:18}
18 ];
19 async.whilst(
20     function () {
21         return count < 5;
22     },
23     function (callback) {
24         console.log(count);
25         list[count].age += 1;
26         count++;
27         setTimeout(callback, 1000);
28     },
29     function (err) {
30         console.log(count);
31         console.log(list);
32     }
33 );
34 console.info();
35 console.info('------   Node.js 异步编程: Async whilst   ------');
```

【代码分析】

- 第 06 行代码通过 require('async')方法引用 Async 流程控制库，引用后的对象名称为 async。
- 第 12～18 行代码定义了一个名称为 list 的 JSON 数组，并初始化了数据。
- 第 19～32 行代码使用 async.whilst()函数实现循环流程控制，具体说明如下：
    - 第 20～22 行代码用于测试循环结束的条件。
    - 第 23～28 行代码是将要异步执行的操作。
    - 第 29～32 行代码是回调函数。

async.whilst()函数的语法说明如下：

```
whilst(test, fn, callback)
```

其中，whilst()函数相当于 while 语句，区别是其中的异步调用在完成后才会进行下一次循环。因此，当需要循环异步操作的时候，该函数是非常适用的。

test 参数是一个返回布尔值结果的函数，通过返回值来决定循环是否继续，作用等同于 while 语句循环停止的条件。

fn 参数是我们要异步执行的操作，每次 fn 执行完毕后才会进入下一次循环。

callback 参数是 whilst()函数执行完后的回调函数，第 25 行将 list 中所有人的 age 属性值加 1。

当需要以循环的方式执行异步操作时，async.whilst()函数是一个好的选择。

单击工具栏中的“运行（Run）”命令按钮，通过“运行、调试和控制台输出”查看信息输出，如图 4.19 所示。

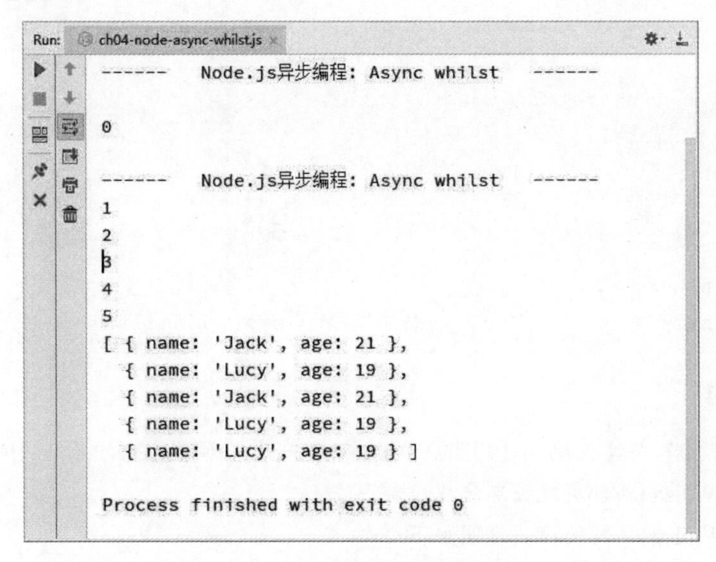

图 4.19 async.whilst()循环流程控制

第二个例程用来介绍 doWhilst()函数的用法，主要代码如下。

【代码 4-20】（详见源代码目录 ch04-node-async-doWhilst.js 文件）

```
01  /**
02   * ch04-node-async-doWhilst.js
03   */
04  console.info('------   Node.js 异步编程: Async doWhilst   ------');
05  console.info();
06  var async = require('async');
07  var count = 0;
08  /**
09   * Define JSON Array
10   * @type {{name: string, age: number}[]}
11   */
```

```
12 var list = [
13     {name:'Jack',age:20},
14     {name:'Lucy',age:18},
15     {name:'Jack',age:20},
16     {name:'Lucy',age:18},
17     {name:'Lucy',age:18}
18 ];
19 async.doWhilst(
20     function (callback) {
21         console.log(count);
22         list[count].age += 1;
23         count++;
24         setTimeout(callback, 1000);
25     },
26     function () { return count < 5; },
27     function (err) {
28         console.log(list);
29     }
30 );
31 console.info();
32 console.info('------   Node.js 异步编程: Async doWhilst   ------');
```

【代码分析】

- 【代码 4-20】与【代码 4-19】的代码大部分一致，不同的地方是第 19～29 行代码使用 async.doWhilst()函数实现循环流程控制。

  async.doWhilst()函数的语法说明如下：

```
doWhilst(fn, test, callback)
```

  doWhilst()函数相当于 do…while 语句，相比较 whilst()函数而言，doWhilst()函数交换了 fn 和 test 的参数位置，即先执行一次循环，再做 test 判断。因此，在需要先执行一次异步操作再循环的情况下，应用 doWhilist()函数是最合适的方法。

  单击工具栏中的“运行（Run）”命令按钮，通过“运行、调试和控制台输出”查看信息输出，如图 4.20 所示。

  关于 async.until()函数与 async.whilst()函数、async.doUntil()函数与 async.doWhilst()函数，这两组函数在循环逻辑上正好相反，即当 test 条件函数返回值为 false 时继续循环，而返回值为 true 时则跳出循环，其他参数与函数的特性是完全一致的。

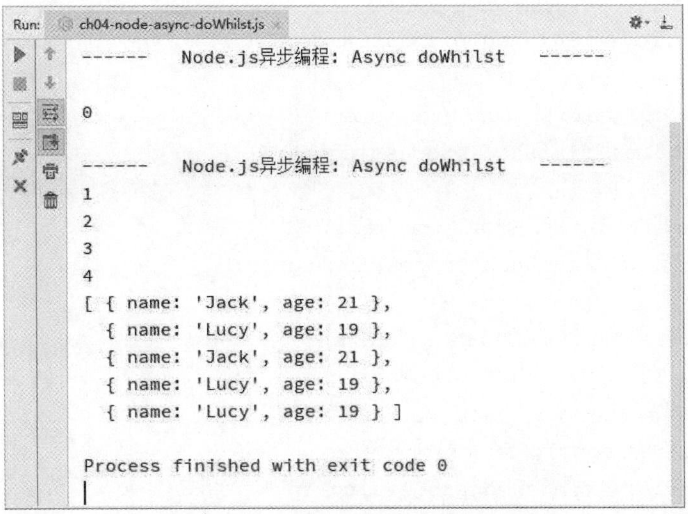

```
------   Node.js异步编程: Async doWhilst   ------

0

------   Node.js异步编程: Async doWhilst   ------
1
2
3
4
[ { name: 'Jack', age: 21 },
  { name: 'Lucy', age: 19 },
  { name: 'Jack', age: 21 },
  { name: 'Lucy', age: 19 },
  { name: 'Lucy', age: 19 } ]

Process finished with exit code 0
```

图 4.20　async.doWhilst()循环流程控制

4.15　Async 队列流程控制

本节介绍 Async 队列流程控制 queue()函数。queue()函数可以认为是一个加强版的 parallel()函数，其功能实际上是一个串行的消息队列，通过限制 worker 数量，不再一次性全部执行。当 worker 数量不够用时，新加入的任务将会排队等候，直到有新的 worker 可用。该函数有多个点可供回调，如 worker 用完时、无等候任务时、全部执行完时等。

下面通过一个具体的代码实例来演示 queue()函数是如何实现并行流程控制的。

【代码 4-21】（详见源代码目录 ch04-node-async-queue.js 文件）

```
01 /**
02  * ch04-node-async-queue.js
03  */
04 console.info('------   Node.js 异步编程: Async queue   ------');
05 console.info();
06 var async = require('async');
07 /**
08  * 定义一个 queue，设 worker 数量为2
09  */
10 var q = async.queue(function(task, callback) {
11     console.log('worker is processing task: ', task.name);
12     callback();
13 }, 2);
14 /**
15  * 独立加入5个任务
16  */
17 q.push({name: 'foo'}, function (err) {
```

```
18     console.log('finished processing foo');
19  });
20  q.push({name: 'bar'}, function (err) {
21     console.log('finished processing bar');
22  });
23  q.push({name: 'cap'}, function (err) {
24     console.log('finished processing cap');
25  });
26  q.push({name: 'egg'}, function (err) {
27     console.log('finished processing egg');
28  });
29  q.push({name: 'app'}, function (err) {
30     console.log('finished processing app');
31  });
32  /**
33   * listen：当最后一个任务交给 worker 时，将调用该函数
34   */
35  q.empty = function() {
36     console.log('no more tasks wating');
37  }
38  /**
39   * listen：当所有任务都执行完以后，将调用该函数
40   */
41  q.drain = function() {
42     console.log('all tasks have been processed');
43  }
```

【代码分析】

- 第 06 行代码通过 require('async')方法引用 Async 流程控制库，引用后的对象名称为 async。
- 第 10～13 行代码使用 async.queue()函数实现队列流程控制。

  async.queue()函数的语法说明如下：

```
queue(worker, concurrency);
```

  其中，第 1 个参数 worker 是执行任务的回调函数形式，当使用 push()方法加入新任务时，将会调用 worker 来执行；第 2 个参数 concurrency 定义了 worker 同时执行任务的数量上限。
- 第 17～19 行、第 20～22 行、第 23～25 行、第 26～28 行与第 29～31 行代码分别使用 q.push()方法独立地加入了 5 个任务。
- worker 时，将调用该函数。
- 第 41～43 行代码使用 q.drain 定义了另一个事件监听函数，即当所有任务都执行完以后，将调用该函数。

单击工具栏中的“运行（Run）”命令按钮，通过“运行、调试和控制台输出”查看信息

输出，如图 4.21 所示。

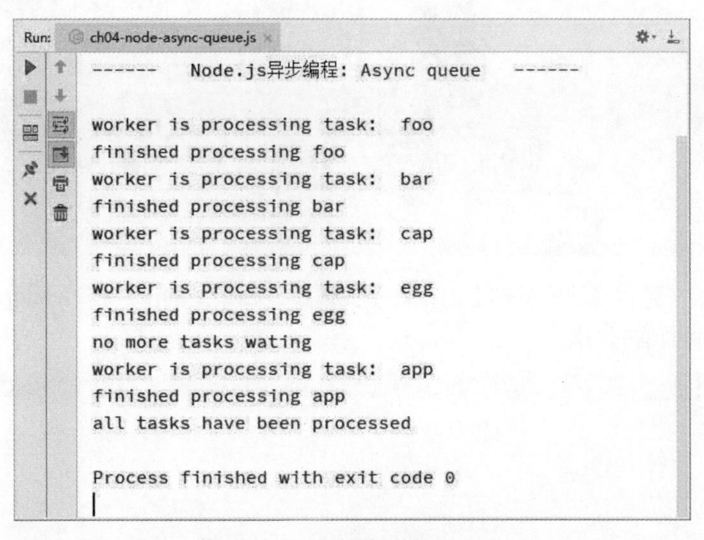

图 4.21　Async 队列流程控制

如图 4.21 所示，第 17～19 行、第 20～22 行、第 23～25 行、第 26～28 行与第 29～31 行代码加入的 5 个任务全部得到了执行；当最后一个任务（task.name: app）交给 worker 时，q.empty 事件监听函数被激活，并打印输出了一行提示信息（'no more tasks wating'）；当全部任务都执行完以后，q.drai 事件监听函数被激活，也打印输出了一行提示信息（'all tasks have been processed'）。

相对 async.parallel()函数而言，async.queue()函数在很多关键点提供了回调处理，而且 push 新的任务的功能也是 async.parallel()函数做不到的，由此可见 async.queue()函数的并行处理能力更为强大。

第 5 章 进程通信

Node.js 框架在进程模块的基础上，设计了支持多线程模型的子进程（child_process）模块，同时实现了进程间通信的功能。

5.1 进程通信概述

众所周知，Node.js 框架是基于单线程模型的架构（Google V8 引擎）的。在前文介绍进程模块的时候，读者了解到进程模块是单线程的，无法完全利用多核 CPU 的先进性能的。虽然这样的设计无法利用当前多核 CPU，但是可以带来 CPU 高效的利用率，这自然是其优势所在。然而任何一件事总会有两面性，进程模块无法支持多进程任务还是会让设计人员捉襟见肘。Node.js 框架为了解决这个问题，设计了子进程（child_process）模块，通过子进程模块就可以实现对多核 CPU 的有效利用。

子进程（child_process）模块提供了 4 个创建子进程的方法：分别是 spawn()、exec()、execFile() 和 fork()方法。其中，spawn()方法是最原始的创建子进程的方法，其他 3 个方法都是通过对 spawn()方法进行不同程度的封装来实现的。通过子进程（child_process）模块提供的这些方法可以实现多进程任务、操作 shell 和进程通信等操作，功能是非常强大的。

5.2 创建子进程

Node.js 框架的子进程（child_process）模块为设计人员提供了 4 种方法来创建子进程，分别是 spawn()方法、exec()方法、execFile()方法以及 fork()方法，这 4 种方法各有特点。下面我们以 spawn()方法和 exec()方法为例，通过具体的代码实例对这两个方法进行介绍。

1. 使用 spawn()方法创建子进程

在下面这个简单的代码实例中，通过使用 spawn()方法创建子进程来调用系统命令（ls）查询目录清单。

【代码 5-1】（详见源代码目录 ch05-node-child_process-spawn-usage.js 文件）

```
01  /**
```

```
02   * ch05-node-child_process-spawn-usage.js
03   */
04  console.info("------   child_process spawn usage   ------");
05  console.info();
06  /**
07   * child_process spawn
08   * @type {exports.spawn|*}
09   */
10  var spawn = require('child_process').spawn;   //引入child_process模块
11  var ls_var = spawn('ls', ['-lh', '/var']);         //定义命令行ls -lh /var
12  /**
13   * 捕获控制台输出对象stdout，输出捕获数据
14   */
15  ls_var.stdout.on('data', function (data) {
16     console.log('stdout: ' + data);             //打印输出/var目录清单
17  });
```

【代码分析】

- 第 10 行代码引入子进程（child_process）模块，同时将 spawn()方法赋予变量（spawn），这样就可以通过变量（spawn）使用 spawn()方法了。
- 第 11 行代码通过 spawn()方法创建了一个子进程，用来调用系统命令（ls），同时定义了一个命令行（'ls -lh /var'）赋予变量 ls_var，这个命令行执行的作用就是查询'/var'目录下的清单。
- 第 15～17 行代码通过绑定标准输出流的 data 事件，将命令行（'ls -lh /var'）执行的结果打印输出。

单击工具栏中的“运行（Run）”命令按钮，通过“运行、调试和控制台输出”查看信息输出，如图 5.1 所示。

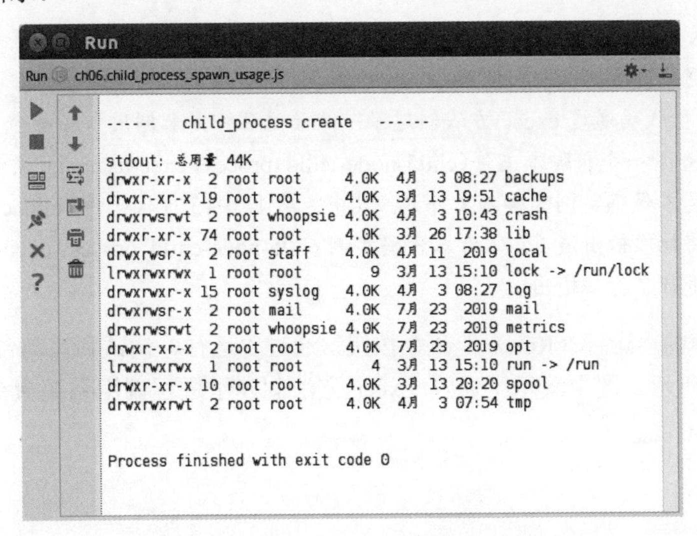

图 5.1　使用 spawn()方法创建子进程

如图 5.1 所示，演示了通过 spawn()方法创建子进程调用系统命令（'ls -lh /var'）的执行效果。

2. 使用 exec()方法创建子进程

下面继续介绍使用 exec()方法创建子进程的过程，通过对比可以找到这两种方法创建子进程的区别所在。

在下面这个简单的代码实例中，通过使用 exec()方法创建子进程来调用系统命令（cat）查看并打印输出指定文件内容的过程。

【代码 5-2】（详见源代码目录 ch05-node-child_process-exec-usage.js 文件）

```
01  /**
02   * ch05-node-child_process-exec-usage.js
03   */
04  console.info("------   child_process exec usage   ------");
05  console.info();
06  /**
07   * child_process exec
08   * @type {exports.exec|*}
09   */
10  var exec = require('child_process').exec;     //引入 child_process 模块
11  var child = exec('cat ch05-node-child_process-exec-usage.js ',
12      function (error, stdout, stderr) {
13          console.info('cat ch05-node-child_process-exec-usage.js stdout: ');
14          console.log(stdout);              //打印输出 stdout
15      });
```

【代码分析】

- 第 10 行代码引入子进程（child_process）模块，同时将 exec()方法赋予变量（exec），这样就可以通过变量（exec）使用 exec()方法了。
- 第 11～15 行代码通过 exec()方法创建了一个子进程，用来调用系统命令（cat）。通过使用 cat 命令来查看一个 js 脚本文件(ch05-node-child_process-exec-usage.js，读者一定注意到了，查看的就是本代码实例的脚本文件）。其中，第 12～15 行代码为 callback 回调函数，在回调函数中将标准输出流（具体为本代码实例 ch05-node-child_process-exec-usage.js 脚本文件的内容）进行了打印输出。

单击工具栏中的“运行（Run）”命令按钮，通过“运行、调试和控制台输出”查看信息输出，如图 5.2 所示。图中演示了通过 exec()方法创建子进程调用系统命令（'cat'）的执行效果。

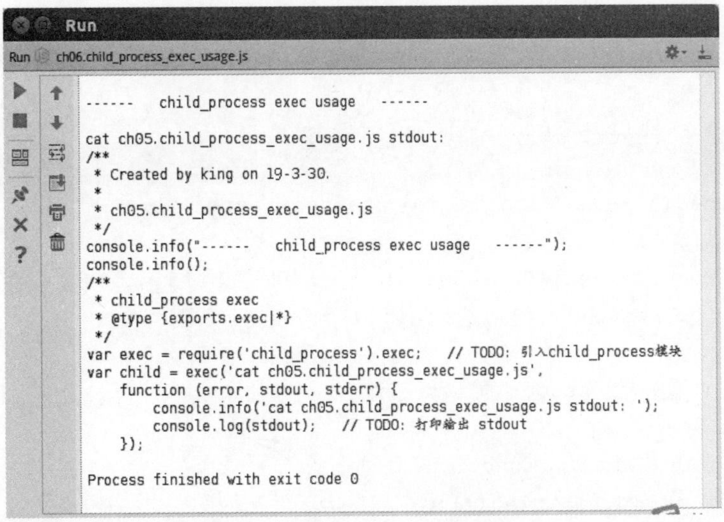

Run

Run ch06.child_process_exec_usage.js

```
------    child_process exec usage    ------

cat ch05.child_process_exec_usage.js stdout:
/**
 * Created by king on 19-3-30.
 *
 * ch05.child_process_exec_usage.js
 */
console.info("------    child_process exec usage    ------");
console.info();
/**
 * child_process exec
 * @type {exports.exec|*}
 */
var exec = require('child_process').exec;    // TODO: 引入child_process模块
var child = exec('cat ch05.child_process_exec_usage.js',
    function (error, stdout, stderr) {
        console.info('cat ch05.child_process_exec_usage.js stdout: ');
        console.log(stdout);    // TODO: 打印输出 stdout
    });

Process finished with exit code 0
```

图 5.2　使用 exec()方法创建子进程

3. 关于 spawn()方法与 exec()方法的区别

目前，已经向读者介绍了关于子进程（child_process）模块中的 spawn()方法与 exec()方法的具体使用过程，细心的读者会发现二者的功能似乎相近，那么它们之间有没有区别呢？其实，还是有区别的。

第一，spawn()方法的参数必须放到 arg 数组参数中，而不能放到 command 参数里面，也就是说，这些参数都是不能带空格的；而 exec()方法不存在这个问题，可以将参数直接放在 command 参数里面。

第二，子进程（child_process）模块的 spawn()方法是“异步中的异步”，意思是指在子进程开始执行时，它就开始从一个流中将数据从子进程返回给 Node。具体实践中，当想要子进程返回大量数据给 Node.js 框架时（比如图像处理、读取二进制数据等），最好使用 spawn()方法。

第三，子进程（child_process）模块的 exec()方法是“同步中的异步”，意思是尽管 exec()方法是异步的，它一定要等到子进程运行结束以后一次性返回所有的 buffer 数据。具体实践中，如果 exec()方法的 buffer 体积设置得不够大，它就会以一个“maxBuffer exceeded”错误失败告终。

5.3 绑定系统事件

设计人员在使用 spawn()方法创建子进程后，就可以通过绑定系统事件的方式进行各种操作，子进程（child_process）模块为开发人员设计好了非常完善的操作方法，开发人员可以非常方便地使用。

在下面这个代码实例中，将通过使用 spawn()方法创建子进程并调用系统命令（cat）来查看文件内容，然后通过绑定系统事件的方式来与控制台进行交互。

【代码 5-3】（详见源代码目录 ch05-node-child_process-spawn-std.js 文件）

```
01  /**
02   * ch05-node-child_process-spawn-std.js
03   */
04  console.info("------   child_process spawn std   ------");
05  console.info();
06  var cp = require('child_process');      //引入 child_process 模块
07  var cat = cp.spawn('cat');              //定义命令行 cat
08  /**
09   * 捕获控制台输出对象 stdout 的 data 事件
10   */
11  cat.stdout.on('data', function(d) {
12      console.log(d.toString());
13  });
14  /**
15   * 绑定系统 exit 事件
16   */
17  cat.on('exit', function() {
18      console.log('cat on exit!');
19  });
20  /**
21   * 绑定系统 close 事件
22   */
23  cat.on('close', function() {
24      console.log('cat on close!');
25  });
26  cat.stdin.write('cat on data!');        //通过控制台输入对象 stdin 写入数据
27  cat.stdin.end();                    //结束控制台输入对象 stdin
```

【代码分析】

- 第 06 行代码引入子进程（child_process）模块并赋予变量（cp），这样就可以通过变量（cp）使用 child_process 模块的方法了。
- 第 07 行代码通过 spawn()方法创建了一个子进程，并调用系统命令 cat（cat 命令用于查看文件内容），同时赋予变量（cat）。
- 第 11～13 行代码通过绑定标准输出流的 data 事件，将用户在第 26 行代码通过控制台输入的数据（'cat on data!'）进行打印输出。
- 第 17～19 行代码通过绑定系统 exit 事件，在子进程退出时捕获该事件并在控制台打印输出提示信息（'cat on exit!'）。
- 第 23～25 行代码通过绑定系统 close 事件，在子进程的标准输入输出流被终止时捕获该事件并在控制台打印输出提示信息（'cat on close!'）。

单击工具栏中的“运行（Run）”命令按钮，通过“运行、调试和控制台输出”查看信息输出，如图 5.3 所示。

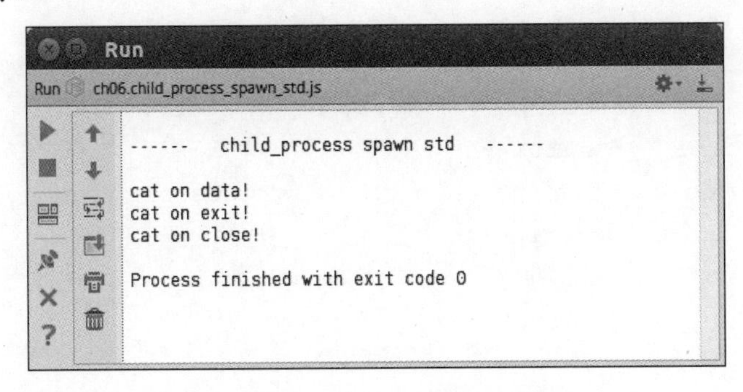

图 5.3　使用 spawn()方法绑定系统事件

图 5.3 中的效果为通过 spawn()方法创建子进程调用系统命令（cat）并绑定系统事件的操作结果。其中，第 26 行代码通过控制台输入的结果首先被打印输出；然后是系统 exit 事件被触发时打印输出的提示信息；最后是系统 close 事件被触发时打印输出的提示信息。

Node.js 框架中的 exit 事件和 close 事件虽然均是表示退出、结束这样概念的事件，但二者之间有着明显的不同：对于 exit 事件，子进程的标准输入输出（stdio）流可能仍为开启状态；而 close 事件是在一个子进程的所有标准输入输出（stdio）流被终止时触发的，因为多进程有时会共享同一个标准输入输出（stdio）流。因此，读者在使用这两个事件时需要注意这点区别。

5.4　绑定错误事件

本节介绍通过 exec()方法绑定错误事件的过程，具体过程就是通过 exec()方法创建子进程来调用系统命令（cat），然后查看并打印输出指定文件内容。不过，在查看文件内容时发生了错误，因为读取的是一个不存在的文件。

【代码 5-4】（详见源代码目录 ch05-node-child_process-exec-std.js 文件）

```
01  /**
02   * ch05-node-child_process-exec-std.js
03   */
04  console.info("------   child_process exec std   ------");
05  console.info();
06  /**
07   * child_process exec
08   * @type {exports.exec|*}
09   */
10  var exec = require('child_process').exec;      //引入 child_process 模块
11  var child = exec('cat ch05.child_process_exec_usage',
```

```
12        function (error, stdout, stderr) {
13            console.info('cat stdout: ');
14            console.log(stdout);          //打印输出 stdout
15            console.info('cat stderr: ');
16            console.log(stderr);          //打印输出 stderr
17            if (error !== null) {
18                console.info('cat ch05.child_process_exec_usage error: ');
19                console.log(error);           //打印输出错误信息
20            }
21        });
```

【代码分析】

- 第 10 行代码引入子进程（child_process）模块，同时将 exec()方法赋予变量（exec），这样就可以通过变量（exec）使用 exec()方法了。
- 第 11～21 行代码使用 exec()方法创建了一个子进程，用来调用系统命令 cat，同时使用 cat 命令查看一个 js 脚本文件（该脚本文件为 ch05.child_process_spawn_usage，读者一定注意到了，该文件没有文件后缀）的内容。
- 第 12～21 行代码即为 callback 回调函数，在回调函数中我们分别对其 3 个参数进行了打印输出。

单击工具栏中的“运行（Run）”命令按钮，通过“运行、调试和控制台输出”查看信息输出，如图 5.4 所示。

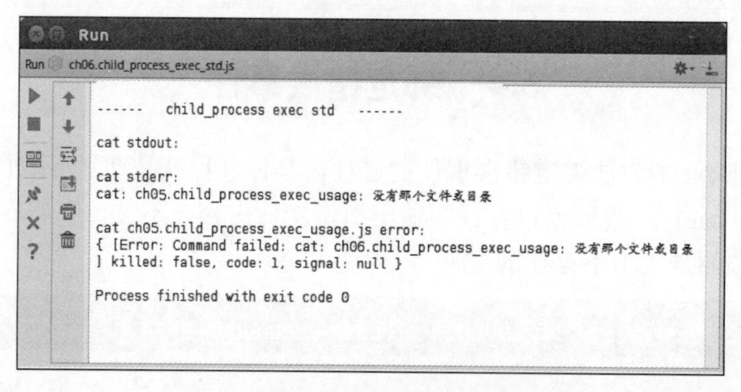

图 5.4　使用 exec()方法绑定错误事件

如图 5.4 中输出的结果，第 13～14 行代码打印输出回调函数的第 2 个参数 stdout，由于读取 ch05.child_process_spawn_usage 文件（无文件后缀名）时发生了错误，因此该参数没有输出任何有效数据；第 15～16 行代码打印输出回调函数的第 3 个参数 stderr，由于读取 ch05.child_process_spawn_usage 文件（无文件后缀名）时发生了错误，因此该参数包含错误提示信息（没有那个文件或目录）；第 17～20 行代码打印输出回调函数的第 1 个参数 error，首先使用 if 条件判断语句判断该参数是否为空（null），由于读取 ch05.child_process_spawn_usage 文件（无文件后缀名）时发生了错误，因此该参数不为空（包含错误提示信息）。

关于 exec()方法参数的说明：

（1）对于 exec()方法回调函数第 1 个参数为 error，当回调函数成功时，参数 error 取值为空（null）；而当回调函数发生错误时，参数 error 则为一个 Error 实例，并且 err.code 是子进程的退出代码，同时 err.signal 会被设置为结束进程的信号名。

（2）对于 exec()方法的第 2 可选参数 options，该参数为用于指定一些选项的 JSON 数据，其默认选项为：

```
{
encoding: 'utf8',
timeout: 0,
maxBuffer: 200*1024,
killSignal: 'SIGTERM',
cwd: null,
env: null
}
```

若 timeout 大于 0，则当进程运行超过 timeout 毫秒后会被终止；子进程使用 killSignal 信号结束（默认为'SIGTERM'）。maxBuffer 指定了 stdout 或 stderr 所允许的最大数据量，若超出这个值，则子进程会被终止。

5.5　创建子进程查看用户目录

在本节中，通过一个代码实例向读者介绍基于子进程（child_process）模块创建子进程查看用户目录的方法。该代码实例的特别之处是给出了一个比较常规的查看目录的方式，不但涵盖操作成功的处理方式，也包含操作失败的处理方式，这样可以有效地避免异常情况的发生。

具体来讲，就是通过 spawn()方法创建子进程来调用系统命令（ls）查看用户目录，并通过绑定多个系统事件来监控操作状态。

【代码 5-5】（详见源代码目录 ch05-node-child_process-spawn-ls.js 文件）

```
01  /**
02   * ch05-node-child_process- spawn-ls.js
03   */
04  console.info("------   child_process spawn ls   ------");
05  console.info();
06  var spawn = require('child_process').spawn;  //引入 child_process 模块
07  var ls_var = spawn('ls', ['-lh', '/usr']);        //定义命令行 ls -lh /usr
08  /**
09   * 捕获控制台输出对象 stdout，输出捕获数据
10   */
11  ls_var.stdout.on('data', function (data) {
12      console.log('stdout: ' + data);
13  });
14  /**
```

```
15   * 绑定系统 error 事件
16   */
17  ls_var.on('error', function (code) {
18      console.log('child process error with code ' + code);
19  });
20  /**
21   * 绑定系统 close 事件
22   */
23  ls_var.on('close', function (code) {
24      console.log('child process closed with code ' + code);
25  });
26  /**
27   * 绑定系统 exit 事件
28   */
29  ls_var.on('exit', function (code) {
30      console.log('child process exited with code ' + code);
31  });
```

【代码分析】

- 第 06 行代码引入子进程（child_process）模块，同时将 spawn()方法赋予变量（spawn），这样就可以通过变量（spawn）使用 spawn()方法了。
- 第 07 行代码使用 spawn()方法创建一个子进程，用来调用系统命令 ls，并生成查询用户目录的命令行（'ls', ['-lh', '/usr']）赋予变量 ls_var。
- 第 11～13 行代码通过变量 ls_var 绑定标准输出流的 data 事件，将命令行（'ls', ['-lh', '/usr']）执行的结果打印输出。
- 第 17～19 行代码通过绑定系统 error 事件，在子进程发生错误时捕获该事件并在控制台打印输出提示信息（'child process error with code ' + code），其中 code 为子进程发生错误时的错误码。
- 第 23～25 行代码通过绑定系统 close 事件，在子进程所有标准输入输出流被终止时触发。
- 第 29～31 行代码通过绑定系统 exit 事件，在子进程结束的时候触发。

单击工具栏中的“运行（Run）”命令按钮，通过“运行、调试和控制台输出”查看信息输出，如图 5.5 所示。

从图 5.5 中的输出结果可以看到，第 11～13 行代码打印输出了回调函数的参数 data，该参数中包含用户目录（/usr）的相关信息，由于该信息正确无误地被打印输出，因此可判定命令行执行完全成功；第 23～25 行代码与第 29～31 行代码同样被成功执行了，正确打印输出了系统 close 事件与系统 exit 事件的退出码（该退出码为 0）；而第 17～19 行代码却没有得到任何被执行的反馈信息，说明系统 error 事件没有被触发。

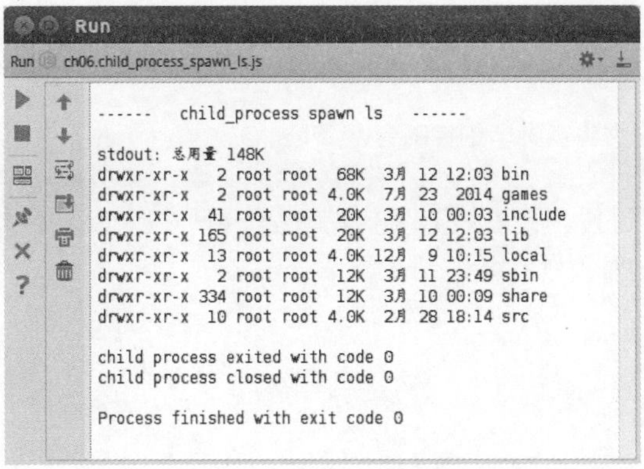

```
------   child_process spawn ls   ------

stdout: 总用量 148K
drwxr-xr-x   2 root root  68K  3月 12 12:03 bin
drwxr-xr-x   2 root root 4.0K  7月 23  2014 games
drwxr-xr-x  41 root root  20K  3月 10 00:03 include
drwxr-xr-x 165 root root  20K  3月 12 12:03 lib
drwxr-xr-x  13 root root 4.0K 12月  9 10:15 local
drwxr-xr-x   2 root root  12K  3月 11 23:49 sbin
drwxr-xr-x 334 root root  12K  3月 10 00:09 share
drwxr-xr-x  10 root root 4.0K  2月 28 18:14 src

child process exited with code 0
child process closed with code 0

Process finished with exit code 0
```

图 5.5　创建子进程查看用户目录

对于 Node.js 框架中的系统 close 与 exit 事件，其在正常退出时的退出码定义为 0，而在非正常退出时的退出码均不为 0，一般定义为数字 1～3。

5.6　查看物理内存使用状态

本节介绍基于子进程（child_process）模块来查看物理内存使用状态的方法。本节的代码实例给出了一个比较常规的处理方式，既包含操作成功的处理方式，又包含操作失败的处理方式，这样可以有效地避免异常情况的发生。

具体来讲，查看物理内存使用状态主要是通过 spawn()方法创建子进程来调用系统命令（free）查看物理内存的，并通过绑定系统事件来监控操作状态。

【代码 5-6】（详见源代码目录 ch05-node-child_process-spawn-free.js 文件）

```
01  /**
02   * ch05-node-child_process-spawn-free.js
03   */
04  console.info("------   child_process spawn free   ------");
05  console.info();
06  /**
07   * child_process spawn
08   * 利用子进程获取系统内存使用情况
09   * @type {exports.spawn|*}
10   */
11  var spawn = require('child_process').spawn;   //引入 child_process 模块
12  var free = spawn('free', ['-m']);             //定义命令行 free -m
13  /**
14   * 捕获标准输出并将其打印到控制台
15   */
16  free.stdout.on('data', function (data) {
17     console.log('标准输出:\n' + data);
```

```
18  });
19  /**
20   * 捕获标准错误输出并将其打印到控制台
21   */
22  free.stderr.on('data', function (data) {
23      console.log('标准错误输出:\n' + data);
24  });
25  /**
26   * 注册子进程关闭事件
27   */
28  free.on('exit', function (code, signal) {
29      console.log('子进程已退出,代码: ' + code);
30  });
```

【代码分析】

- 第 11 行代码引入子进程（child_process）模块，同时将 spawn()方法赋予变量（spawn），这样就可以通过变量（spawn）使用 spawn()方法了。
- 第 12 行代码使用 spawn()方法创建一个子进程，用来调用系统命令 free，并生成查看物理内存使用状态的命令行（'free', ['-m']）赋予变量 free。
- 第 16～18 行代码通过变量 free 绑定标准输出流的 data 事件，将命令行（'free', ['-m']）执行的结果打印输出。
- 第 22～24 行代码通过变量 free 绑定标准错误流的 data 事件，如果命令行（'free', ['-m']）执行发生错误，就将错误信息打印输出。

通过创建子进程执行命令行（'free', ['-m']）输出的结果如何呢？下面单击工具栏中的“运行（Run）”命令按钮，通过“运行、调试和控制台输出”查看信息输出，如图 5.6 所示。

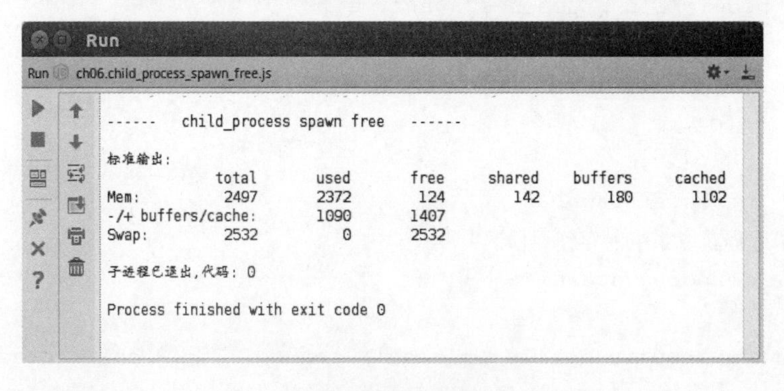

图 5.6 查看物理内存使用状态

如图 5.6 所示，第 16～18 行代码被正确执行了，命令行打印输出的数据信息是物理内存的实时使用状态；而第 22～24 行代码没有被执行，说明执行命令行时未发生错误；第 28～30 行代码同样被正确执行了，打印输出了包含系统 exit 事件退出码的提示信息（'子进程已退出，代码：0'）。

5.7　查看子进程 pid

本节通过一个简单的代码实例向读者介绍如何基于子进程（child_process）模块查看子进程 pid。子进程（child_process）模块为开发人员提供了一个 child.pid 属性，通过该属性可以得到子进程的 pid。

【代码 5-7】（详见源代码目录 ch05-node-child_process-spawn-pid.js 文件）

```
01  /**
02   * ch05-node-child_process-spawn-pid.js
03   */
04  console.info("------   child_process spawn pid   ------");
05  console.info();
06  /**
07   * child_process spawn
08   * @type {exports.spawn|*}
09   */
10  var spawn = require('child_process').spawn; //引入 child_process 模块
11  /**
12   * grep child pid of node
13   */
14  var grep_node = spawn('grep', ['node']);
15  console.log('Spawned child pid of node: ' + grep_node.pid);
16  grep_node.stdin.end();
17  console.info();
18  /**
19   * grep child pid of top
20   */
21  var grep_top = spawn('grep', ['top']);
22  console.log('Spawned child pid of top: ' + grep_top.pid);
23  grep_top.stdin.end();
24  console.info();
25  /**
26   * grep child pid of ssh
27   */
28  var grep_ssh = spawn('grep', ['ssh']);
29  console.log('Spawned child pid of ssh: ' + grep_ssh.pid);
30  grep_ssh.stdin.end();
31  console.info();
```

【代码分析】

- 第 10 行代码引入子进程（child_process）模块，同时将 spawn()方法赋予变量（spawn），这样就可以通过变量（spawn）使用 spawn()方法了。
- 第 14 行代码使用 spawn()方法创建一个子进程，用来调用系统命令 grep，并生成检索 node 进程的命令行（'grep', ['node']）赋予变量 grep_node。
- 第 15 行代码通过变量 grep_node 打印输出该子进程的 pid。
- 第 16 行代码通过标准输入流的 end()方法终止这个刚刚创建的子进程。
- 第 21～23 行和第 28～30 行两段代码与第 14～16 行代码类似，不同的地方是这两段代码分别生成的是检索了 top 进程和 ssh 进程的命令行，再分别打印输出其 child.pid 属性值。

单击工具栏中的“运行（Run）”命令按钮，通过“运行、调试和控制台输出”查看信息输出，如图 5.7 所示。

如图 5.7 所示，因为在代码中子进程是被连续创建的，所以 3 个新创建的子进程的 pid 值是连续的。

在 Linux 系统中，关键字 pid 的名称是进程控制符，英文全拼为 Process Identifier，其含义相当于进程身份标识。pid 就像个人身份证一样，在操作系统中是唯一的、独一无二的标识。

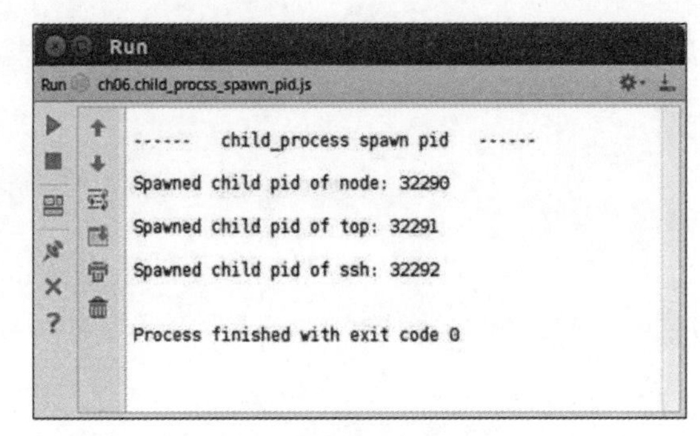

图 5.7 查看子进程 pid 的方法

5.8 创建子进程统计系统登录次数

在本节中通过一个代码实例向读者介绍基于子进程（child_process）模块实现统计系统登录次数的方法。具体来讲，就是通过 exec()方法创建子进程来调用系统命令（last）统计系统登录次数，并通过绑定系统事件来监控操作状态。

【代码 5-8】（详见源代码目录 ch05-node-child_process-exec-last.js 文件）

```
01  /**
02   * ch05-node-child_process-exec-last.js
03   */
04  console.info("------   child_process exec last   ------");
05  console.info();
06  /**
07   * 创建子进程统计系统登录次数
08   * @type {exports.exec|*}
09   */
10  var exec = require('child_process').exec;
11  var last = exec('last | wc -l');
```

```
12  /**
13   * 捕获控制台输出对象 stdout 的 data 事件
14   */
15  last.stdout.on('data', function (data) {
16      console.log('系统登录次数统计: ' + data);
17  });
18  /**
19   * 绑定系统 exit 事件
20   */
21  last.on('exit', function (code) {
22      console.log('子进程已关闭,代码: ' + code);
23  });
```

【代码分析】

- 第 10 行代码引入子进程（child_process）模块，同时将 exec()方法赋予变量（exec），这样就可以通过变量（exec）使用 exec()方法了。
- 第 12 行代码通过 exec()方法创建了一个子进程，用来调用系统命令 last，并生成统计系统登录次数的命令行（'last | wc -l'）赋予变量（last）。
- 第 15～17 行代码通过变量（last）绑定标准输出流的 data 事件，将命令行（'last | wc -l'）执行的结果打印输出。

通过创建子进程执行命令行（'last | wc -l'）输出的结果如何呢？单击工具栏中的“运行（Run）”命令按钮，通过“运行、调试和控制台输出”查看信息输出，如图 5.8 所示。

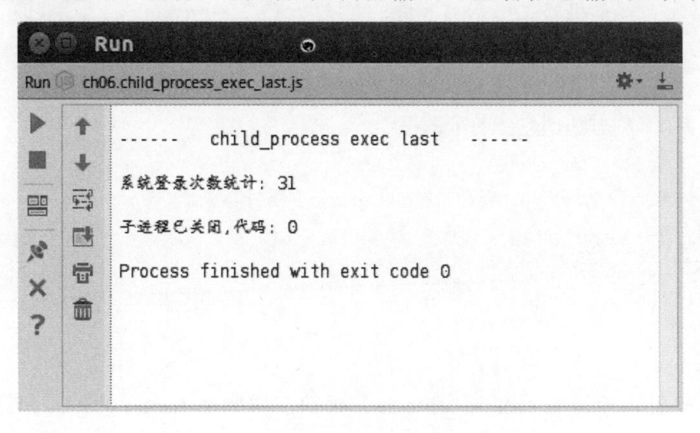

图 5.8 创建子进程统计系统登录次数

从图 5.8 中输出的结果来看，记录了系统登录次数为 31 次。

根据 Linux 系统相关官方网站的解释，last 命令用于显示近期用户或者终端的登录情况，其作用权限是所有用户。

5.9 获取 CPU 信息

在本节中我们介绍 fork()方法，fork()方法也是基于 spawn()方法实现的，不过该方法是一种特殊实现。

在下面这个代码实例中，先通过 fork()方法创建子进程来调用系统 OS 模块，然后通过 OS 模块实现获取 CPU 信息的功能。

【代码 5-9】（详见源代码目录 ch05-node-child_process-fork-usage.js 文件）

```
01  /**
02   * ch05-node-child_process-fork-usage.js
03   */
04  console.info("------   child_process fork usage   ------");
05  console.info();
06  /**
07   * child_process fork
08   * @type {exports.fork}
09   */
10  var fork = require('child_process').fork;          //引入 child_process 模块
11  /**
12   * 获取当前机器的 CPU 内核数量
13   */
14  var cpus = require('os').cpus();
15  console.info('当前机器 CPU 内核数量: ' + cpus.length);    //获取 CPU 内核数量
16  for (var i = 0; i < cpus.length; i++) {
17      /**
18       * 通过 fork()方法创建新的子进程
19       */
20      console.log('Fork a new child_process now...');
21      fork('./worker.js');                                 //生成新子进程
22  }
```

【代码分析】

- 第 10 行代码引入子进程（child_process）模块，同时将 fork()方法赋予变量（fork），这样就可以通过变量（fork）使用 fork()方法了。
- 第 14 行代码引入 os 模块，同时将 cpus()方法赋予变量（cpus），然后第 15 行代码通过 cpus.length 属性打印输出当期机器 CPU 的内核数量。
- 第 16～22 行代码通过 for 循环语句依据上面得到的 CPU 内核数量，使用 fork()方法创建子进程，注意第 21 行代码中 fork()方法的使用方式，其直接调用了 JS 脚本文件（或称模块文件）'./worker.js'。

本例 worker.js 主要代码如下：

```
01  /**
02   * ch05-node-child_process-fork-usage.js worker.js
03   */
04  console.info('This is a child_process.');
```

单击工具栏中的“运行（Run）”命令按钮，通过“运行、调试和控制台输出”查看信息输出，如图 5.9 所示。

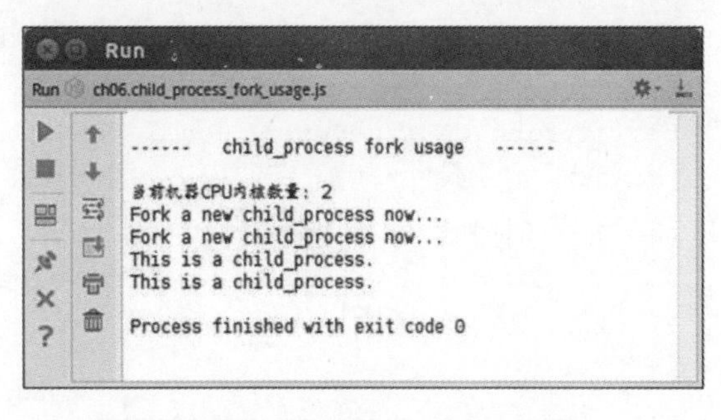

图 5.9　使用 fork()方法获取 CPU 信息

从图 5.9 中输出的结果可以看到，当前笔者机器的CPU内核数量为2。根据内核数量2，使用 fork()方法创建了 2 个子进程，新生成的子进程调用模块文件（'./worker.js'），也相应打印输出了提示信息（'This is a child_process.'）。

关于 fork()方法的说明：

（1）该方法除了普通 child_process 实例具有的所有方法外，其所返回的对象还具有内置的通信通道。

（2）该方法在默认情况下，所派生的 Node 进程的 stdout、stderr 会关联到父进程，若要更改该行为，则可将 options 对象中的 silent 属性设置为 true。

（3）该方法创建的子进程运行完成后并不会自动退出，用户需要明确地调用 process.exit()进行退出。

（4）这些派生的 Node 进程是全新的 Google V8 实例，假设每个新的 Node 进程大致需要至少 30 毫秒的启动时间和 10MB 内存，也就是说用户不能创建成百上千个这样的实例。

（5）Node.js 框架虽然自身存在多个线程，但是运行在 Google V8 上的 JavaScript 是单线程的。Node.js 框架的 child_process 模块用于创建子进程，设计人员就可以通过子进程充分利用 CPU 的性能了。

5.10　实现进程间通信

子进程（child_process）模块提供了一个强大的功能——进程间通信，有了这项功能就可以实现高效率的多进程应用，充分利用多核 CPU 的性能优势。

下面我们通过参考官方文档中的一个简单代码实例介绍通过 fork()方法和 child.send()方法实现进程间通信的过程。

【代码 5-10】（详见源代码目录 ch05-node-child_process-fork-main.js 文件）

```
01  /**
02   * ch05-node-child_process-fork-usage.js
03   */
04  console.info("------   child_process fork main   ------");
05  console.info();
```

```
06  /**
07   * child_process fork
08   * @type {exports}
09   */
10  var cp = require('child_process');                  //引入 child_process 模块
11  var n = cp.fork('ch05.child_process_fork_sub.js');   //fork 子进程
12  /**
13   * fork message event
14   */
15  n.on('message', function(m) {
16      console.log('PARENT got message:', m);
17  });
18  /**
19   * child_process send message
20   */
21  n.send({ main: 'sub' }); //send message
22  console.info();
```

【代码分析】

- 第 10 行代码引入子进程（child_process）模块，同时将模块对象赋予变量（cp）。
- 第 11 行代码使用变量（cp）调用 fork()方法创建一个子进程，并调用了 JS 脚本文件（或称模块文件）ch05-node-child_process-fork-sub.js，同时赋予变量 n。
- 第 15～17 行代码通过绑定系统 message 事件，在该进程接收到子进程模块（ch05-node-child_process-fork-sub.js）发来的信息时被触发，并通过第 16 行代码打印输出该信息（{ sub: 'main' }）。
- 第 21 行代码通过 n.send()方法发送信息给子进程模块，该子进程模块就是前面 fork()方法调用的文件（ch05-node-child_process-fork-sub.js）。

【代码 5-11】（详见源代码目录 ch05-node-child_process-fork-sub.js 文件）

```
01  /**
02   * ch05-node-child_process-fork-sub.js
03   */
04  console.info("------   child_process fork sub   ------");
05  console.info();
06  /**
07   * process on message
08   */
09  process.on('message', function(m) {
10      console.log('CHILD got message:', m);
11  });
12  /**
13   * process send message
```

```
14   */
15  process.send({ sub: 'main' });    //发送信息
16  console.info();
```

【代码分析】

- 第 09～11 行代码通过绑定系统 message 事件，接收主进程模块文件(ch05-node-child_process-fork-main.js）发来的信息，并通过第 10 行代码打印输出该信息（{ main: 'sub' }）。
- 第 15 行代码通过 process.send()方法发送信息给主进程模块，该主进程模块就是前面的文件（ch05-node-child_process-fork-main.js）。

单击工具栏中的“运行（Run）”命令按钮，通过“运行、调试和控制台输出”查看信息输出，如图 5.10 所示。

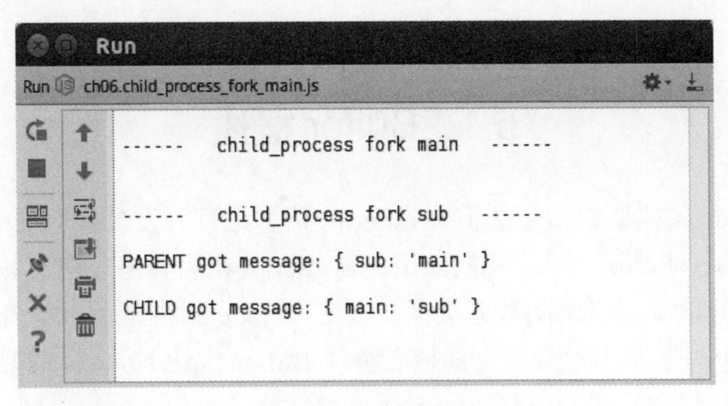

图 5.10 使用 fork()方法实现进程间通信

如图 5.10 中输出的信息所示，由于【代码 5-10】主进程（ch05-node-child_process-fork-main.js）的第 11 行代码调用了模块文件（ch05-node-child_process-fork-sub.js），因此该模块文件被调用后向主进程发送了信息（{ sub: 'main' }），主进程第 15～17 行代码捕获了该信息并打印输出，而后主进程第 21 行代码向子进程发送了信息（{ main: 'sub' }），子进程第 09～11 代码捕获了该信息并打印输出。

因为 child.send()方法是同步的，所以在本例中先打印输出了子进程发向主进程的信息，而后才打印输出了主进程发向子进程的信息。

第 6 章

◀ 缓冲区管理 ▶

Node.js 框架提供了全局核心的缓冲区（Buffer）模块，用来实现存放输入输出数据的一小块内存，从而实现了数据的高效控制。

6.1 Buffer 概述

众所周知，Node.js 框架编程是基于 JavaScript 语言进行开发的，因而 IT 界给其起了一个别名——服务端的 JavaScript 语言。我们知道，JavaScript 语言自身仅仅支持 Unicode 字符串数据类型，还不能很好地支持二进制数据类型。因此，Node.js 框架的设计者针对这个情况进行了改进，提供了一个与字符串对等的全局核心模块 Buffer 来让 Node.js 框架能够很好地操作二进制数据类型。

Node.js 框架的 Buffer 这个概念，我们可以通俗地理解为缓冲区，也就是“临时存贮区”的含义，是用来暂时存放输入输出数据的一小块内存。如果读者学习过 C 语言编程，对于指针数组的概念有一定了解的话，那么掌握 Node.js 框架的 Buffer 就会容易很多。

6.2 判断缓冲区对象

开发人员在很多情况下，可能无法判断某个变量是否为有效的目标对象，这样往往会给编程带来一些困难。不过对于 Node.js 框架下 Buffer 对象来说，大家不用为此担心，因为 Node.js 框架为开发人员提供了一个名称为 Buffer.isBuffer()的判断方法，通过该方法可以判断一个目标对象是否为有效的 Buffer 对象。

下面通过一个简单的代码实例向读者演示 Buffer.isBuffer()的使用方法。

【代码 6-1】（详见源代码目录 ch06-node-buffer-isBuffer.js 文件）

```
01  /**
02   * ch06-node-buffer-isBuffer.js
03   */
04  console.info("------Buffer.isBuffer()------");
05  console.info();
```

```
06  var buffer = new Buffer('nodejs', 'utf8');         //编码形式
07  //判断是否为Buffer对象
08  if(Buffer.isBuffer(buffer))
09  {
10     console.info("The 'buffer' is a Buffer obj.");
11  }
12  else
13  {
14     console.info("The 'buffer' is not a Buffer obj.");
15  }
16  var str = "nodejs";                              //定义字符串变量
17  //判断是否为Buffer对象
18  if(Buffer.isBuffer(str))
19  {
20     console.info("The 'str' is a Buffer obj.");
21  }
22  else
23  {
24     console.info("The 'str' is not a Buffer obj.");
25  }
26  console.info();
27  console.info("------Buffer.isBuffer()------");
```

【代码分析】

- 以上代码分别定义了数据内容完全相同的两个变量，其中一个为 Buffer 对象，另一个为字符串变量，我们通过 Buffer.isBuffer()方法来检验这两个变量是否为有效的 Buffer 对象。
- 第 06 行代码使用编码形式定义并初始化了一个 Buffer 对象，其变量名为 buffer，数据内容为 nodejs。与之相对的，在第 16 行代码定义了一个字符串变量，其变量名为 str，数据内容同样为 nodejs。然后，分别在第 08～15 行与第 18～25 行代码中通过 Buffer.isBuffer()方法来判断这两个变量是否为有效的 Buffer 对象。Buffer.isBuffer()方法的语法说明如下：

```
Buffer.isBuffer(obj)        // Note: Tests if obj is a Buffer
```

该方法返回一个布尔值，用来表示 obj 对象是否为一个有效的 Buffer 对象。

单击工具栏中的“运行（Run）”命令按钮，通过“运行、调试和控制台输出”查看信息输出，如图 6.1 所示。

Node.js 框架除了提供 Buffer.isBuffer()方法外，还提供了一个 Buffer.isEncoding()方法用来判断是否为有效的编码，读者可以参考 Node.js 的官方文档进一步了解。

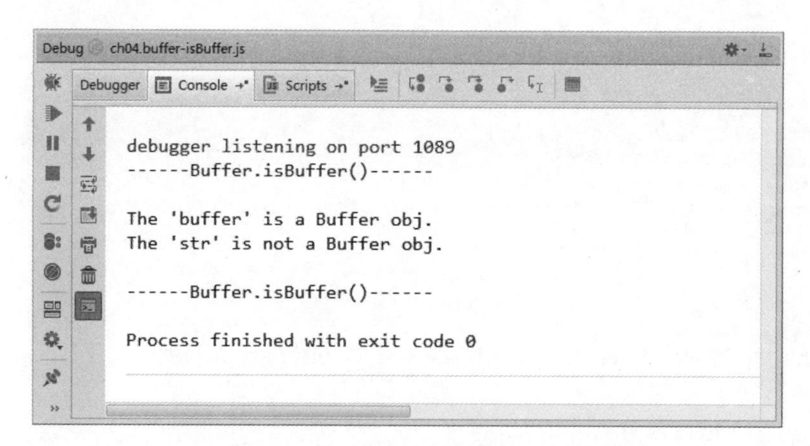

图 6.1　判断是否为一个有效的缓冲区对象

6.3　获取缓冲区对象字节长度

Node.js 框架下的 Buffer 对象能够对二进制数据提供很好的支持，获取一个 Buffer 对象真实的字节长度则是必须要用到的功能。Node.js 框架为开发人员提供了一个 Buffer.byteLength() 方法，下面借助官方文档提供的一个代码实例向读者演示该方法的使用过程。

【代码 6-2】（详见源代码目录 ch06-node-buffer-byteLength.js 文件）

```
01  /**
02   * ch06-node-buffer-byteLength.js
03   */
04  console.info("------Buffer.byteLength()------");
05  console.info();
06  str = '\u00bd + \u00bc = \u00be';   //定义字符串
07  //½ + ¼ = ¾: 9 characters, 12 bytes
08  console.log(str + ": " + str.length + " characters, " + Buffer.byteLength(str,
    'utf8') + " bytes");
09  console.info();
10  console.info("------Buffer.byteLength()------");
```

【代码分析】

- 第 06 行代码定义并初始化了一个字符串变量，其变量名为 str，数据内容为\u00bd + \u00bc = \u00be，读者可以去相关网站查阅这几个 16 进制编码，\u00bd 代表字符“½”，\u00bc 代表字符“¼”，\u00be 代表字符“¾”。
- 第 08 行代码通过打印输出 str.length 属性来显示字符串变量 str 的长度，通过 Buffer.byteLength()方法来显示字符串变量 str 的真实字节长度。Buffer.byteLength()方法的语法说明如下：

```
Buffer.byteLength(string[, encoding])
```

该方法返回一个 Number 数字，用来表示 string 参数的真实字节长度，encoding 参数默认为“utf8”编码格式。

单击工具栏中的“运行（Run）”命令按钮，通过“运行、调试和控制台输出”查看信息输出，如图 6.2 所示。

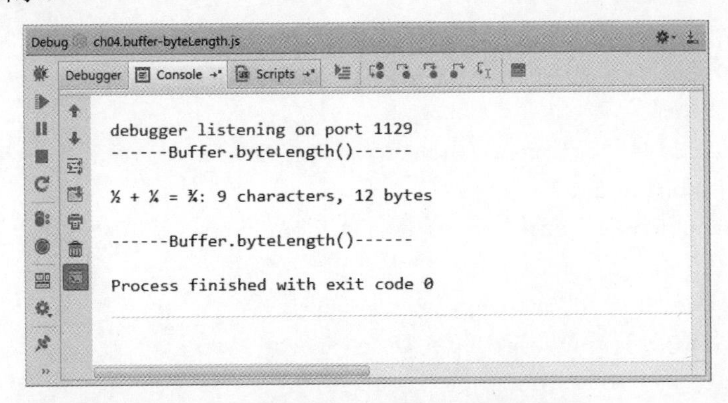

图 6.2　获取缓冲区对象字节长度的方法

从图 6.2 中显示的结果可以看到，字符串 str 的 length 属性为 9 个字符长度，而占用字节长度为 12，因此我们可以知道“½”“¼”和“¾”3 个字符其实占用了两个字节长度。

本节读者需要了解字符与字节两个概念的异同，在计算机编码中，一个字节占用 8 bit（1 byte = 8 bit），而一个字符可能是一个单字节字符，也可能是双字节字符。另外，Buffer.byteLength()方法在写 HTTP 响应头时经常要用到，如果想改写 HTTP 响应头 Cotent-Length，千万记得一定要用 Buffer.byteLength() 方法，而不要使用 String.prototype.length 属性。

6.4　读取缓冲区对象

Node.js 框架为开发人员提供了一组功能强大的读取 Buffer 对象的方法，这些方法可以使得 Buffer 对象能够很友好地完成一些复杂的二进制操作，这就极大地方便了开发人员对 Buffer 对象的使用。下面借助官方文档提供的一个代码实例向读者演示这组方法如何使用。

【代码 6-3】（详见源代码目录 ch06-node-buffer-read.js 文件）

```
01  /**
02   * ch06-node-buffer-read.js
03   */
04  console.info("------ Buffer Read ------");
05  console.info();
06  var str_readUInt8 = "";
07  var str_readInt8 = "";
08  var str_readUInt16LE = "";
```

```
09  var str_readInt16LE = "";
10  var str_readUInt16BE = "";
11  var str_readInt16BE = "";
12  var buf = new Buffer(4);
13  buf[0] = 0x6;
14  buf[1] = 0x8;
15  buf[2] = 0x23;
16  buf[3] = 0x57;
17  str_readUInt8 += "buf.readUInt8(i) is : ";
18  for (i=0; i<buf.length; i++) {
19      str_readUInt8 += buf.readUInt8(i).toString(16) + "   ";
20  }
21  console.log(str_readUInt8);
22  console.info();
23  str_readInt8 += "buf.readInt8(i) is : ";
24  for (i=0; i<buf.length; i++) {
25      str_readInt8 += buf.readInt8(i).toString(16) + "   ";
26  }
27  console.log(str_readInt8);
28  console.info();
29  str_readUInt16LE += "buf.readUInt16LE(i) is : ";
30  for (i=0; i<buf.length-1; i++) {
31      str_readUInt16LE += buf.readUInt16LE(i).toString(16) + "   ";
32  }
33  console.log(str_readUInt16LE);
34  console.info();
35  str_readInt16LE += "buf.readInt16LE(i) is : ";
36  for (i=0; i<buf.length-1; i++) {
37      str_readInt16LE += buf.readInt16LE(i).toString(16) + "   ";
38  }
39  console.log(str_readInt16LE);
40  console.info();
41  str_readUInt16BE += "buf.readUInt16BE(i) is : ";
42  for (i=0; i<buf.length-1; i++) {
43      str_readUInt16BE += buf.readUInt16BE(i).toString(16) + "   ";
44  }
45  console.log(str_readUInt16BE);
46  console.info();
47  str_readInt16BE += "buf.readInt16BE(i) is : ";
48  for (i=0; i<buf.length-1; i++) {
49      str_readInt16BE += buf.readInt16BE(i).toString(16) + "   ";
50  }
51  console.log(str_readInt16BE);
```

```
52 console.info();
53 console.info("buf.readUInt32LE(i) is : " +
   buf.readUInt32LE(0).toString(16));
54 console.info();
55 console.info("buf.readUInt32BE(i) is : " +
   buf.readUInt32BE(0).toString(16));
56 console.info();
57 console.info("buf.readInt32LE(i) is : " + buf.readInt32LE(0).toString(16));
58 console.info();
59 console.info("buf.readInt32BE(i) is : " + buf.readInt32BE(0).toString(16));
60 console.info();
61 console.info("------ Buffer Read ------");
```

【代码分析】

- 第 06～11 行代码定义本例程后面需要使用的几个字符串变量；第 12～16 行代码定义了一个大小为 4 的 8 字节 Buffer 对象，变量名为 buf，然后对其进行了初始化；第 19 行代码通过 buf.readUInt8()方法依次读取了变量 buf 的每个字节的数据，然后保存在一个字符串变量（变量名为 str_readUInt8）中并打印输出。
- 第 37 行代码通过 buf.readInt16LE()方法依次读取了变量 buf 的两个字节的数据，然后保存在一个字符串变量（变量名为 str_readInt16LE）中。
- 第 43 行代码通过 buf.readUInt16BE()方法依次读取了变量 buf 的两个字节的数据，然后保存在一个字符串变量（变量名为 str_readUInt16BE）中。
- 第 49 行代码通过 buf.readInt16BE()方法依次读取了变量 buf 的两个字节的数据，然后保存在一个字符串变量（变量名为 str_readInt16BE）中。
- 第 53 行代码通过 buf.readUInt32LE()方法依次读取了变量 buf 的 4 个字节的数据。
- 第 55 行代码通过 buf.readUInt32BE()方法依次读取了变量 buf 的 4 个字节的数据。
- 第 57 行代码通过 buf.readInt32LE()方法依次读取了变量 buf 的 4 个字节的数据。
- 第 59 行代码通过 buf.readInt32BE()方法依次读取了变量 buf 的 4 个字节的数据。

单击工具栏中的“运行（Run）”命令按钮，通过“运行、调试和控制台输出”查看信息输出，如图 6.3 所示。

Node.js 框架还提供了读取单浮点型（float）和双浮点型（double）Buffer 对象的方法，使用方法与【代码 6-3】中的方法类似，读者可以参考 Node.js 官方文档进一步学习。

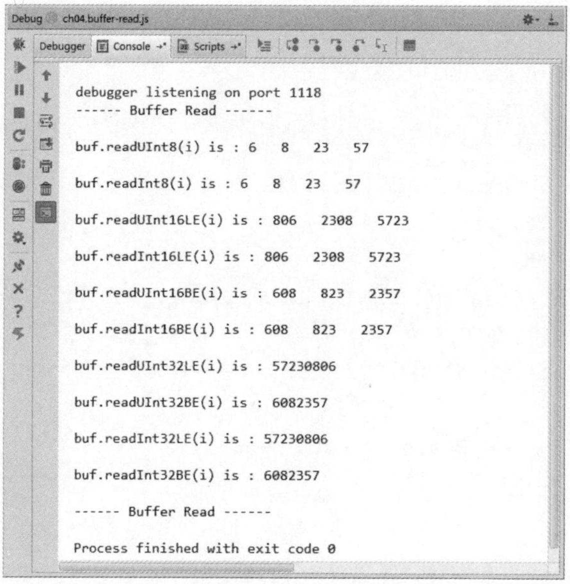

```
debugger listening on port 1118
------ Buffer Read ------

buf.readUInt8(i) is : 6   8   23   57

buf.readInt8(i) is : 6   8   23   57

buf.readUInt16LE(i) is : 806   2308   5723

buf.readInt16LE(i) is : 806   2308   5723

buf.readUInt16BE(i) is : 608   823   2357

buf.readInt16BE(i) is : 608   823   2357

buf.readUInt32LE(i) is : 57230806

buf.readUInt32BE(i) is : 6082357

buf.readInt32LE(i) is : 57230806

buf.readInt32BE(i) is : 6082357

------ Buffer Read ------

Process finished with exit code 0
```

图 6.3　读取缓冲区对象的方法

6.5　写入缓冲区对象

Node.js 框架同样为开发人员提供了一组功能强大的写入 Buffer 对象的方法，这些写入方法可以对 Buffer 对象实现一些复杂的二进制操作，极大地方便了开发人员对 Buffer 对象的使用。下面借助官方文档提供的一个代码实例向读者演示这组方法如何使用。

【代码 6-4】（详见源代码目录 ch06-node-buffer-write.js 文件）

```
01  /**
02   * ch06-node-buffer-write.js
03   */
04  console.info("------   Buffer Write   ------");
05  console.info();
06  //buf.write() usage
07  buf = new Buffer(32);
08  len = buf.write('\u00bd + \u00bc = \u00be', 0);
09  console.log("buf.write() usage: " + buf.toString('utf8', 0, len) + " , " +
    len + " bytes");
10  console.info();
11  //buf8.writeUInt8() usage
12  var buf8 = new Buffer(4);
13  buf8.writeUInt8(0x5, 0);
14  buf8.writeUInt8(0x6, 1);
15  buf8.writeUInt8(0x12, 2);
16  buf8.writeUInt8(0x34, 3);
```

```
17  console.log("buf.writeUInt8() usage: ");
18  console.log(buf8);
19  console.info();
20  //buf16BE.writeUInt16BE() usage
21  var buf16BE = new Buffer(4);
22  buf16BE.writeUInt16BE(0x1234, 0);
23  buf16BE.writeUInt16BE(0xabcd, 2);
24  console.log("buf.writeUInt16BE() usage: ");
25  console.log(buf16BE);
26  console.info();
27  //buf16LE.writeUInt16LE() usage
28  var buf16LE = new Buffer(4);
29  buf16LE.writeUInt16LE(0x1234, 0);
30  buf16LE.writeUInt16LE(0xabcd, 2);
31  console.log("buf.writeUInt16LE() usage: ");
32  console.log(buf16LE);
33  console.info();
34  //buf32BE.writeUInt32BE() usage
35  var buf32BE = new Buffer(4);
36  buf32BE.writeUInt32BE(0xfeedface, 0);
37  console.log("buf.writeUInt32BE() usage: ");
38  console.log(buf32BE);
39  console.info();
40  //buf32LE.writeUInt32LE() usage
41  var buf32LE = new Buffer(4);
42  buf32LE.writeUInt32LE(0xfeedface, 0);
43  console.log("buf.writeUInt32LE() usage: ");
44  console.log(buf32LE);
45  console.info();
46  console.info("------  Buffer Write  ------");
```

【代码分析】

- 第 07～09 行代码使用 buf8.write()方法向变量 buf 写入了一个字符串（'\u00bd + \u00bc = \u00be'）编码，该字符串编码代表一个字符表达式（'½ + ¼ = ¾'），然后将其打印输出。关于 buf.write()方法的语法在前文中有过说明，这里补充一点，buf.write()方法返回一个 Number 数字，表示写入的字节数。从图 6.4 中显示的结果可以看到，buf.write()方法写入了一个字符串编码，与代码在第 08 行定义的完全一致。
- 第 12～18 行代码使用 buf8.writeUInt8()方法分 4 次向变量 buf8 中写入了一组 16 进制编码，然后在第 18 行代码中将其打印输出。
- 第 21～25 行代码使用 buf16BE.writeUInt16BE()方法分两次向变量 buf16BE 中写入了一组 16 进制编码，然后在第 25 行代码中将其打印输出。

- 第 28～32 行代码使用 buf16LE.writeUInt16LE()方法分 2 次向变量 buf16LE 中写入了一组 16 进制编码，然后在第 32 行代码中将其打印输出。
- 第 35～38 行代码使用 buf32BE.writeUInt32BE()方法分 1 次向变量 buf32BE 中写入了一组 16 进制编码，然后在第 38 行代码中将其打印输出。
- 第 41～44 行代码使用 buf32LE.writeUInt32LE()方法分 1 次向变量 buf32LE 中写入了一组 16 进制编码，然后在第 44 行代码中将其打印输出。

单击工具栏中的“运行（Run）”命令按钮，通过“运行、调试和控制台输出”查看信息输出，如图 6.4 所示。

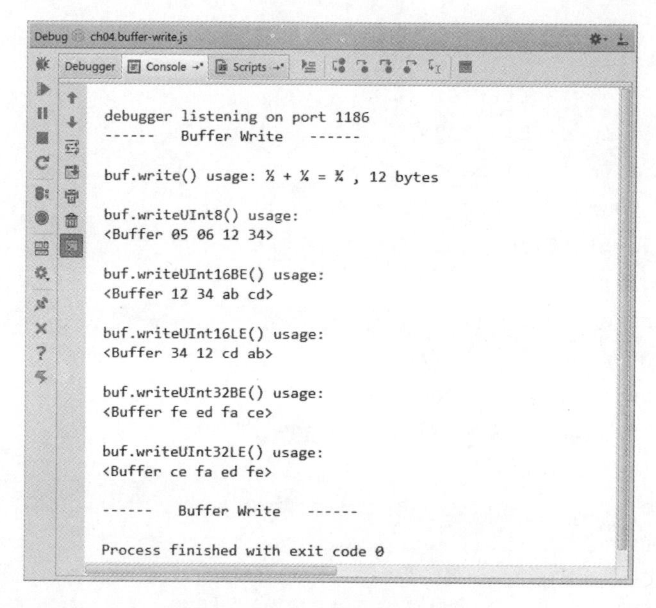

图 6.4 写入缓冲区对象的方法

Node.js 框架同样提供了写入单浮点型（float）和双浮点型（double）Buffer 对象的方法，使用方法与【代码 6-4】中的方法类似，读者可以参考 Node.js 官方文档进一步学习。

6.6 缓冲区对象转字符串

Buffer 对象是直接操作字节的，这样的效率比直接操作字符串高很多，因为省去了 Buffer 对象转字符串的中间过程。但是，对于习惯 JavaScript 编程的开发者来讲，可能还是会任性地操作字符串，Node.js 框架提供了一个 buf.toString()方法来实现这个功能。

下面借助官方文档提供的一个代码实例向读者演示 buf.toString()的使用方法。

【代码 6-5】（详见源代码目录 ch06-node-buffer-toString.js 文件）

```
01  /**
02   * ch06-node-buffer-toString.js
03   */
```

```
04 console.info("------   Buffer toString   ------");
05 console.info();
06 //define a buffer obj
07 buf = new Buffer(26);
08 //init a buffer obj
09 for (var i = 0 ; i < 26 ; i++) {
10     buf[i] = i + 97;                          //97 是 ASCII 'a'
11 }
12 //输出: abcdefghijklmnopqrstuvwxyz
13 console.info("buf.toString('ascii'): " + buf.toString('ascii'));
14 console.info();
15 //输出: abcde
16 console.info("buf.toString('ascii', 0, 5): " + buf.toString('ascii', 0, 5));
17 console.info();
18 //输出: abcde
19 console.info("buf.toString('utf8', 0, 8): " + buf.toString('utf8', 0, 8));
20 console.info();
21 //输出: abcde
22 console.info("buf.toString('utf8', 0, 8): " + buf.toString('hex', 0, 12));
23 console.info();
24 //'utf8', 输出 abcde
25 console.info("buf.toString(undefined, 0, 18): " + buf.toString(undefined,
   0, 18));
26 console.info();
27 console.info("------   Buffer toString   ------");
```

【代码分析】

- 第 07～11 行代码定义了一个 Buffer 对象，变量名为 buf，然后通过 for 循环使用 buf[index]方式进行初始化，写入了一个包含 26 个小写字母的字符串编码。
- 第 13 行代码通过 buf.toString('ascii')方法将 Buffer 对象 buf 转为字符串，并使用 console.info()方法打印输出转化后的字符串，其中参数'ascii'表示以 ASCII 编码方式进行转换。

单击工具栏中的“运行（Run）”命令按钮，通过“运行、调试和控制台输出”查看信息输出，如图 6.5 所示。

从图 6.5 中显示的结果可以看到，因为使用 buf.toString('ascii')方法时省略了第二个与第三个参数，所以打印输出了一个 26 个小写字母的字符串，与第 07～11 行代码定义的完全一致。

当 buf.toString()方法的 encoding 参数为 undefined 或 null 时，直接将 encoding 参数定义为 utf8 编码格式。

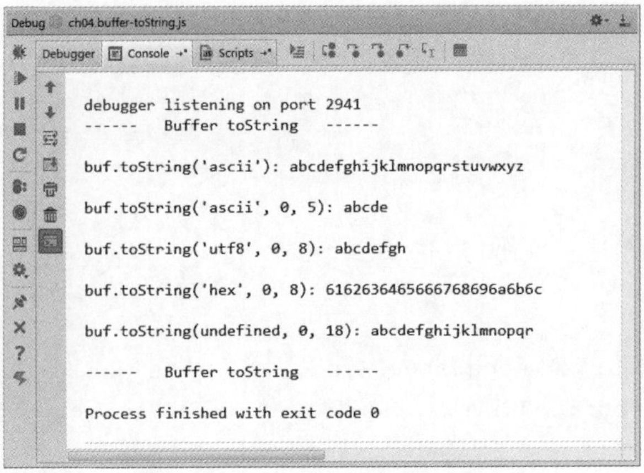

```
debugger listening on port 2941
------   Buffer toString   ------

buf.toString('ascii'): abcdefghijklmnopqrstuvwxyz

buf.toString('ascii', 0, 5): abcde

buf.toString('utf8', 0, 8): abcdefgh

buf.toString('hex', 0, 8): 6162636465666768696a6b6c

buf.toString(undefined, 0, 18): abcdefghijklmnopqr

------   Buffer toString   ------

Process finished with exit code 0
```

图 6.5　缓冲区对象转字符串的方法

6.7　缓冲区对象裁剪

如果想将一个 Buffer 对象按照需求进行裁剪，生成一个新的 Buffer 对象，该如何去做呢？Node.js 框架提供了一个 buf.slice()方法来实现这个功能。下面我们通过一个具体的代码实例向读者演示 buf.slice()方法的使用方法。

【代码 6-6】（详见源代码目录 ch06-node-buffer-slice.js 文件）

```
01  /**
02   * ch06-node-buffer-slice.js
03   */
04  console.info("------   Buffer slice   ------");
05  console.info();
06  /**
07   * Create a new Buffer obj
08   */
09  var buf = new Buffer(26);
10  for(var i = 0; i < 26; i++) {
11      buf[i] = i + 97;              //97 是 ASCII a
12  }
13  var buf_slice_a = buf.slice(0, 5);
14  console.log(buf_slice_a.toString('ascii', 0, buf_slice_a.length));
15  for(var j = 0; j < 26; j++) {
16      buf[j] = 122 - j;              //122 是 ASCII z
17  }
18  var buf_slice_b = buf.slice(0, 5);
19  console.log(buf_slice_b.toString('ascii', 0, buf_slice_b.length));
20  console.info();
21  console.info("------   Buffer slice   ------");
```

【代码分析】

- 第 09～12 行代码定义了一个 Buffer 对象，变量名为 buf，然后通过 for 循环使用 buf[index] 方式进行初始化，写入了一个包含 26 个小写字母的字符串编码。
- 第 13 行代码通过 buf.slice(0,5)方法将 Buffer 对象 buf 裁剪为一个新的 Buffer 对象 buf_slice_a，并使用 console.log()方法打印输出，其中参数(0,5)表示将 buf 对象按照从下标 0 到 5 进行裁剪。buf.slice(0,5)方法的语法说明如下：

```
语法：buf.slice([start][, end]) // Note: Returns a new buffer
```

参数说明：

- start: Number，可选的参数，默认值为 0。
- end: Number，可选的参数，默认值为 buffer.length。

该方法返回一个新的 buffer 对象，这个 buffer 对象将会和老的 buffer 对象引用相同的内存地址，只是根据 start（默认是 0）和 end（默认是 buffer.length）偏移裁剪了索引。需要注意的是，负的索引是从 buffer 尾部开始计算的。

单击工具栏中的“运行（Run）”命令按钮，通过“运行、调试和控制台输出”查看信息输出，如图 6.6 所示。

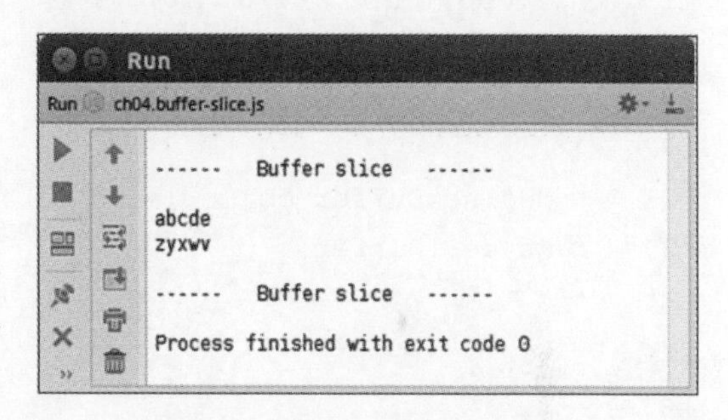

图 6.6　Buffer 对象裁切的方法

从图 6.6 中显示的结果可以看到，因为使用 buf.slice(0,5)方法对 buf 对象进行了裁剪，并生成了一个新的 Buffer 对象 buf_slice_a，所以在第 14 行代码打印 Buffer 对象 buf_slice_a 时输出了'abcde'这个小写字母的字符串，这与第 09～12 行代码定义的是完全一致的。

当使用 buf.slice()方法修改一个 Buffer 对象并生成一个新的 Buffer 对象的 slice 切片时，该操作会改变原来的 Buffer 对象，因为新老两个 Buffer 对象引用的是一个相同的内存地址。

6.8　拷贝缓冲区对象

Node.js 框架为开发人员提供了一个拷贝 Buffer 对象的方法，其方法名称为 buf.copy()。在 Node.js 的官方文档中对该方法有详细的解释说明，该方法并没有直接拷贝副本，而是新建一个长度相等的 Buffer，然后在原 Buffer 对象上进行拷贝。

下面通过一个具体的代码实例向读者演示 buf.copy()方法的使用方法。

【代码 6-7】（详见源代码目录 ch06-node-buffer-copy.js 文件）

```
01  /**
02   * ch06-node-buffer-copy.js
```

```
03   */
04  console.info("------   Buffer copy   ------");
05  console.info();
06  /**
07   * define Buffer obj
08   * @type {Buffer}
09   */
10  buf1 = new Buffer(26);
11  buf2 = new Buffer(26);
12  /**
13   * init a new Buffer obj
14   */
15  for(var i=0; i<26; i++) {
16     buf1[i] = i + 97;          //97是 ASCII a
17     buf2[i] = 35;              //ASCII #
18  }
19  buf1.copy(buf2, 6, 0, 10);
20  console.log(buf2.toString('ascii', 0, 25));
21  console.log();
22  /**
23   * define Buffer obj
24   * @type {Buffer}
25   */
26  buf = new Buffer(26);
27  /**
28   * init a new Buffer obj
29   */
30  for(var i=0; i<26; i++) {
31     buf[i] = i + 97;           //97是 ASCII a
32  }
33  console.info(buf.toString());
34  console.log();
35  buf.copy(buf, 0, 6, 10);
36  console.log(buf.toString());
37  console.info();
38  console.info("------   Buffer copy   ------");
```

【代码分析】

- 第 10～11 行代码定义了两个 Buffer 对象，变量名分别为 buf1 和 buf2。
- 第 15～18 行代码通过 for 循环使用 buf[index]方式进行初始化，buf1 写入了一个包含 26 个小写字母的字符串编码，buf1 全部写入字符编码（#）。

- 第 19 行代码通过 buf1.copy(buf2,6,0,10)方法将 buf1 中的部分编码写入 buf2 中。buf1.copy(buf2,6,0,10)方法的语法说明如下：

```
buf.copy(targetBuffer, [targetStart], [sourceStart], [sourceEnd])
```

参数说明：

- targetBuffer：Buffer 类型对象，将要进行拷贝的 Buffer。
- targetStart：Number 类型，可选参数，默认为 0。
- sourceStart：Number 类型，可选参数，默认为 0。
- sourceEnd：Number 类型，可选参数，默认为 buffer.length。

该方法进行 Buffer 对象的拷贝，源和目标是可以重叠的。targetStart 参数为目标开始偏移，sourceStart 为源开始偏移，默认都是 0，sourceEnd 为源结束位置偏移，默认是源的长度 buffer.length，如果传递的值是 undefined/NaN 或者 out of bounds（超越边界）的，就将设置为其默认值。

单击工具栏中的“运行（Run）”命令按钮，通过“运行、调试和控制台输出”查看信息输出，如图 6.7 所示。

从图 6.7 中显示的结果可以看到，使用 buf1.copy(buf2,6,0,10)方法将 buf1 中的从 0 到 10 的编码写入 buf2 中从第 6 个字节开始的位置，然后在第 20 行代码将 buf2 以'ascii'编码方式打印输出，这与第 15～18 行代码对变量 buf1 和 buf2 的定义是完全一致的。

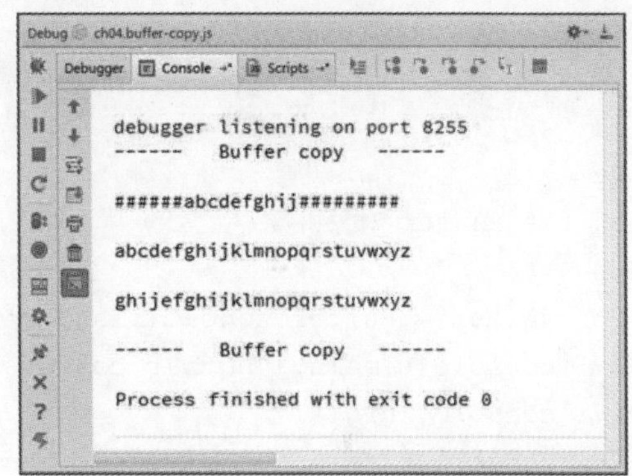

图 6.7 拷贝缓冲区对象的方法

相对来说并没有直接拷贝副本的方法，只能新建一个长度相等的 Buffer，然后在原 Buffer 上调用 copy 方法，参数中还可以设置 copy 的开始和结束位置等。

6.9 拼接缓冲区

对于初学 Node.js 框架的开发人员来说，可能认为 Buffer 模块比较易学，重要性也不是那么突出。其实，Buffer 模块在文件 I/O 和网络 I/O 中应用得非常广泛，其处理二进制的性能比普通字符串性能要高出很多，重要性可谓是举足轻重。

下面通过一个具体的代码实例向读者演示使用 buf.concat()方法进行拼接的方法。

【代码 6-8】（详见源代码目录 ch06-node-buffer-concat.js 文件）

```
01  /**
02   * ch06-node-buffer-concat.js
03   */
04  console.info("------   Buffer concat vs String concat  ------");
```

```
05  console.info();
06  /**
07   * define variable
08   * @type {Buffer}
09   */
10  var buf = new Buffer("this is Buffer concat test!");
11  var str = "this is String concat test!";
12  /**
13   * start record time
14   */
15  console.time("buffer concat test!");
16  var list = [];
17  var len = 100000 * buf.length;
18  for(var i=0; i<100000; i++){
19      list.push(buf);
20      len += buf.length;
21  }
22  /**
23   * Buffer 对象拼接
24   */
25  var s1 = Buffer.concat(list, len).toString();
26  console.timeEnd("buffer concat test!");
27  console.info();
28  console.time("string concat test!");
29  var list = [];
30  for(var i=100000; i>=0; i--) {
31      list.push(str);
32  }
33  /**
34   * String 对象拼接
35   * @type {string}
36   */
37  var s2 = list.join("");
38  console.timeEnd("string concat test!");
39  /**
40   * end record time
41   */
42  console.info();
43  console.info("------  Buffer concat vs String concat  ------");
```

【代码分析】

- 第 10 行代码定义了一个 Buffer 对象，变量名为 buf，并初始化了一个字符串数据（"this is Buffer concat test!"）。
- 第 11 行代码定义了一个字符串变量 str，并初始化了一个字符串数据（"this is String concat test!"）。
- 从第 15 行代码开始到第 26 行代码结束，通过 console.time()和 console.timeEnd()方法完成一段时间间隔记录；第 16～21 行代码定义了一个数组变量 list[]，并使用 buf 变量对该数组变量进行初始化；第 25 行代码通过 Buffer.concat(list,len)方法将 list[]数组中的编码重新拼接成一个 Buffer 对象。Buffer.concat(list,len)方法的语法说明如下：

```
Buffer.concat(list, [totalLength])
```

参数说明：

- list{Array}：数组类型，Buffer 数组，用于被连接。
- totalLength：{Number}类型，第一个参数 Buffer 数组对象的总大小。

该方法返回一个保存着将传入 Buffer 数组中所有 buffer 对象拼接在一起的 buffer 对象，如果传入的数组没有内容，或者 totalLength 参数是 0，那么将返回一个 zero-length 的 buffer；如果数组中只有一项，那么这第一项就会被返回；如果数组中的项多于一个，那么一个新的 buffer 对象实例将被创建；如果 totalLength 参数没有提供，虽然会从 Buffer 数组中计算读取，但是会增加一个额外的循环来计算该长度，因此提供一个明确的 totalLength 参数将会使得 Buffer.concat()方法执行得更快。

单击工具栏中的“运行（Run）”命令按钮，通过“运行、调试和控制台输出”查看信息输出，如图 6.8 所示。

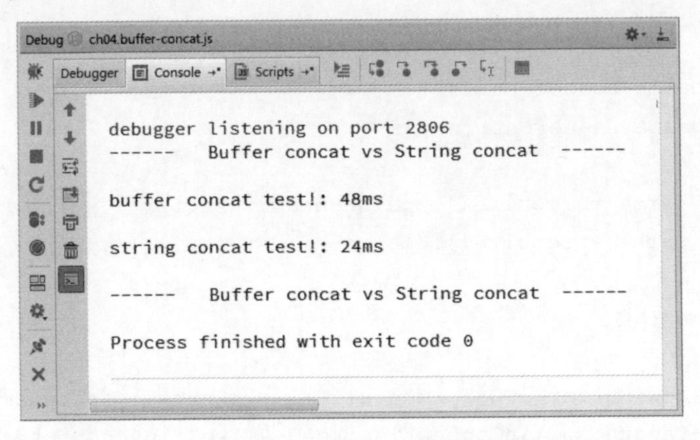

图 6.8　拼接缓冲区的方法

从图 6.8 中显示的结果可以看到，使用 Buffer.concat(list,len)方法进行拼接的耗时为 48ms。

Buffer.concat(list, [totalLength])方法的第 2 个参数 totalLength 比较特别，这里的 totalLength 不是数组长度，而是数组里 Buffer 实例的大小总和。

6.10 应用 Buffer 缓冲区操作 HTTP Request Header

在上一节中，我们测试了 Buffer 拼接字符串的性能，相比字符串直接拼接性能还是差一些。其实，按照 Node.js 官方文档的说明，Buffer 模块的强项在于操作字节流，一般使用 Buffer 操作字节流通常比转化成 String 效率要高很多。

本节我们通过一个简单的解析 HTTP Request Header 的代码实例来实际测试 Buffer 操作字节流的效率。

我们需要将代码封装成一个包来实现。下面先看一下包（ch06.buffer.concat）的目录结构，如图 6.9 所示。

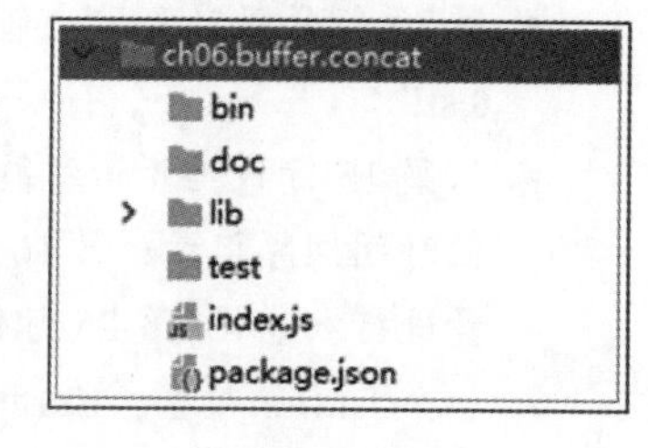

图 6.9　ch06.buffer.concat 包目录结构示意图

如图 6.9 所示，index.js 定义为包的主入口文件，其代码如下：

```
01  /**
02   * index.js
03   */
04  var cal = require('./lib/main');
```

第 04 行代码调用目录 lib 下的 main.js 文件。

下面来看 main.js 脚本文件，其代码如下：

```
01  /**
02   * main.js
03   */
04  console.info("------   Buffer Parse Header   ------");
05  console.info();
06  /**
07   * 导入模块 parse-header-buffer.js
08   * 导入模块 parse-header-string.js
09   */
10  var buffer_parse = require('./parse-header-buffer').parse;
11  var string_parse = require('./parse-header-string').parse;
12  /**
13   * 定义 Buffer 对象
14   */
15  var data = new Buffer('POST /foo HTTP/1.1\r\nHost: foo.example.com\
    r\nContent-Length: 5\r\nConnection:keep-alive\r\nAccept:text/html,
    application/xhtml+xml,application/xml;q=0.9,*/*;q=0.8\r\nCookie:connect.
    sid=OY2nKGqI3obs5lYee0JKTjhf.FDtbY1Jz5Ngw5So9Jv3MUetI5ITvrIfwgCkRw%2FcXU
    Ck\r\nUser-Agent:Mozilla/5.0 (Macintosh; Intel Mac OS X 10_7_2)
    AppleWebKit/535.7 (KHTML, like Gecko) Chrome/16.0.912.41
    Safari/535.7\r\n\r\nq=bar');
16  /**
```

```
17  * 打印输出 Buffer 对象
18  */
19 console.log("buffer_parse(data): " + buffer_parse(data));
20 console.info();
21 var n = 1000000;
22 /**
23  * 计算 Buffer 操作字节流的时间
24  * @type {Date}
25  */
26 var start = new Date();
27 for(var i=0; i<n; i++) {
28     buffer_parse(data);
29 }
30 console.log('buffer_parse take: ' + (new Date() - start) + ' ms');
31 console.info();
32 /**
33  * 打印输出 String 对象及其长度
34  */
35 console.log("string_parse(data): " + string_parse(data));
36 console.log("data.length: " + data.length);
37 console.info();
38 /**
39  * 计算 String 操作字节流的时间
40  * @type {Date}
41  */
42 start = new Date();
43 for(var i=0; i<n; i++) {
44     string_parse(data);
45 }
46 console.log('string_parse take: ' + (new Date() - start) + ' ms');
47 console.info();
48 console.info("------  Buffer Parse Header  ------");
```

【代码分析】

- 整个 main.js 脚本文件通过调用两个模块来比较 Buffer 和 String 操作 HTTP Request Header 字节流的时间效率。
- 第 10～11 行代码引用了两个模块的 parse 方法，分别为 parse-header-buffer.js 模块和 parse-header-string.js 模块。
- 第 15 行代码定义了一个 Buffer 对象，名称为 data，并将 HTTP Request Header 的 POST 数据赋给 data。

- 第 26～30 行代码通过 buffer_parse()方法操作字节流，并通过开始时间与结束时间两个时间节点的差值来计算 buffer_parse()方法操作字节流所用的时间。
- 第 42～46 行代码与第 26～30 行代码的功能类似，不同之处是通过 string_parse()方法操作字节流。

下面继续看 parse-header-buffer.js 模块，其代码如下：

```
01  /**
02   * parse-header-buffer.js
03   */
04  var SPACE = 0x20,   //' '
05      COLON = 0x3a,   //58, :
06      NEWLINE = 0x0a, //\n
07      ENTER = 0x0d;   //\r
08  /**
09   * exports parse function
10   * @param data
11   * @returns {*}
12   */
13  exports.parse = function parse(data) {
14      var line_start = 0, len = data.length;
15      for(var i=0; i<len; i++) {
16          // Host: xxx.abc.com
17          if(data[i] === COLON) {
18              var key = data.toString('ascii', line_start, i).toLowerCase();
19              i++;    //skip ':'
20              if(key === 'host') {
21                  var value_start = i;
22                  while(i < len) {
23                      if(data[i] === ENTER) {
24                          return data.toString('ascii', value_start, i).trim().
    toLowerCase();
25                      }
26                      i++;
27                  }
28              }
29          } else if(data[i] ===  ENTER && data[i+1] === NEWLINE) {
30              i += 2;
31              line_start = i;
32              if(data[i] ===  ENTER && data[i+1] === NEWLINE) {
33                  // \r\n\r\n
34                  return 'Host header not found';
35              }
```

```
36            }
37        }
38        return null;
39    };
```

该模块导出了一个 parse 方法，用于实现 Buffer 对象操作字节流的功能。而使用字符串操作字节流是通过 parse-header-string.js 模块来实现的：

```
01    /**
02     * parse-header-string.js
03     */
04    /**
05     * exports parse function
06     * @param data
07     * @returns {*}
08     */
09    exports.parse = function parse(data) {
10        var lines = data.toString('ascii').split("\n");
11        var cut, name, host;
12        for (var i=0, len=lines.length; i < len; i++) {
13            cut = lines[i].split(':');
14            name = cut[0];
15            if (name === 'Host') {
16                if (cut[1] === undefined) {
17                    return 'Host header not found';
18                }
19                host = cut[1].trim().toLowerCase();
20                return host;
21            }
22        }
23        return null;
24    };
```

该模块同样导出了一个 parse 方法，用于实现 String 对象操作字节流的功能。

单击工具栏中的“运行（Run）”命令按钮，通过“运行、调试和控制台输出”查看信息输出，如图 6.10 所示。

从图 6.10 中输出的数据可以看到，使用 Buffer 对象操作字节流的时间效率远高于 String 对象操作的时间效率。对于二进制数据来说，Buffer 比 String 的性能要高出很多，因此建议使用 Buffer 模块。

Node.js 框架 Buffer 对象的优势是处理字节流，因此对于 HTTP Request Header 的 POST 字节流数据来说，Buffer 对象的优势是非常明显的。

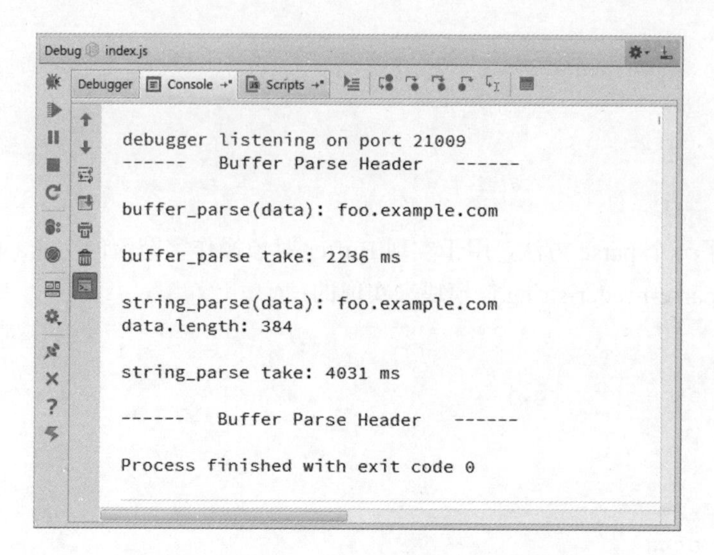

图 6.10　应用 Buffer 操作 HTTP Request Header

第 7 章 网络管理

本章介绍 Node.js 框架对于 TCP/UDP 网络管理的支持，包括基于 TCP 和 UDP 协议网络编程方面的应用。

7.1 网络管理概述

TCP（Transmission Control Protocol）和 UDP（User Datagram Protocol）协议是属于 ISO 七层网络模型中的传输层协议。其中，TCP 提供 IP 环境下的数据可靠传输，其提供的服务包括数据流传送、可靠性、有效流控、全双工操作和多路复用，通过面向连接、端到端和可靠的数据包发送；而 UDP 不为 IP 环境提供可靠性、流控或差错恢复功能。简单来说，TCP 对应的是可靠性要求高的应用，而 UDP 对应的是可靠性要求低、传输经济的应用。

Node.js 框架设计了网络（Net）模块来支持 TCP 协议应用的编程，还设计了数据报套接字（UDP）模块来支持 UDP 协议应用的编程，这两个模块提供了一系列与网络应用相关的方法，通过这些方法就可以构建基本的网络应用。

7.2 创建基本的 TCP 服务器

我们从基本的创建 TCP 服务器开始介绍。所谓 TCP，是指网络通信协议，是互联网通信的最基本协议。大家熟知的很多互联网通信应用（例如 ICQ、QQ 等）都是基于 TCP 协议开发的，可见开发一个功能强大的 TCP 服务器难度还是很高的。Node.js 框架提供了一个网络（Net）模块来支持 TCP 协议，通过 Net 模块的 net.createServer()方法来完成创建 TCP 服务器的功能。

在下面这个基本的代码实例中，主要是通过 net.createServer()方法来创建基本的 TCP 服务器。

【代码 7-1】（详见源代码目录 ch07-node-net-createServer.js 文件）

```
01  /**
02   * ch07-node-net-createServer.js
03   */
04  console.info("------   net createServer()   ------");
```

```
05 console.info();
06 var net = require('net');   // TODO: 引入网络（net）模块
07 var HOST = '127.0.0.1';     // TODO: 定义服务器地址
08 var PORT = 9696;            // TODO: 定义端口号
09 /**
10  * 使用 net.ServerClient()函数方法创建一个 TCP 服务器实例
11  * 同时调用 listen()函数方法开始监听指定端口
12  * 传入 net.ServerClient()的回调函数将作为 connection 事件的处理函数
13  */
14 console.info('Now create Server...');
15 console.info();
16 net.createServer(function(sock) {
17    /**
18     * 打印输出服务器监听提示信息
19     */
20    console.log('Server listening on'+HOST+':'+PORT);
                                             //TODO:服务器已经建立连接
21    console.info();
22    /**
23     * 为 socket 实例添加一个"data"事件处理函数
24     */
25    sock.on('data', function(data) {
26      console.log('socket on data...');
27    });
28    /**
29     * 为 socket 实例添加一个"close"事件处理函数
30     */
31    sock.on('close', function(data) {
32       console.log('socket on close...');
33    });
34
35 }).listen(PORT, HOST);
```

【代码分析】

- 第 06 行代码引入网络（net）模块，同时赋值给变量（net）。
- 第 07 行代码定义了服务器地址名称（HOST=127.0.0.1），该地址为本机服务器地址。
- 第 08 行代码定义了服务器端口号（PORT=9696），注意定义端口号时避免与其他端口发生冲突。
- 第 16～35 行代码通过调用 net.createServer()方法创建了一个基本的 TCP 服务器。net.createServer()语法如下：

```
net.createServer([options][, connectionListener]);     // 创建 TCP 服务器
```

- net.createServer()方法用于创建 TCP 服务器，可选的第一个参数 options 是一个包含默认值{allowHalfOpen:false}的对象，allowHalfOpen 属性用于定义连接方式（全开或半开），默认状态为全开方式，若定义该属性值为 true，则为半开连接方式；可选的第二个参数 connectionListener 会被自动定义为 connection 事件的监听器，在实际应用中其被定义为一个事件监听器回调函数。

单击工具栏中的“运行（Run）”命令按钮，通过“运行、调试和控制台输出”查看信息输出，如图 7.1 所示。

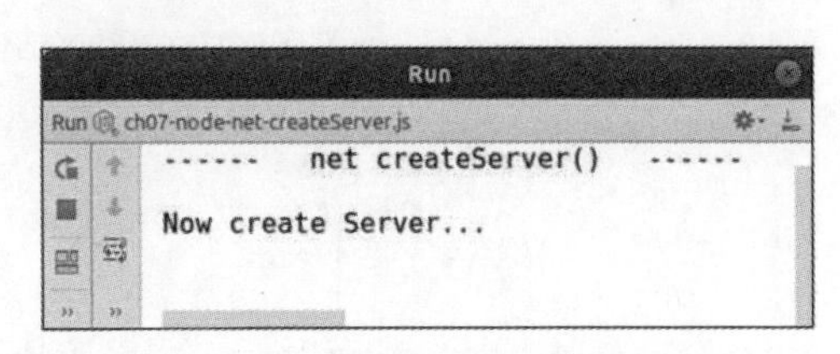

图 7.1 创建基本的 TCP 服务器

如图 7.1 所示，因为本例程没有添加实际操作代码，也没有定义客户端，所以调试输出的结果没有实际内容，仅仅是打印了一行提示信息“Now create Server...”。

本代码实例中提到了套接字（Socket）的概念，网络应用程序通常通过 Socket 向网络发出请求或者应答网络请求。我们熟知的 C++、C#、Java 等主流编程语言均实现了 Socket 功能，Node.js 框架作为服务器端编程语言也不例外。

7.3 创建基本的 TCP 客户端

7.2 节介绍了如何创建基本的 TCP 服务器，本节介绍如何创建基本的 TCP 客户端，有了客户端就可以与服务器进行通信了。所谓客户端，一般就是指安装在本机（个人电脑）上与服务器进行通信的工具，诸如我们在个人电脑上安装的 QQ、MSN 和飞鸽传书等工具软件都属于 TCP 客户端。在 Node.js 框架中通过 Net 模块的 net.connect()方法来完成创建 TCP 客户端的功能。

在本节这个基本的代码实例中，主要使用 net.connect()方法来创建基本的 TCP 客户端功能。

【代码 7-2】（详见源代码目录 ch07-node-net-client.js 文件）

```
01  /**
02   * ch07-node-net-client.js
03   */
04  console.info("------   net ServerClient()   ------");
05  console.info();
06  var net = require("net");            //引入网络（net）模块
07  var HOST = '127.0.0.1';              //定义服务器地址
08  var PORT = 9696;                     //定义端口号
09  /**
10   * 使用 net.connect()方法创建一个 TCP 客户端实例
11   */
12  var client = net.connect(PORT, HOST, function() {
```

```
13      console.log('client connected...');
14      console.info();
15  });
16  /**
17   * 为 TCP 客户端实例添加一个 data 事件处理函数
18   */
19  client.on('data', function(data) {
20      console.info('client on data...');
21      console.info();
22  });
23  /**
24   * 为 TCP 客户端实例添加一个 end 事件处理函数
25   */
26  client.on('end', function() {
27      console.log('client disconnected');
28      console.info();
29  });
```

【代码分析】

- 第 12～15 行代码通过调用 net.connect()方法创建了一个基本的 TCP 客户端连接，并将返回的客户端对象赋值变量 client。
- 第 19～21 行代码为 socket 对象实例添加了数据（data）事件的处理函数，在客户端通过数据 data 事件可以向服务器端发送数据。
- 第 26～28 行代码为 socket 对象实例添加了结束（end）事件的处理函数，客户端关闭时会触发 end 事件。

单击工具栏中的“运行（Run）”命令按钮，通过“运行、调试和控制台输出”查看信息输出，如图 7.2 所示。

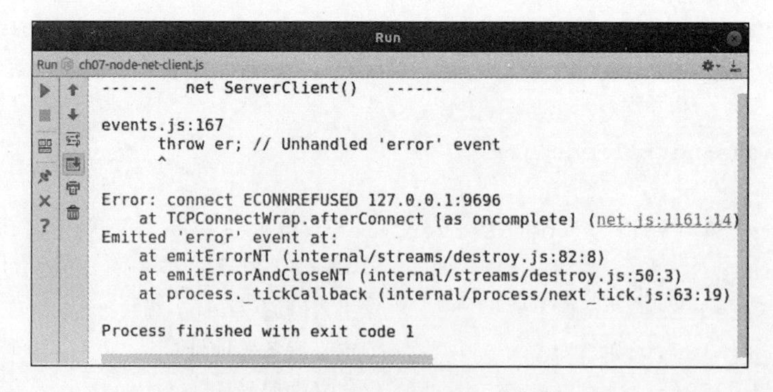

图 7.2　创建基本的 TCP 客户端

因为本例程的客户端程序没有服务器可以连接，所以调试输出后的结果会报出错误信息，这里没有关系，这个例程仅仅是向读者介绍客户端的基本编写方法，后面我们会给出完整的服务器与客户端通信的例程。

7.4 创建简单的TCP通信应用

在本节中，我们在前两节内容的基础上创建一个简单的基于 TCP 协议的通信应用。这个应用具有基本的服务器端与客户端通信交互的功能，通过这个应用例程，读者将会了解 Node.js 框架是如何实现 TCP 通信功能的。

下面这个代码实例将创建两个 JS 脚本文件，一个用于实现服务器端的代码；另一个用于实现客户端代码。

服务器端脚本文件的主要代码如下。

【代码 7-3】（详见源代码目录 ch07-node-net-sc-server.js 文件）

```
01  /**
02   * ch07-node-net-sc-server.js
03   */
04  console.info("------   net ServerClient()   ------");
05  console.info();
06  var net = require('net');            //引入网络（net）模块
07  var HOST = '127.0.0.1';              //定义服务器地址
08  var PORT = 9696;                     //定义端口号
09  /**
10   * 使用 net.ServerClient()方法创建一个 TCP 服务器实例
11   * 同时调用 listen()方法开始监听指定端口
12   * 传入 net.ServerClient()的回调函数将作为 connection 事件的处理函数
13   */
14  console.info('Now create Server...');
15  console.info();
16  net.createServer(function(sock) {
17      /**
18       * 打印输出服务器监听提示信息
19       */
20      console.log('Server listening on ' + HOST +':'+ PORT);
                                                      //服务器已经建立连接
21      console.info();
22      /**
23       * 回调函数获得一个参数,该参数自动关联一个 socket 对象
24       * 在每一个 connection 事件中,该回调函数接收到的 socket 对象是唯一的
25       */
26      console.log('CONNECTED: ' + sock.remoteAddress + ':' + sock.remotePort);
27      console.info();
28      /**
29       * 为 socket 实例添加一个 data 事件处理函数
30       */
```

```
31      sock.on('data', function(data) {
32          /**
33           * 打印输出由客户端发来的消息
34           */
35          console.info('DATA ' + sock.remoteAddress + ' : "' + data + '"');
36          console.info();
37          /**
38           * 回发该数据,客户端将收到来自服务端的数据
39           */
40          sock.write('Server write : "' + data + '"');
41      });
42      /**
43       * 为 socket 实例添加一个 close 事件处理函数
44       */
45      sock.on('close', function(data) {
46          console.log('CLOSED: ' + sock.remoteAddress + ' ' + sock.remotePort);
47          console.info();
48      });
49
50  }).listen(PORT, HOST);
```

【代码分析】

- 第 16～50 行代码通过调用 net.createServer()方法创建了一个简单的 TCP 服务器，具体说明如下：
  - 第 50 行代码通过调用 net.server 类的 listen()方法在指定的主机（HOST=127.0.0.1）和端口（PORT=9696）上接受连接。
  - 第 16 行代码定义的回调函数中的参数 sock 是一个套接字（socket）对象实例，socket 其实是对 TCP 协议的一个基本封装接口（API），利用 socket 对象实例可以操作 TCP 协议的基本功能。
  - 第 31～41 行代码为 socket 对象实例添加了数据 data 事件的处理函数，其回调函数中的参数 data 用于接收客户端发来的数据；第 35 行代码打印输出了客户端发来的数据，同时打印输出了 socket 对象的 remoteAddress 属性值，该属性值描述了远程客户端的地址；第 40 行代码在服务器端使用第 18 行代码定义的参数 sock，通过 sock.write()方法将客户端发来的数据加工后，再次回传给客户端。
  - 第 45～48 行代码为 socket 对象实例添加了关闭 close 事件的处理函数，服务器关闭时会触发 close 事件。其中，第 46 行代码打印输出了 socket 对象的 remoteAddress 和 remotePort 属性值，这两个属性分别用于描述远程地址和远程端口号。

客户端脚本文件的主要代码如下。

【代码 7-4】（详见源代码目录 ch07-node-net-sc-client.js 文件）

```
01 /**
02  * ch07-node-net-sc-client.js
03  */
04 console.info("------   net ServerClient()   ------");
05 console.info();
06 var net = require("net");           //引入网络（net）模块
07 var HOST = '127.0.0.1';             //定义服务器地址
08 var PORT = 9696;                    //定义端口号
09 /**
10  * 使用 net.connect()方法创建一个 TCP 客户端实例
11  */
12 var client = net.connect(PORT, HOST, function() {
13    console.log('client connected');
14    console.info();
15    client.write('client write : Hello Server!');
16 });
17 /**
18  * 为 TCP 客户端实例添加一个 data 事件处理函数
19  */
20 client.on('data', function(data) {
21    console.log(data.toString());
22    console.info();
23    client.end();
24 });
25 /**
26  * 为 TCP 客户端实例添加一个 end 事件处理函数
27  */
28 client.on('end', function() {
29    console.log('client disconnected');
30    console.info();
31 });
```

【代码分析】

- 第 15 行代码通过使用 client.write()方法向服务器端发送数据，该方法对应 socket.write()方法，因为 client 参数就是一个套接字对象。
- 第 20～24 行代码为变量 client 添加了数据 data 事件的处理函数，在客户端打印输出服务器端发来的数据。其中，第 23 行调用了 client.end()方法在打印输出数据后，执行关闭客户端的操作，client.end()方法其实就是套接字上的 socket.end()方法。

图 7.3 是服务器端刚刚初始化的结果，图 7.4 是服务器端输出的结果，图 7.5 是客户端输出的结果。

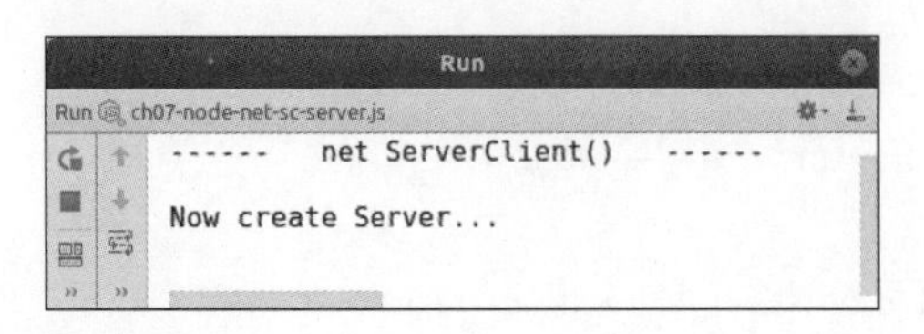

图 7.3　创建简单的 TCP 通信应用（服务器端初始化）

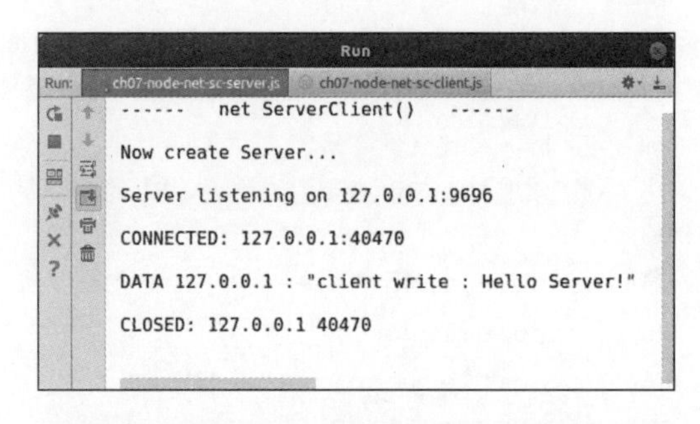

图 7.4　创建简单的 TCP 通信应用（服务器端）

关于程序运行流程的说明：

首先，启动服务器端代码（如图 7.3 所示），运行后打印输出提示信息“Now create Server...”。

在服务器成功启动后，运行客户端代码（如图 7.5 所示），打印输出提示信息“client connected”。

在客户端成功启动后，客户端第 15 行代码向服务器端发送了数据信息（client write : Hello Server!）。

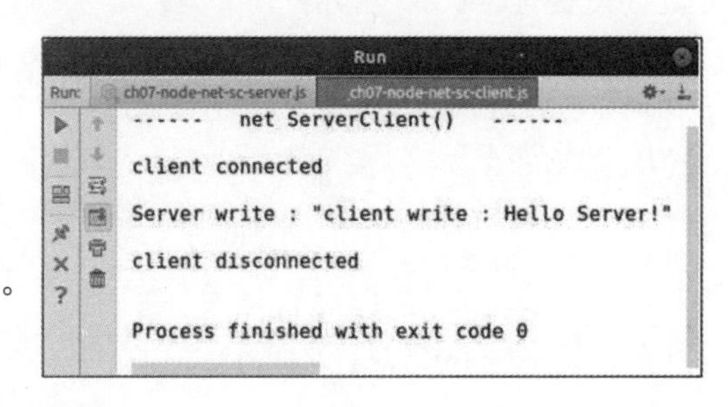

图 7.5　创建简单的 TCP 通信应用（客户端）

此时，服务器被客户端连接成功，服务器端代码依次打印输出了若干条提示信息（如图 7.4 所示），其中第 35 行代码打印输出了客户端发来的信息（DATA 127.0.0.1 : "client write : Hello Server!"）。

如图 7.5 所示，服务器端第 40 行代码对接收到的客户端数据进行了加工，并回写给了客户端；客户端第 21 行代码对服务器端回写的数据进行了打印输出（Server write : "client write : Hello Server!"）。

socket.end()方法用于半关闭套接字（Socket），若第一个可选的参数 data 被传入数据，则其等同于先调用了 socket.write(data, encoding)方法，再调用了 socket.end()方法。

7.5　创建 TCP 服务器的另一种方式

在本节中，我们介绍使用另一种方式来创建 TCP 服务器。这种方式与本章 7.2 节介绍的方式略有不同，但其本质原理是相同的。Node.js 框架的网络（net）模块提供了 connection 事件来完成该功能。

【代码 7-5】（详见源代码目录 ch07-node-net-connection.js 文件）

```
01  /**
02   * ch07-node-net-connection.js
03   */
04  console.info("------   net connection()   ------");
05  console.info();
```

```
06  var net = require("net");            //引入网络（net）模块
07  var HOST = '127.0.0.1';              //定义服务器地址
08  var PORT = 9696;                     //定义端口号
09  /**
10   * 创建 TCP 服务器
11   */
12  var server = net.createServer();
13  /**
14   * 监听端口和主机
15   */
16  server.listen(PORT, HOST);
17  console.log('Server listening on ' + server.address());
18  console.info();
19  /**
20   * 通过显式调用 connection 事件建立 TCP 连接
21   */
22  server.on('connection', function(sock) {
23      console.log('CONNECTED: ' + sock.remoteAddress + ':' + sock.remotePort);
24  });
```

【代码分析】

- 第 16 行代码通过调用 net.server 类的 listen()方法在指定的主机和端口上接受连接。
- 第 17 行代码通过调用 server.address()方法打印输出了绑定的服务器地址与端口号。
- 第 22～24 行代码通过显式地调用 connection 事件来建立 TCP 连接，其回调函数中会得到一个 Socket 套接字对象的实例，通过该实例可以获取客户端的信息。

单击工具栏中的“运行（Run）”命令按钮，通过“运行、调试和控制台输出”查看信息输出，如图 7.6 所示。

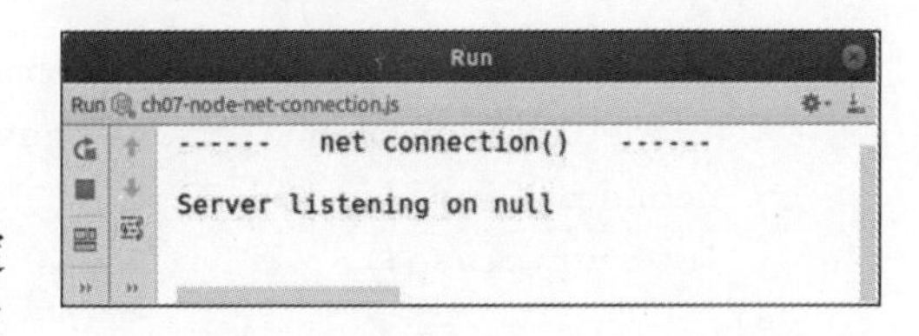

图 7.6 创建 TCP 服务器的另一种方式

因为本例程没有添加实际操作代码，也没有定义客户端，所以调试输出的结果没有实际内容，仅仅是打印了一行提示信息“Server listening on null”。

本例程通过显式地调用 connection 事件来建立 TCP 连接，虽然该方式能达到同样的功能效果，但我们还是建议使用 7.2 节中的方式来创建 TCP 服务器。

7.6 服务器端绑定事件

connection、listening 和 close 事件都属于 net.Server 类的范畴。connection 事件是在客户端向服务器端发送连接请求后被触发的，listening 事件是在服务器端调用 server.listen()方法后被触发的，close 事件是在调用 server.close()方法后被触发的。

在本节这个代码实例中，我们将创建两个 JS 脚本文件，一个用于实现在服务器端绑定 close 事件方法的代码；另一个用于实现客户端代码。

服务器端脚本文件的主要代码如下。

【代码 7-6】（详见源代码目录 ch07-node-net-close-server.js 文件）

```
01  /**
02   * ch07-node-net-close-server.js
03   */
04  console.info("------   net close()   ------");
05  console.info();
06  var net = require('net');                    //引入网络（net）模块
07  var HOST = '127.0.0.1';                      //定义服务器地址
08  var PORT = 8877;                             //定义端口号
09  /**
10   * 创建 TCP 服务器
11   */
12  var server = net.createServer();
13  /**
14   * 监听 listening 事件
15   */
16  server.on('listening', function() {
17     console.log('Server is listening on port', PORT);
18     console.info();
19  });
20  /**
21   * 监听 connection 事件
22   */
23  server.on('connection', function(socket) {
24     console.log('Server has a new connection');
25     console.info();
26     server.close();                        //调用 server.close()方法
27  });
28  /**
29   * 监听 close 事件
30   */
31  server.on('close', function() {
32     console.log('Server is now closed');
33     console.info();
34  });
35  /**
36   * 调用 server.listen()监听服务器端口
37   */
38  server.listen(PORT, HOST);
```

【代码分析】

- 第 38 行代码调用 server.listen()方法启动监听服务器端口的操作，该方法执行后，listening 监听事件将会被触发。
- 第 23～26 行代码通过变量 server 绑定 connection 连接事件来监听来自客户端的连接请求，第 24 行代码打印输出提示信息，第 26 行代码通过调用 server.close()方法执行服务器关闭操作。
- 第 31～34 行代码通过变量 server 绑定 close 关闭事件来响应第 26 行执行的关闭操作，并在第 32 行代码打印输出提示信息。

客户端脚本文件的主要代码如下。

【代码 7-7】（详见源代码目录 ch07-node-net-close-client.js 文件）

```
01  /**
02   * ch07-node-net-close-client.js
03   */
04  console.info("------   net close()   ------");
05  console.info();
06  var net = require("net");                    //引入网络（net）模块
07  var HOST = '127.0.0.1';                      //定义服务器地址
08  var PORT = 8877;                             //定义端口号
09  /**
10   * 使用 net.connect()方法创建一个 TCP 客户端实例
11   */
12  var client = net.connect(PORT, HOST, function() {
13      console.log('client connected');
14      console.info();
15      client.end();
16  });
17  /**
18   * 为 TCP 客户端实例添加一个 end 事件处理函数
19   */
20  client.on('end', function() {
21      console.log('client disconnected');
22      console.info();
23  });
```

【代码分析】

- 客户端代码主要通过 net.connect()方法连接服务器端，触发服务器端的 connection 事件，然后在 connection 事件的回调函数中执行 server.close()方法，通过该方法再次触发 close 事件。

图 7.7 是服务器端刚刚初始化的结果，图 7.8 是服务器端输出的结果，图 7.9 是客户端输出的结果。

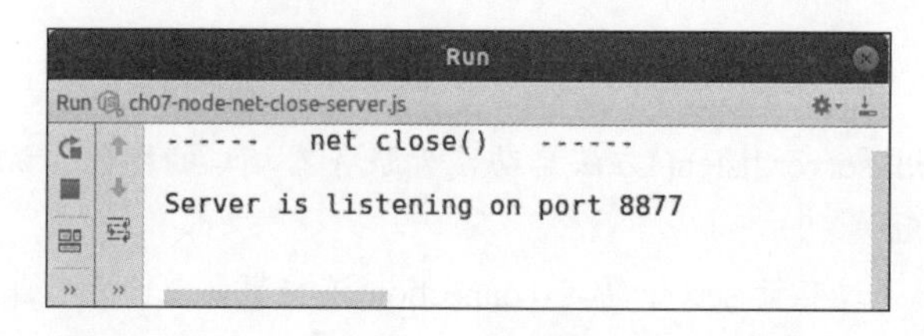

图 7.7 服务器端绑定 close 事件（服务器初始化）

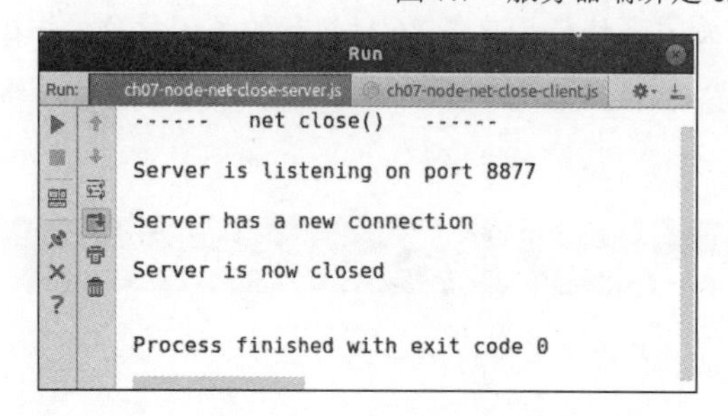

图 7.8 服务器端绑定 close 事件（服务器端）

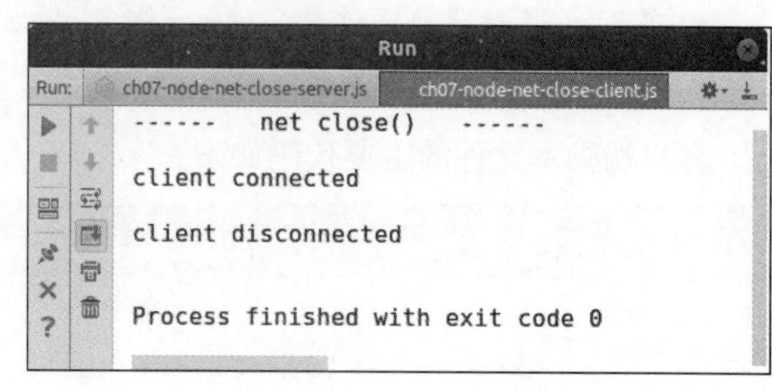

图 7.9 服务器端绑定 close 事件（客户端）

如图 7.7 所示，我们先启动服务器端代码，运行后打印输出提示信息“Server is listening on port 8877”。在服务器成功启动后，我们运行客户端代码，如图 7.9 所示。此时，客户端向服务器端发送连接请求，服务器端接受客户端连接并打印输出提示信息“Server has a new connection”，如图 7.8 所示。此时，服务器端第 26 行 server.close()方法执行，触发了 close 事件处理方法，然后第 32 行代码打印输出了提示信息“Server is now closed”（如图 7.8 所示），之后服务器端绑定的 close 事件响应完毕。

通过本例程代码可以看到，close 事件会在服务器端执行 server.close()方法后被触发，成功触发 close 事件后，用户可以在绑定 close 事件方法的回调函数中执行自定义操作。

7.7 获取服务器地址参数

在本节中，我们介绍获取服务器地址参数的方法，服务器地址参数一般包括 IP 地址、端口号和协议簇等信息。在 Node.js 框架中，网络（net）模块提供了 server.address()方法来完成此功能。

【代码 7-8】（详见源代码目录 ch07-node-net-server-address.js 文件）

```
01  /**
02   * ch07-node-net-server-address.js
03   */
04  console.info("------   net server.address()   ------");
05  console.info();
06  var net = require('net');              //引入网络（net）模块
07  var HOST = '127.0.0.1';                //定义服务器地址
08  var PORT = 7878;                       //定义端口号
```

```
09  /**
10   * 创建 TCP 服务器
11   */
12  var server = net.createServer();
13  /**
14   * 监听 listening 事件
15   */
16  server.on('listening', function() {
17      console.log('Server is listening on port', PORT);
18      console.info();
19      var addr = server.address();
20      console.info("opened server on ");
21      console.info("%j", addr);
22      console.info();
23      server.close();
24  });
//……此处省略部分绑定事件的代码
42  server.listen(PORT, HOST);
```

【代码分析】

- 第 42 行代码调用 server.listen()方法启动监听服务器端口的操作，该方法执行后，listening 监听事件将会被触发。
- 第 19 行代码调用 server.address()方法执行获取服务器地址参数的操作，server.address()方法用于执行获取服务器地址参数的操作，其返回值是一个包含服务器绑定的地址、端口和协议簇的 JSON 格式数据（本例程该返回值被赋值变量 addr）。
- 第 21 行代码通过变量 addr 打印输出了服务器地址参数，注意这里使用了%j 格式化参数，因为参数 addr 是 JSON 格式的数据。关于格式化参数的内容，在第 1 章中有过详细介绍。

单击工具栏中的“运行（Run）”命令按钮，通过“运行、调试和控制台输出”查看信息输出，如图 7.10 所示。

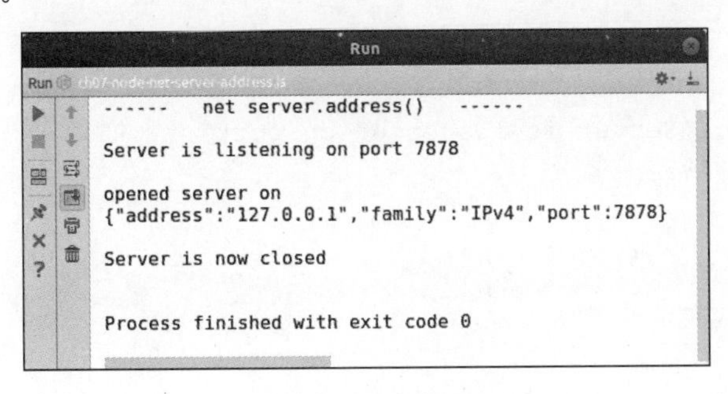

图 7.10 获取服务器地址参数的方法

如图 7.10 所示，通过 server.address()方法成功打印输出了服务器地址信息（{"address":"127.0.0.1","family":"IPv4","port":7878}）。

在使用 server.address()方法时需要注意一点，server.address()方法必须在 listening 事件被触发后使用，在 listening 事件发生前调用 server.address()方法是无效的。

7.8 获取当前服务器连接数

在本节中，我们介绍获取当前服务器连接数的方法。一般来讲，一个服务器能够满足多个客户端的连接请求，这个时候获取当前服务器的连接数就是非常重要的功能了，因为我们监控这些客户端的连接。在 Node.js 框架中，网络（net）模块提供了 server.getConnections()方法来完成此功能。

在下面这个代码实例中，我们将创建一个服务器端 JS 脚本文件以及若干个客户端 JS 脚本文件来测试获取当前服务器连接数的方法。

服务器端脚本文件的主要代码如下。

【代码 7-9】（详见源代码目录 ch07-node-net-getconnections-server.js 文件）

```
01  /**
02   * ch07-node-net-getconnections-server.js
03   */
04  console.info("------   net getconnections()   ------");
05  console.info();
06  var net = require('net');                    //引入网络（net）模块
07  var HOST = '127.0.0.1';                      //定义服务器地址
08  var PORT = 8877;                             //定义端口号
09  /**
10   * 创建 TCP 服务器
11   */
12  var server = net.createServer();
13  /**
14   * 监听 listening 事件
15   */
16  server.on('listening', function() {
17     console.log('Server is listening on port', PORT);
18     console.info();
19  });
20  /**
21   * 监听 connection 事件
22   */
23  server.on('connection', function(socket) {
24     console.log('Server has a new connection');
25     console.info();
26     server.getConnections(function (err, count) {
```

```
27          if(err) {
28              console.info(err.message);
29          } else {
30              console.info("current connections is " + count);
31              console.info();
32          }
33      });
34      //server.close();
35  });
36  /**
37   * 监听close事件
38   */
39  server.on('close', function() {
40      console.log('Server is now closed');
41      console.info();
42  });
43  /**
44   * 监听error事件
45   */
46  server.on('error', function(err) {
47      console.log('Error occurred:', err.message);
48      console.info();
49  });
50  /**
51   * 调用server.listen()监听服务器端口
52   */
53  server.listen(PORT, HOST);
```

【代码分析】

- 第 53 行代码通过调用 net.server 类的 listen()方法在指定的主机（HOST=127.0.0.1）和端口（PORT=8877）上接受连接。
- 第 23～35 行代码通过变量 server 绑定 connection 连接事件来监听来自客户端的连接请求。其中，第 26～33 行代码通过 server.getConnections()方法来获取当前服务器连接数；第 30 行代码通过参数“count”打印输出了当前服务器的活跃连接数。

关于被注销的第 34 行代码，通过调用 server.close()方法执行关闭服务器的操作，之所以注销这行，是因为需要保持服务器运行状态，这样才能接受来自客户端的连接请求。

本代码实例一共创建了 3 个客户端代码文件，这 3 个客户端代码文件的功能基本相同，主要是实现连接服务器的功能。

下面我们选取其中一个客户端脚本文件进行介绍。

【代码 7-10】（详见源代码目录 ch07-node-net-getconnections-clientA.js 文件）

```
01  /**
02   * ch07-node-net-getconnections-clientA.js
03   */
04  console.info("------   net getconnections()   ------");
05  console.info();
06  var net = require("net");                    //引入网络（net）模块
07  var HOST = '127.0.0.1';                      //定义服务器地址
08  var PORT = 8877;                             //定义端口号
09  /**
10   * 使用 net.connect()方法创建一个 TCP 客户端实例
11   */
12  var client = net.connect(PORT, HOST, function() {
13      console.log('clientA connected');
14      console.info();
15      client.write('client write : Hello Server!');
16      //client.end();
17  });
18  /**
19   * 为 TCP 客户端实例添加一个 end 事件处理函数
20   */
21  client.on('end', function() {
22      console.log('clientA disconnected');
23      console.info();
24  });
```

【代码分析】

- 注意，该客户端代码与本章前面几个例程的客户端代码基本一致，主要是完成连接服务器的功能。
- 这里需要强调的是第 16 行代码，其注销了 cliend.end()方法，主要是为了保持客户端始终处于连接服务器的状态。

图 7.11 是服务器端刚刚初始化的结果。服务器初始化成功后，先选择启动第 1 个客户端，如图 7.12 所示。图 7.13 演示的是第 1 个客户端连接完成后，服务器端的状态变化。

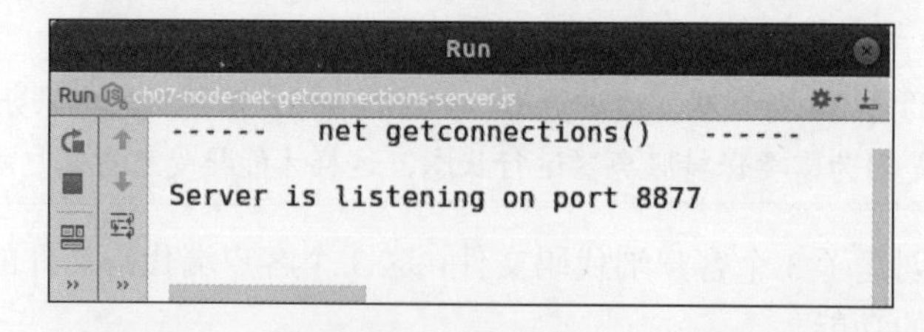

图 7.11　获取当前服务器连接数的方法（服务器端初始化）

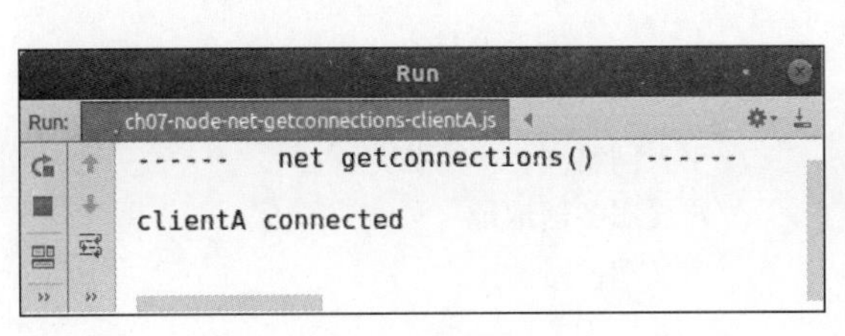

图 7.12 当前服务器连接数的方法（客户端）

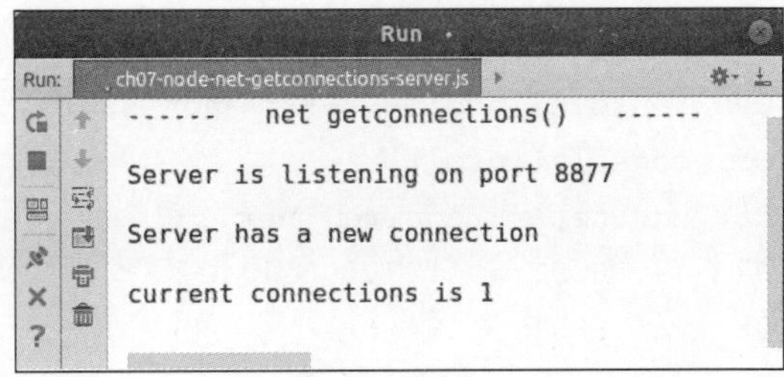

图 7.13 当前服务器连接数的方法（服务器端）

如图 7.13 所示，服务器通过 server.getConnections()方法检测到一个当前的活动连接，并打印输出了提示信息（current connections is 1），这个就是我们刚才启动的第 1 个客户端。

下面我们依次启动第 2 个和第 3 个客户端，在成功连接到服务器后，服务器端的状态变化如图 7.14 和图 7.15 所示。

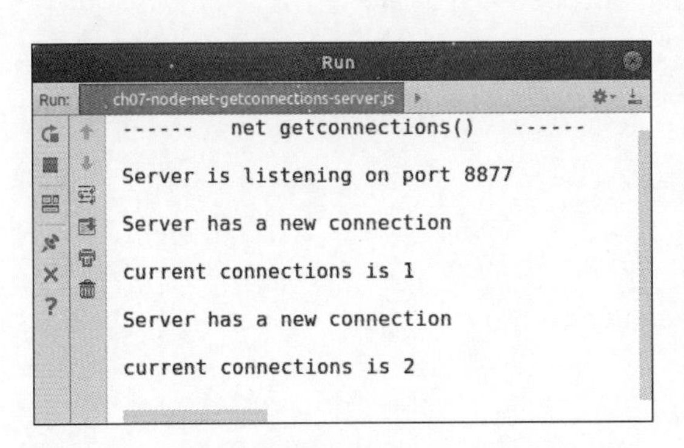

图 7.14 当前服务器连接数的方法（服务器端 1）

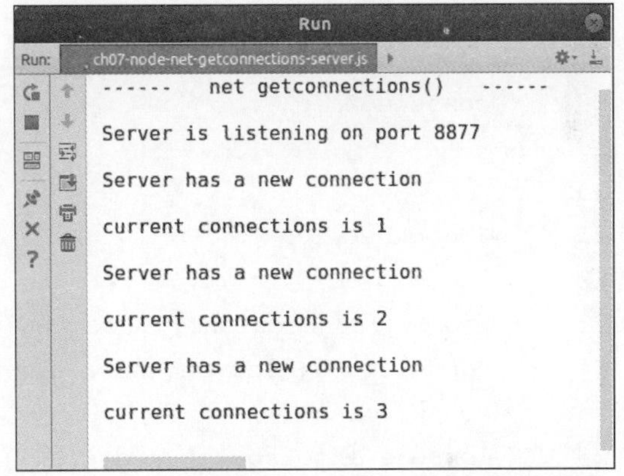

图 7.15 当前服务器连接数的方法（服务器端 2）

如图 7.14 与图 7.15 所示，在第 2 个和第 3 个客户端成功连接服务器后，服务器端依次打印输出了提示信息“current connections is 2”和“current connections is 3”，表明服务器端同时检测到有多个客户端连接到了服务器。

7.9 获取套接字地址

在本节中，我们介绍获取套接字地址参数的方法，套接字地址参数是指由套接字绑定的 IP 地址的参数信息。在 Node.js 框架中，网络（net）模块提供了 socket.address()方法来完成此功能，另外还提供了两个属性（socket.localAddesss 和 socket.localPort）来分别获得地址和端口值。

服务器端脚本文件的主要代码如下。

【代码 7-11】（详见源代码目录 ch07-node-net-socketaddr-server.js 文件）

```
01  /**
02   * ch07-node-net-socketaddr-server.js
```

```
03   */
04  console.info("------   net socket.address()   ------");
05  console.info();
06  var net = require('net');                   //引入网络（net）模块
07  var HOST = '127.0.0.1';                     //定义服务器地址
08  var PORT = 6677;                            //定义端口号
09  /**
10   * 创建 TCP 服务器
11   */
12  var server = net.createServer();
13  /**
14   * 监听 listening 事件
15   */
16  server.on('listening', function() {
17     console.log('Server is listening on port', PORT);
18     console.info();
19  });
20  /**
21   * 监听 connection 事件
22   */
23  server.on('connection', function(socket) {
24     console.log('Server has a new connection');
25     console.info();
26     console.info(socket.address());
27     console.info();
28     console.info(socket.localAddress);
29     console.info();
30     console.info(socket.localPort);
31     console.info();
32     server.close();
33  });
//……此处省略部分绑定事件的代码
51  server.listen(PORT, HOST);
```

【代码分析】

- 第 26 行代码调用 socket.address()方法执行获取套接字地址参数的操作，socket.address()方法用于执行获取被套接字绑定的 IP 地址参数的操作，其返回值是一个包含被绑定的地址、端口和协议簇的 JSON 格式数据。
- 第 28 行与第 30 行代码使用 socket.localAddress 和 socket.localPort 属性来获得被套接字绑定 IP 的地址和端口值的操作。

另外，本代码实例还包括一个简单的客户端脚本文件，主要用于完成连接服务器端并触发connection事件的功能，具体代码与之前几个客户端类似，在此就不详细地解释说明了。

单击工具栏中的“运行（Run）”命令按钮，通过“运行、调试和控制台输出”查看信息输出，如图7.16所示。

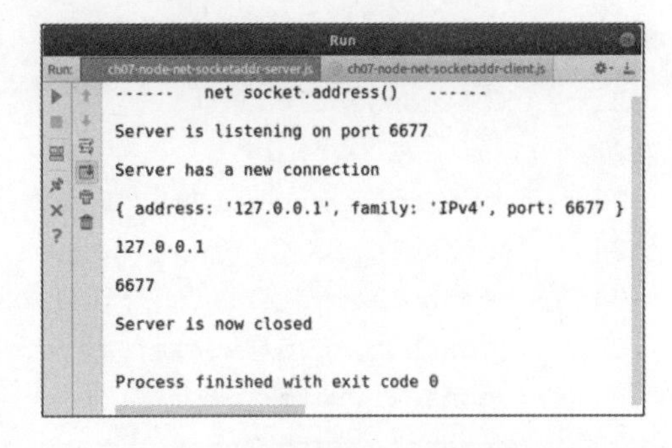

图7.16 获取套接字地址参数的方法

如图7.16所示，通过socket.address()方法成功打印输出了套接字地址信息（{"address":"127.0.0.1","family":"IPv4","port":7878}）；另外，分别打印输出的socket.localAddress和socket.localPort属性值也与socket.address()方法的返回值一一对应。

通过本例程的输出结果，我们知道使用socket.address()方法得到的结果与server.address()方法是一致的，这是因为socket.address()方法绑定的就是服务器IP地址。

7.10 获取远程地址

在本节中，我们接着介绍获取远程地址参数的方法，远程地址参数对于服务器端来讲，只是指客户端的参数信息。在Node.js框架中，网络（net）模块提供了两个属性（socket.remoteAddesss和socket.remotePort）来分别获得远程地址和端口值。

服务器端脚本文件的主要代码如下。

【代码7-12】（详见源代码目录ch07-node-net-remoteaddr-server.js文件）

```
01  /**
02   * ch07-node-net-remoteaddr-server.js
03   */
04  console.info("------   net socket.remoteaddress()   ------");
05  console.info();
06  var net = require('net');   //引入网络（net）模块
07  var HOST = '127.0.0.1';     //定义服务器地址
08  var PORT = 6677;            //定义端口号
09  /**
10   * 创建 TCP 服务器
11   */
12  var server = net.createServer();
13  /**
14   * 监听 listening 事件
15   */
16  server.on('listening', function() {
```

```
17      console.log('Server is listening on port', PORT);
18      console.info();
19  });
20  /**
21   * 监听 connection 事件
22   */
23  server.on('connection', function(socket) {
24      console.log('Server has a new connection');
25      console.info();
26      console.info("socket.remoteAddress is " + socket.remoteAddress);
27      console.info();
28      console.info("socket.remotePort is " + socket.remotePort);
29      console.info();
30      server.close();
31  });
//……此处省略部分绑定事件的代码
49  server.listen(PORT, HOST);
```

【代码分析】

- 第 26 行与第 28 行代码使用 socket.remoteAddress 和 socket.remotePort 属性来获得远程地址和端口值。

单击工具栏中的“运行（Run）”命令按钮，通过“运行、调试和控制台输出”查看信息输出，如图 7.17 所示。

如图 7.17 所示，通过 socket.localAddress 和 socket.localPort 属性成功打印输出了远程地址信息（远程地址为 127.0.0.1，远程端口为 57320）。其中，远程地址与服务器端地址一致，这是因为我们的服务器与客户端是在同一台主机上测试的。

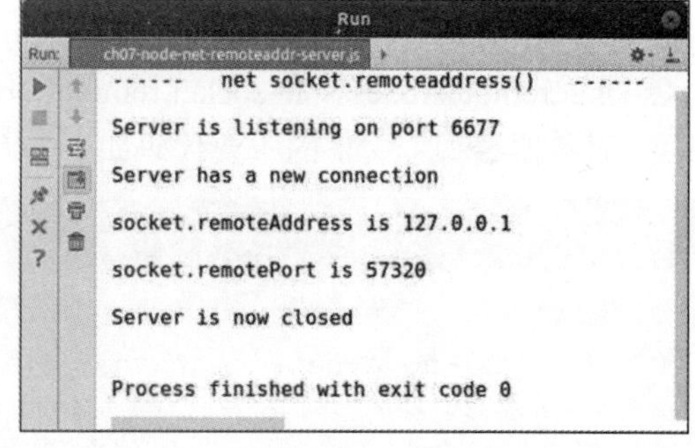

图 7.17　获取远程地址参数的方法

关于远程地址和端口，感兴趣的读者可以在不同的主机上测试，看看 socket.remoteAddress 属性的取值。

7.11　使用套接字写数据

在本节中，我们介绍使用套接字写数据的方法。在 Node.js 框架中，网络（net）模块提供了 socket.write()方法用于在服务器端与客户端进行相互写数据的操作，同时还提供了多个属性（例如 socket.bytesRead、socket.bytesWritten 等）来获取相关的数据特性。

在下面的代码实例中，我们将创建两个 JS 脚本文件，一个用于实现服务器端写数据的代码；另一个用于实现客户端写数据的代码。

服务器端脚本文件的主要代码如下。

【代码 7-13】（详见源代码目录 ch07-node-net-socketwrite-server.js 文件）

```
01  /**
02   * ch07-node-net-socketwrite-server.js
03   */
04  console.info("------   net socketwrite   ------");
05  console.info();
06  var net = require('net');                 //引入网络（net）模块
07  var HOST = '127.0.0.1';                   //定义服务器地址
08  var PORT = 8877;                          //定义端口号
09  /**
10   * 创建 TCP 服务器
11   */
12  var server = net.createServer();
13  /**
14   * 监听 listening 事件
15   */
16  server.on('listening', function() {
17     console.log('Server is listening on port', PORT);
18     console.info();
19  });
20  /**
21   * 监听 connection 事件
22   */
23  server.on('connection', function(socket) {
24     console.log('Server has a new connection');
25     console.info();
26     /**
27      * 为 socket 实例添加一个 data 事件处理函数
28      */
29     socket.on('data', function(data) {
30         /**
31          * 打印输出由客户端发来的数据字节长度
32          */
33         console.info('socket.bytesRead is ' + socket.bytesRead);
34         console.info();
35         /**
36          * 打印输出由客户端发来的数据
37          */
38         console.info('DATA ' + socket.remoteAddress + ' : "' + data + '"');
```

```
39          console.info();
40          /**
41           * 回发该数据,客户端将收到来自服务端的数据
42           */
43          socket.write('Server write : "' + data + '"');
44          /**
45           * 打印输出回发到客户端的数据字节长度
46           */
47          console.info('socket.bytesWritten is ' + socket.bytesWritten);
48          console.info();
49      });
50      /**
51       * 关闭服务器
52       */
53      server.close();
54  });
//……此处省略部分绑定事件的代码
65  server.listen(PORT, HOST);
```

【代码分析】

- 第 29～49 行代码通过参数 socket 绑定了 data 事件来监听由客户端发来的数据信息，其回调函数中定义的参数 data 用来表示客户端发来的数据信息，具体说明如下：
  - 第 33 行代码使用 socket.bytesRead 属性来获得客户端发来的数据信息的字节长度值。
  - 第 38 行代码通过参数“data”印输出了由客户端发来的数据信息。
  - 第 43 行将客户端发来的数据进行改写后，再回传给客户端。
  - 第 47 行使用 socket.bytesWritten 属性打印输出回传给客户端数据信息的字节长度值。
- 第 53 行调用 server.close()方法关闭服务器。

另外，本代码实例还包括一个简单的客户端脚本文件，主要用于完成与服务器端相互收发数据的功能。

客户端脚本文件的主要代码如下。

【代码 7-14】（详见源代码目录 ch07-node-net-socketwrite-client.js 文件）

```
01  /**
02   * ch07-node-net-socketwrite-client.js
03   */
04  console.info("------   net socketwrite   ------");
05  console.info();
06  var net = require("net");                //引入网络（net）模块
```

```
07  var HOST = '127.0.0.1';                    //定义服务器地址
08  var PORT = 8877;                           //定义端口号
09  var sWriteContent = "client write : Hello Server!";       //定义字符串数据
10  /**
11   * 使用 net.connect()方法创建一个 TCP 客户端实例
12   */
13  var client = net.connect(PORT, HOST, function() {
14      console.log('client connected');
15      console.info();
16      client.write(sWriteContent);
17  });
18  /**
19   * 为 TCP 客户端实例添加一个 data 事件处理函数
20   */
21  client.on('data', function(data) {
22      console.log(data.toString());
23      console.info();
24      console.info('socket.bytesRead is ' + client.bytesRead);
25      console.info();
26      client.end();
27  });
28  /**
29   * 为 TCP 客户端实例添加一个 end 事件处理函数
30   */
31  client.on('end', function() {
32      console.log('client disconnected');
33      console.info();
34  });
```

【代码分析】

- 第 13～17 行代码通过调用 net.connect()方法创建了一个基本的 TCP 客户端连接，并将返回的客户端套接字对象赋值变量 client。其中，第 16 行通过使用 client.write()方法向服务器端发送数据，该方法其实是 socket.write()方法，因为 client 参数就是一个套接字对象。
- 第 21～27 行代码为变量 client 添加了数据 data 事件的处理函数，在客户端打印输出服务器端发来的数据。其中，第 26 行调用了 client.end()方法关闭了客户端；第 24 行在客户端通过使用 socket.bytesRead 属性来获得服务器端发来的数据信息的字节长度值。

图 7.18　使用套接字写数据的方法（服务器端初始化）

图 7.18 是服务器端刚刚初始化的结果。图 7.19 是客户端代码运行后的结果。图 7.20 演示的是客户端连接完成后，服务器端的状态变化。

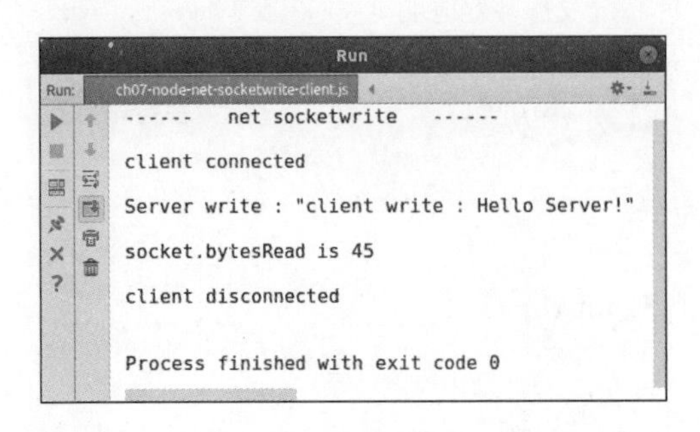

图 7.19　使用套接字写数据（客户端）

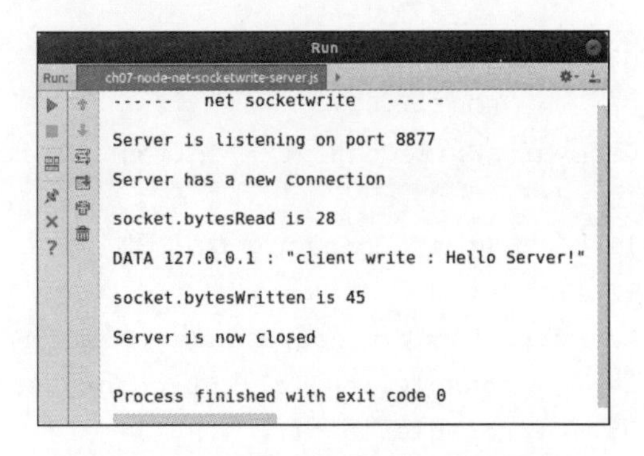

图 7.20　使用套接字写数据（服务器端）

如图 7.18 所示，我们先启动服务器端代码，运行后打印输出提示信息“Server is listening on port 8877”。

在服务器成功启动后，我们再运行客户端代码（如图 7.19 所示），打印输出了提示信息“client connected”。

在客户端成功启动后，客户端第 16 行代码向服务器端发送了数据信息（client write : Hello Server!）。

此时，服务器被客户端连接成功，服务器端代码依次打印输出了若干条提示信息（如图 7.20 所示），其中第 33 行代码打印输出了客户端发来数据信息的字节长度“socket.bytesRead is 28)，第 38 行代码打印输出了数据信息的内容(DATA 127.0.0.1 : "client write : Hello Server!")。

服务器端第 43 行代码向对接收到的客户端数据进行了加工，并回写给了客户端，并在第 47 行代码打印输出了回写到客户端数据信息的字节长度（socket.bytesWritten is 45），如图 7.20 所示。

客户端第 22 行代码对服务器端回写的数据进行了打印输出（Server write : "client write : Hello Server!"），并在第 24 行代码打印输出了客户端收到的数据信息的字节长度（socket.bytesWritten is 45），如图 7.19 所示。

socket.bytesRead 与 socket.bytesWritten 属性分别用于表示套接字接收和发送数据的字节长度。

7.12　控制套接字数据流的应用

在本节中，我们介绍控制套接字数据流的应用。在 TCP/IP 网络编程应用中，控制数据流是非常重要的功能，其可以在文件上传和下载操作中提供完整的支持。在 Node.js 框架中，网络（net）模块提供了 socket.pause()与 socket.resume()方法用于暂停和恢复 data 事件的操作，同时还提供了多个属性（例如 socket.bytesRead、socket.bytesWritten 等）来获取相关的数据特性。

在下面的代码实例中，我们将创建多个 JS 脚本文件，其中一个用于实现服务器端控制数据流的代码，另外几个用于实现客户端发起数据流的代码。

服务器端脚本文件的主要代码如下。

【代码 7-15】（详见源代码目录 ch07-node-net-socketdata-server.js 文件）

```
01  /**
02   * ch07-node-net-socketdata-server.js
03   */
04  console.info("------   net socketdata   ------");
05  console.info();
06  var net = require('net');                    //引入网络（net）模块
07  var HOST = '127.0.0.1';                      //定义服务器地址
08  var PORT = 8877;                             //定义端口号
09  var bSockData = true;
10  /**
11   * 创建 TCP 服务器
12   */
13  var server = net.createServer();
14  /**
15   * 监听 listening 事件
16   */
17  server.on('listening', function() {
18      console.log('Server is listening on port', PORT);
19      console.info();
20  });
21  /**
22   * 监听 connection 事件
23   */
24  server.on('connection', function(socket) {
25      console.log('Server has a new connection');
26      console.info();
27      if(bSockData) {
28          socket.resume();
29          bSockData = false;
30      } else {
31          socket.pause();
32          bSockData = true;
33      }
34      /**
35       * 为 socket 实例添加一个 data 事件处理函数
36       */
37      socket.on('data', function(data) {
38          /**
39           * 打印输出由客户端发来的消息
40           */
41          if(socket.bytesRead > 32) {
```

```
42              console.info('DATA ' + socket.remoteAddress + ' : "' + "is too
    long!" + '"');
43              console.info();
44          } else {
45              console.info('DATA ' + socket.remoteAddress + ' : "' + data + '"');
46              console.info();
47          }
48          /**
49           * 回发该数据,客户端将收到来自服务端的数据
50           */
51          socket.write('Server write : "' + data + '"');
52      });
53      /**
54       * 关闭服务器
55       */
56      //server.close();
57  });
//……此处省略部分绑定事件的代码
68  server.listen(PORT, HOST);
```

【代码分析】

- 第 24～57 行代码通过变量 server 绑定 connection 事件来监听来自客户端的连接请求，其回调函数中定义了套接字参数 socket，具体说明如下：
  - 第 27～33 行代码通过 if-else 条件判断语句依次调用 socket.pause()与 socket.resume()方法，完成依次暂停或恢复套接字 data 事件的操作。socket.pause()方法和 socket.resume()方法的语法如下：

```
socket.pause();             // 暂停套接字（socket）data 事件
socket.resume();            // 恢复套接字（socket）data 事件
```

  - 第 41～47 行代码使用 if-else 条件判断语通过 socket.bytesRead 属性值来判断客户端发来的数据信息的字节长度值，凡是长度大于 32 的，就不在服务器端打印输出该数据信息。
  - 第 51 行代码将客户端发来的数据进行改写后，再回传给客户端。
  - 另外，为了保证服务器一直处于监听状态，注销了第 56 行的关闭服务器（server.close()）的代码。

图 7.21 是服务器端刚刚初始化的结果。

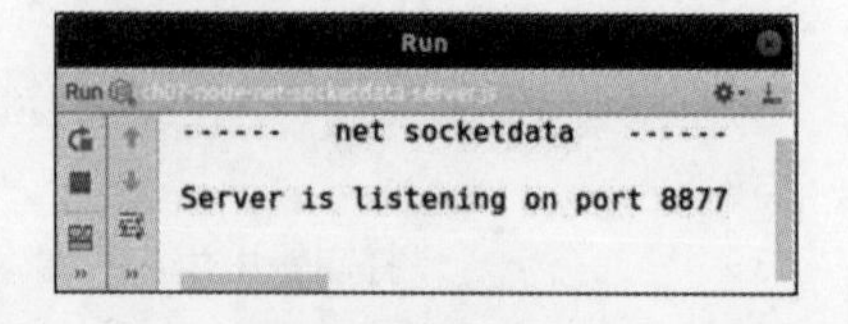

图 7.21　控制套接字数据流的应用（服务器端初始化）

下面简单介绍本应用的几个客户端脚本文件，其主要用于完成与服务器端相互收发数据的功能。这几个客户端与之前几个应用例程的客户端代码功能类似，需要说明的是代码中定义了一个字符串数据“client write : Hello Server A!”，该字符串用于由客户端向服务器端发送数据时使用。

图 7.22 是运行客户端 A 后的结果。

图 7.23 演示的是客户端连接完成后，服务器端的状态变化。

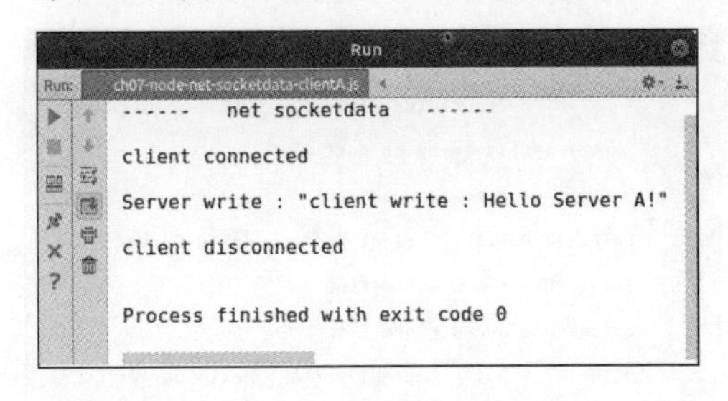

图 7.22 控制套接字数据流的应用（客户端 A）

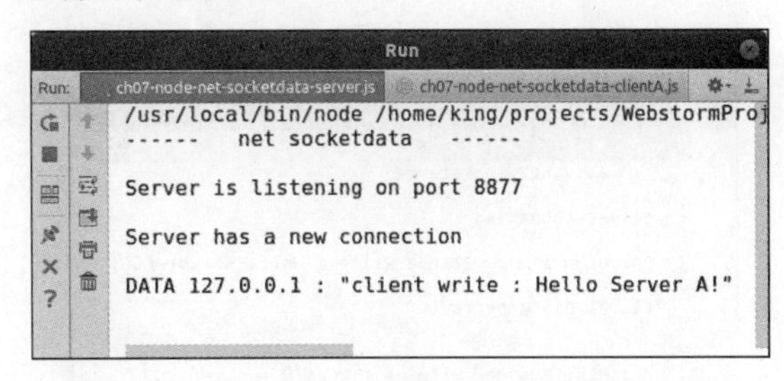

图 7.23 控制套接字数据流的应用（服务器端）

如图 7.23 所示，在客户端 A 成功连接到服务器后，服务器端打印输出了相关提示信息以及客户端发来的数据信息“DATA 127.0.0.1 : "client write : Hello Server A!"”。而客户端也打印输出了服务器端回写的数据信息“Server write : "client write : Hello Server A!"”，如图 7.22 所示。

这里，需要读者明确的是，服务器端代码中的变量 bSockData 此时已经被设置为 false，因此 socket.pause()方法被执行，此时套接字 data 事件被暂停触发了。

下面我们启动第 2 个客户端的 B 脚本文件，该脚本文件的代码与客户端 A 的代码基本一样，仅仅是代码里定义了一个新的字符串数据“client write : Hello Server BB!”。

图 7.24 演示的是客户端 B 输出的结果，注意到仅仅打印输出了连接服务器成功的提示信息“client connected”，并没有打印输出服务器回写的数据信息。

因此，我们要了解一下服务器端发生了什么情况。图 7.25 演示的是客户端 B 成功连接到服务器后，服务器端代码调试输出的结果变化情况。

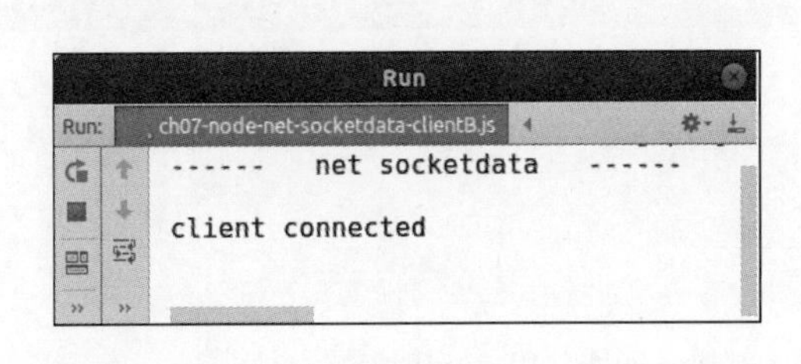

图 7.24 控制套接字数据流的应用（客户端 B）

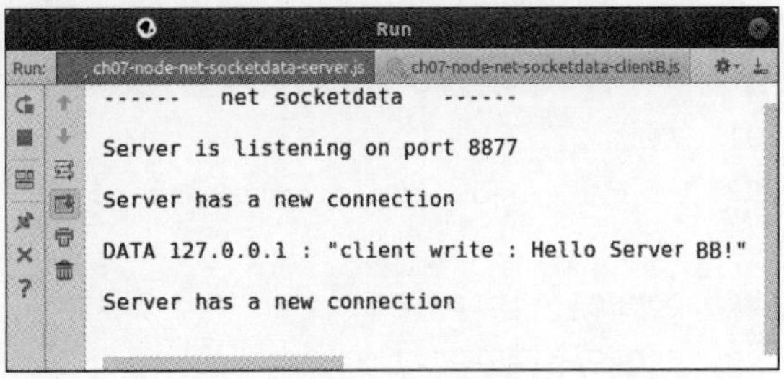

```
------ net socketdata ------
Server is listening on port 8877
Server has a new connection
DATA 127.0.0.1 : "client write : Hello Server BB!"
Server has a new connection
```

图 7.25 控制套接字数据流的应用（服务器端）

从图 7.25 打印输出的结果可以看到，客户端 B 肯定成功连接到了服务器，服务器也打印输出了成功连接的提示信息，但仅仅是连接成功了，而数据操作并没有任何实际响应。套接字 data 事件确实被暂停了，由于 socket.pause()方法的执行，因此 data 事件没有被客户端 B 触发。

到这里还没有结束，继续本代码实例的测试。我们运行第 3 个客户端 C 脚本文件，尝试恢复 data 事件；第 3 个客户端 C 脚本文件与前两个客户端脚本文件类似，仅仅是代码中定义了一个新的字符串数据“client write : Hello Server CCC!”。

图 7.26 演示的是本客户端 C 连接服务器成功的提示信息“client connected”，还打印输出了服务器回写的数据信息“Server write : "client write : Hello Server CCC!"”。

下面我们看一下服务器端发生了什么变化。图 7.27 演示的是客户端 C 成功连接到服务器后，服务器端代码调试输出的结果变化情况。

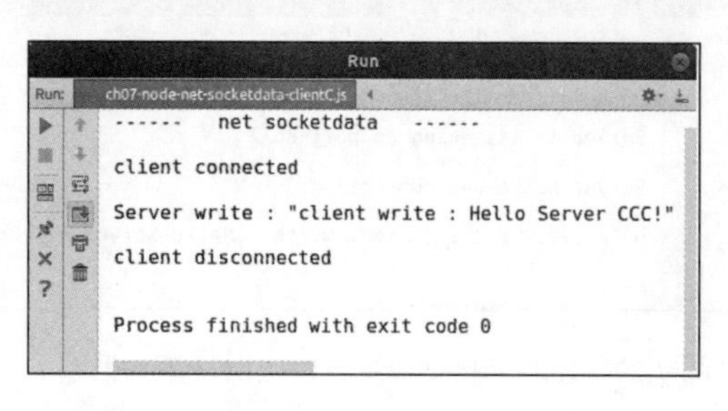

图 7.26　控制套接字数据流的应用（客户端 C）

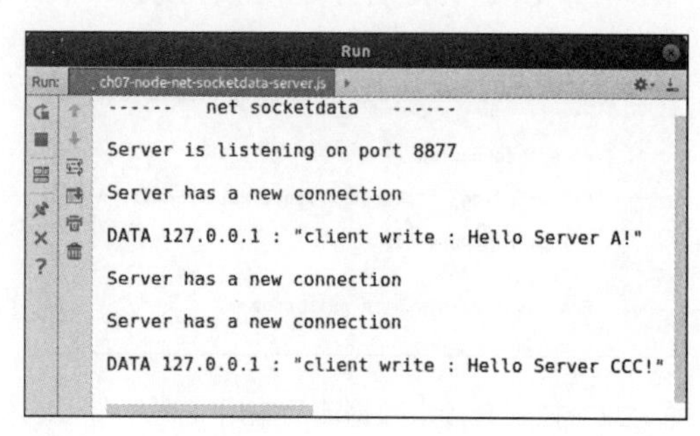

图 7.27　控制套接字数据流的应用（服务器端）

如图 7.27 所示，在客户端 C 成功连接到服务器后，服务器端打印输出了相关提示信息以及客户端发来的数据信息“DATA 127.0.0.1 : "client write : Hello Server CCC!"”。

7.13　创建 UDP 服务器

首先，我们从基本的创建 UDP 服务器开始介绍。所谓 UDP（User Datagram Protocol），是指用户数据报协议，是开放式系统互联（Open System Interconnection，OSI）参考模型中一种无连接的传输层协议，提供面向事务的简单不可靠信息传送服务。

Node.js 框架提供了一个数据报套接字（UDP/Datagram）模块来支持 UDP 协议，通过 UDP/Datagram 模块的 dgram.createSocket()方法来完成创建 UDP 服务器的功能。

在下面的代码实例中，我们使用 dgram.createSocket()方法来执行创建数据报套接字的操作。

【代码 7-16】（详见源代码目录 ch07-node-udp-createSocket.js 文件）

```
01  /**
02   * ch07-node-udp-createSocket.js
03   */
04  console.info("------   UDP Server   ------");
05  console.info();
06  var dgram = require('dgram');             //引入网络（UDP）模块
07  var HOST = '127.0.0.1';                   //定义服务器地址
08  var PORT = 12345;                         //定义端口号
09  /**
10   * 创建 UDP 服务器
11   */
12  console.info('Now create UDP Server...');
13  console.info();
14  /**
15   * 使用 dgram.createSocket()方法创建一个 UPD 服务器
16   */
```

```
17  var server = dgram.createSocket('udp4');
18  /**
19   * 为UDP服务器添加一个listening事件处理函数
20   */
21  server.on('listening', function () {
22      console.log('UDP Server listening on...');
23      console.info();
24  });
25  /**
26   * 为UDP服务器添加一个message事件处理函数
27   */
28  server.on('message', function (message, remote) {
29      console.info('emitted "message" event...');
30      console.info();
31      server.close();
32  });
33  /**
34   * 为UDP服务器添加一个error事件处理函数
35   */
36  server.on('error', function(err) {
37      console.log("server error:\n" + err.stack);
38      console.info();
39      server.close();
40  });
41  /**
42   * 为UDP服务器添加一个close事件处理函数
43   */
44  server.on('close', function() {
45      console.log('server closed');
46      console.info();
47  });
48  /**
49   * 为UDP服务器绑定主机和端口
50   */
51  server.bind(PORT, HOST);
```

【代码分析】

- 第06行代码引入UDP/Datagram模块，同时赋值变量（dgram）。
- 第07行代码定义了服务器地址名称（HOST=127.0.0.1），该地址为本机服务器地址。
- 第17行代码通过调用dgram.createSocket()方法创建了一个udp4类型的数据报套接字，并将其返回值赋值变量server。
- 第51行代码通过调用server.bind()方法在指定的主机和端口上绑定UDP数据报。

- 第 28～32 行代码通过变量 server 绑定 message 事件的处理函数，在服务器端通过 message 事件接收客户端发送的数据报。第 31 行通过调用 server.close()方法关闭 UDP 服务器。

单击工具栏中的“运行（Run）”命令按钮，通过“运行、调试和控制台输出”查看信息输出，如图 7.28 所示。

如图 7.28 所示，本代码实例没有定义实际操作代码，也没有定义客户端，因此服务器启动后仅仅打印了一行提示信息“Now create UDP Server...”。第 51 行代码中的 server.bind()函数反复执行后，变量 server 绑定的 listening 事件被触发。第 22 行代码执行后打印输出了提示信息“UDP Server listening on...”。

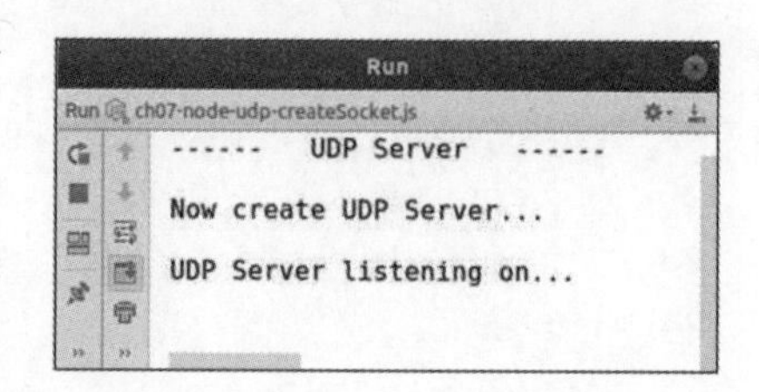

图 7.28　创建 UDP 服务器的基本方法（服务器端）

本例程中使用到了 udp4 与 udp6 类型参数，分别对应 IPv4 与 IPv6 协议组。在使用 dgram.createSocket()方法创建数据报套接字时，需要选择 udp4 与 udp6 类型参数其中的一种。目前，由于 IPv4 协议组还在被广泛地使用中，因此 dgram.createSocket()方法一般选择 udp4 类型参数。

7.14　创建 UDP 客户端

在本节中，继续介绍创建基本的 UDP 客户端的方法。Node.js 框架提供了一个数据报套接字（UDP/Datagram）模块来支持 UDP 协议，通过 UDP/Datagram 模块的 dgram.createSocket() 方法来完成创建 UDP 客户端的功能。

在下面的代码实例中，我们继续通过 dgram.createSocket()方法来完成创建 UDP 客户端的操作。

【代码 7-17】（详见源代码目录 ch07-node-udp-createSocket-client.js 文件）

```
01  /**
02   * ch07-node-udp-createSocket-client.js
03   */
04  console.info("------  UDP Client  ------");
05  console.info();
06  var dgram = require('dgram');     //引入网络（UDP）模块
07  var HOST = '127.0.0.1';           //定义服务器地址
08  var PORT = 12345;                 //定义端口号
09  var message = new Buffer('UDP Client to Server : Hello Server!');
                                      //定义数据包
10  /**
11   * 创建 UDP 客户端
12   */
13  console.info('Now create UDO Client...');
```

```
14 console.info();
15 /**
16  * 使用 dgram.createSocket 方法创建一个 UDP 客户端
17  */
18 var client = dgram.createSocket('udp4');
19 /**
20  * 向服务器发送 UDP 数据报
21  */
22 client.send(message, 0, message.length, PORT, HOST, function(err, bytes) {
23     if(err) {
24         throw err;
25     }
26     console.log('UDP message sent to...');
27     console.info();
28     /**
29      * 关闭客户端
30      */
31     client.close();
32 });
33 /**
34  * 为 UDP 客户端添加一个 close 事件处理函数
35  */
36 client.on('close', function() {
37     console.log('client disconnected');
38     console.info();
39 });
```

【代码分析】

- 第 18 行代码通过调用 dgram.createSocket()方法创建了一个 udp4 类型的数据报套接字，并将其返回值赋值变量（client）。
- 第 22～32 行代码通过调用 client.send()方法在指定的主机和端口上向服务器端发送数据报。
- 第 31 行代码通过调用 client.close()方法关闭客户端。

单击工具栏中的“运行（Run）”命令按钮，通过“运行、调试和控制台输出”查看信息输出，如图 7.29 所示。

如图 7.29 所示，本例程没有添加实际操作代码，也没有可连接的服务器，因此客户端启动后仅仅打印了一行提示信息“Now create UDP Client...”。第 22 行代码中的 client.send()方法被执行后，依次打印输出了提示信息“UDP message sent to...”。

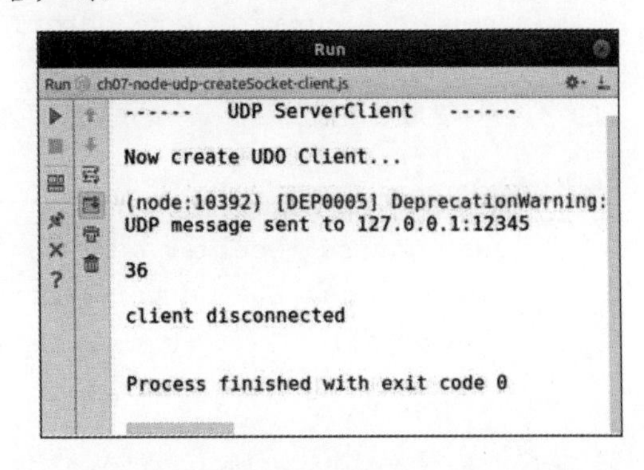

图 7.29 创建 UDP 客户端的基本方法（客户端）

一个绑定了的数据报套接字会保持 node 进程运行来接收数据报，若使用 socket.send()方法绑定失败，则一个 error 事件会被产生，在极少的情况下（例如，客户端尝试绑定一个已关闭的套接字），该方法会抛出一个 error 事件。

7.15 创建简单的 UDP 应用

在本节中，我们基于前两节内容创建一个简单的基于 UDP 协议的通信应用。这个应用具有基本的服务器端与客户端通信交互的功能，通过这个应用例程，读者将会了解到 Node.js 框架是如何实现 UDP 通信功能的。

在下面的代码实例中，我们将创建两个 JS 脚本文件，一个用于实现服务器端的代码；另一个用于实现客户端代码。

服务器端脚本文件的主要代码如下。

【代码 7-18】（详见源代码目录 ch07-node-udp-server.js 文件）

```
01  /**
02   * ch07-node-udp-server.js
03   */
04  console.info("------   UDP ServerClient   ------");
05  console.info();
06  var dgram = require('dgram');          //引入网络（UDP）模块
07  var HOST = '127.0.0.1';                //定义服务器地址
08  var PORT = 12345;                      //定义端口号
09  /**
10   * 创建 UDP 服务器
11   */
12  console.info('Now create UDO Server...');
13  console.info();
14  /**
15   * 使用 dgram.createSocket()方法创建一个 UPD 服务器
16   */
17  var server = dgram.createSocket('udp4');
18  /**
19   * 为 UDP 服务器添加一个 listening 事件处理函数
20   */
21  server.on('listening', function () {
22      var address = server.address();
23      console.log('UDP Server listening on ' + address.address + ":" +
    address.port);
24      console.info();
25  });
26  /**
```

```
27   * 为 UDP 服务器添加一个 message 事件处理函数
28   */
29  server.on('message', function (message, remote) {
30  console.log("UDP Server received from " + remote.address + ':' + remote.port);
31      console.log(" - " + message);
32      console.info();
33      server.close();
34  });
35  /**
36   * 为 UDP 服务器添加一个 error 事件处理函数
37   */
38  server.on('error', function(err) {
39      console.log("server error:\n" + err.stack);
40      server.close();
41  });
42  /**
43   * 为 UDP 服务器添加一个 close 事件处理函数
44   */
45  server.on('close', function() {
46      console.log('server closed');
47      console.info();
48  });
49  /**
50   * 为 UDP 服务器绑定主机和端口
51   */
52  server.bind(PORT, HOST);
```

【代码分析】

- 第 21～25 行代码通过变量 server 绑定 listening 事件来监听服务器端口。其中，第 22 行代码通过调用 server.address()方法获得服务器地址和端口号，并在第 23 行代码输出了地址和端口信息。

socket.address()方法的语法说明如下：

```
socket.address();                // 返回套接字地址信息
```

socket.address()方法返回了一个包含套接字地址信息的对象。对于 UDP 套接字而言，这个对象包含地址（address）、地址簇（family）和端口号（port）这些数据信息。

客户端脚本文件的主要代码如下。

【代码 7-19】（详见源代码目录 ch07-node-udp-client.js 文件）

```
01  /**
02   * ch07-node-udp-client.js
03   */
```

```
04 console.info("------   UDP ServerClient   ------");
05 console.info();
06 var dgram = require('dgram');      //引入网络（UDP）模块
07 var HOST = '127.0.0.1';            //定义服务器地址
08 var PORT = 12345;              //定义端口号
09 var message = new Buffer('UDP Client to Server : Hello Server!');
10 /**
11  * 创建 UDP 客户端
12  */
13 console.info('Now create UDO Client...');
14 console.info();
15 /**
16  * 使用 dgram.createSocket 方法创建一个 UDP 客户端
17  */
18 var client = dgram.createSocket('udp4');
19 /**
20  * 向服务器发送 UDP 数据报
21  */
22 client.send(message, 0, message.length, PORT, HOST, function(err, bytes) {
23    if (err) throw err;
24    console.log('UDP message sent to ' + HOST +':'+ PORT);
25    console.info();
26    console.info(bytes);
27    console.info();
28    client.close();
29 });
30 /**
31  * 为 UDP 客户端添加一个 close 事件处理函数
32  */
33 client.on('close', function() {
34    console.log('client disconnected');
35    console.info();
36 });
```

【代码分析】

- 第 23 行代码通过回调函数 err 参数判断发送数据报是否出现异常。
- 第 24 行代码输出了客户端地址和端口信息。
- 第 26 行代码通过回调函数 bytes 参数打印输出了客户端发送到服务器端数据报的字节长度信息。
- 第 28 行代码通过调用 client.close()方法关闭客户端。

- 第 33～36 行代码通过变量 client 绑定了关闭 close 事件的处理函数，客户端关闭时会触发 close 事件。

首先，我们启动 UDP 服务器，如图 7.30 所示。

然后，我们启动 UDP 客户端，如图 7.31 所示。

从图 7.31 中显示的结果可以看到，不仅输出了发送数据报的服务器地址和端口的信息“UDP message sent to 127.0.0.1:12345”，还输出了数据报的字节长度（36）。

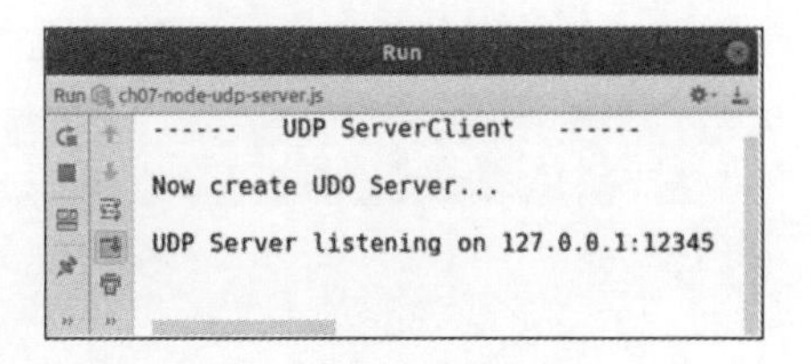

图 7.30 创建简单的 UDP 应用（服务器端初始化）

下面我们看一下服务器端发生了什么变化。图 7.32 演示的是客户端数据报成功发送到服务器后，服务器端代码调试输出的结果变化情况。

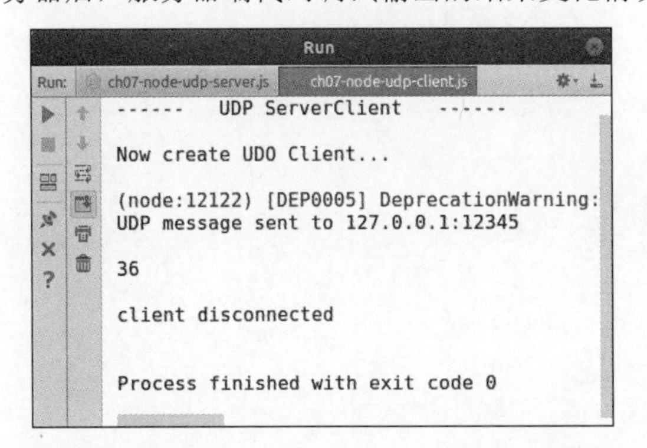

图 7.31 创建简单的 UDP 应用（客户端初始化）

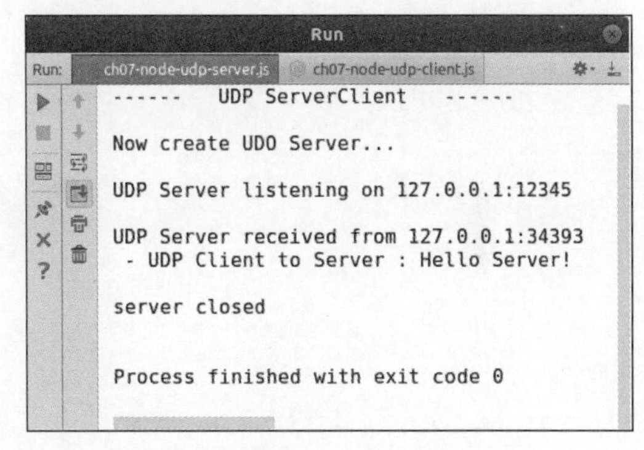

图 7.32 创建简单的 UDP 应用（服务器端）

如图 7.32 所示，服务器成功接收到客户端发来的数据报后，服务器端代码依次打印输出了若干条提示信息，其中第 30 行代码输出了客户端的地址和端口信息“UDP Server received from 127.0.0.1:34393”，第 31 行代码输出了客户端发来的数据报信息“UDP Client to Server : Hello Server!”。

通过本例程的演示结果可以看到，UDP 数据报与 TCP 数据包是有着非常明显的区别的，UDP 数据报发送到服务器后，服务器一般是不能回写给客户端的，而 TCP 数据包是完全可以的。当然，这点区别是符合 UDP 与 TCP 两种协议的设计原理的，UDP 协议就是为了快速而安全地发送大数据包而设计的，所以不需要考虑回写等复杂且影响效率的操作。

7.16 UDP 广播服务的实现

在前面几节的 UDP 代码实例中，我们使用的都是 UDP 单播服务方式。本节我们介绍 UDP 广播服务方式如何实现。所谓广播方式，就是将数据报发送到网络中的每一台主机上的方式，其与单播方式是相互对应的。Node.js 框架的 UDP/Datagram 模块提供了一个 socket.setBroadcast()方法来实现广播服务的功能。

在下面的代码实例中，我们将创建两个 JS 脚本文件，一个用于实现服务器端的代码；另一个用于实现客户端代码。

服务器端脚本文件的主要代码如下。

【代码 7-20】（详见源代码目录 ch07-node-udp-broadcast-server.js 文件）

```
01  /**
02   * ch07-node-udp-broadcast-server.js
03   */
04  console.info("------   UDP broadcast   ------");
05  console.info();
06  var dgram = require('dgram');           //引入网络（UDP）模块
07  var HOST = '127.0.0.1';                 //定义服务器地址
08  var PORT = 12345;                       //定义端口号
09  /**
10   * 创建 UDP 服务器
11   */
12  console.info('Now create UDO Server...');
13  console.info();
14  /**
15   * 使用 dgram.createSocket()方法创建一个 UDP 服务器
16   */
17  var server = dgram.createSocket('udp4');
18  /**
19   * 为 UDP 服务器添加一个 listening 事件处理函数
20   */
21  server.on('listening', function () {
22     var address = server.address();
23     console.log('UDP Server listening on ' + address.address + ":" +
    address.port);
24     console.info();
25  });
26  /**
27   * 为 UDP 服务器添加一个 message 事件处理函数
28   */
29  server.on('message', function (message, remote) {
30     console.log("UDP Server received from " + remote.address + ':' +
    remote.port);
31     console.log(" - " + message);
32     console.info();
33     server.close();
34  });
35  /**
36   * 为 UDP 服务器添加一个 error 事件处理函数
37   */
38  server.on('error', function(err) {
```

```
39     console.log("server error:\n" + err.stack);
40     server.close();
41  });
42  /**
43   * 为 UDP 服务器添加一个 close 事件处理函数
44   */
45  server.on('close', function() {
46     console.log('server closed');
47     console.info();
48  });
49  /**
50   * 为 UDP 服务器绑定主机和端口
51   */
52  server.bind(PORT);
```

【代码分析】

- 第 52 行代码通过调用 server.bind()方法在指定的端口上绑定 UDP 数据报，虽然第 07 行代码定义了服务器地址，由于服务器要接收客户端的广播数据报，因此 server.bind()方法仅仅绑定了端口号。

客户端脚本文件的主要代码如下。

【代码 7-21】（详见源代码目录 ch07-node-udp-broadcast-client.js 文件）

```
01  /**
02   * ch07-node-udp-broadcast-client.js
03   */
04  console.info("------   UDP broadcast   ------");
05  console.info();
06  var dgram = require('dgram');                //引入网络（UDP）模块
07  var HOST = '255.255.255.255';                //定义服务器地址
08  var PORT = 12345;                            //定义端口号
09  var message = new Buffer('UDP Client to Server : Hello Server!');
10  /**
11   * 创建 UDP 客户端
12   */
13  console.info('Now create UDO Client...');
14  console.info();
15  /**
16   * 使用 dgram.createSocket 方法创建一个 UDP 客户端
17   */
18  var client = dgram.createSocket('udp4');
19  /**
20   * 绑定套接字方法函数
```

```
21  */
22 client.bind(function () {
23     client.setBroadcast(true);
24 });
25 /**
26  * 向服务器发送 UDP 数据报
27  */
28 client.send(message, 0, message.length, PORT, HOST, function(err, bytes) {
29     if (err) throw err;
30     console.log('UDP message sent to ' + HOST +':'+ PORT);
31     console.info();
32     console.info(bytes);
33     console.info();
34     client.close();
35 });
36 /**
37  * 为 UDP 客户端添加一个 close 事件处理函数
38  */
39 client.on('close', function() {
40     console.log('client disconnected');
41     console.info();
42 });
```

【代码分析】

- 第 22～24 行代码调用了 client.bind()方法，并在该方法的回调函数中通过调用 client.setBroadcast()方法将数据报发送到广播网络中的每一台主机。socket.setBroadcast()方法的语法如下：

```
socket.setBroadcast(flag);              //发送广播数据报
```

socket.setBroadcast()方法用于向广播网络上发送数据报。其中，参数 flag 用于设置或清除 SO_BROADCAST 套接字选项，若该选项被设置，则 UDP 数据报可能被发送到一个本地接口的广播地址。

- 在第 23 行代码中，由于 client.setBroadcast()方法的 flag 参数被设置为 true，因此第 28～35 行代码通过调用 client.send()方法将向广播网络发送数据报。
- 第 34 行代码通过调用 client.close()方法关闭客户端。

图 7.33 演示的是本例程服务器端代码在 Ubuntu 环境下，使用 WebStorm 开发工具调试输出时，初始化的结果。首先，我们启动 UDP 服务器。

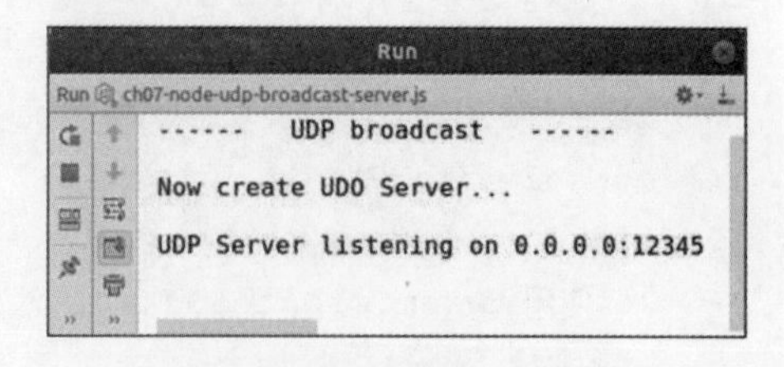

图 7.33　服务器端初始化

然后，我们启动 UDP 客户端，如图 7.34 所示。从图 7.34 的显示结果可以看到，不仅打印输出了发送广播数据报的服务器地址和端口的信息（UDP message sent to 255.255.255.255:12345），还打印输出了广播数据报的字节长度（36）；

下面我们看一下服务器端发生了什么变化。图 7.35 演示的是客户端数据报成功发送到服务器后，服务器端代码调试输出的结果变化情况。

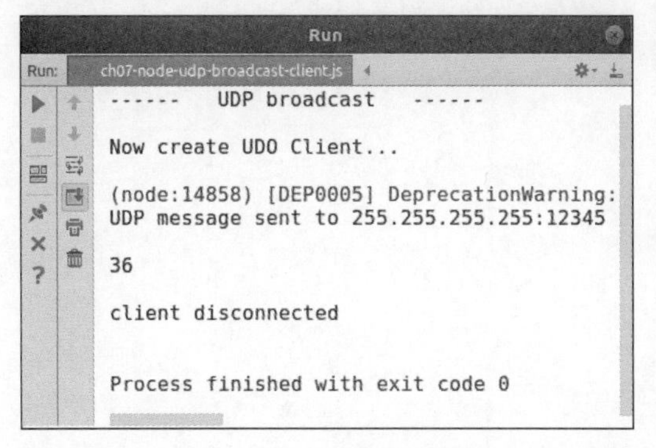

图 7.34 客户端

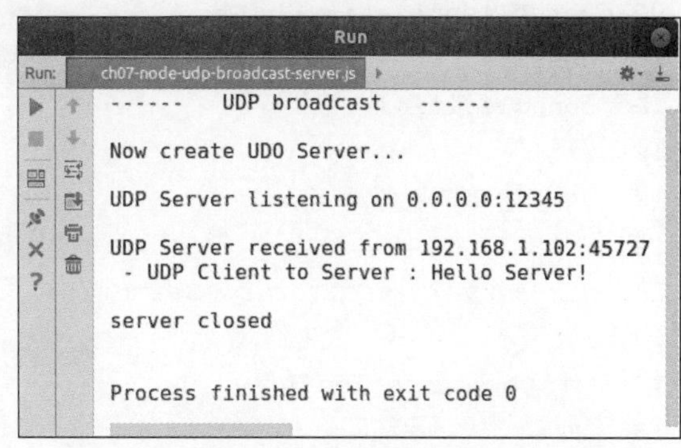

图 7.35 UDP 广播服务的实现（服务器端）

如图 7.35 所示，服务器成功接收到客户端发来的广播数据报后，服务器端代码依次打印输出了若干条提示信息，其中第 30 行代码输出了客户端的地址和端口信息“UDP Server received from 192.168.0.2:45727“，第 31 行代码输出了广播数据报信息“UDP Client to Server : Hello Server!”。

UDP“广播”与 UDP“单播”的区别是通信的 IP 地址不同，广播使用广播地址 255.255.255.255，将消息发送到在同一广播网络上的每个主机。另外，值得强调的是本地广播信息是不会被路由器转发的，当然这是十分容易理解的，因为路由器转发了广播信息势必会引起网络瘫痪，这也是为什么 IP 协议的制定者没有人为地定义广域网的广播机制。

7.17 模仿简单的聊天室应用

在本节中，我们基于 TCP 协议模仿简单的聊天室应用。网络聊天室是大家所熟知的互联网通信应用，例如早期的门户网站都提供过聊天室的服务。但随着 P2P 聊天工具的出现，聊天室已经慢慢淡出大家的视线了，不过在类似游戏大厅这样的互联网应用中，聊天室还是一项很必要的服务。

本下面的代码实例中，我们使用 Node.js 框架的网络（net）模块来实现，通过 net 模块提供的一些方法来完成关键的功能。

【代码 7-22】（详见源代码目录 ch07-node-net-chat.js 文件）

```
01  /**
02   * ch07-node-net-chat.js
03   */
04  console.info("------   net chat room   ------");
05  console.info();
```

```
06  var net = require('net');                    //引入网络（net）模块
07  var HOST = '127.0.0.1';                      //定义服务器地址
08  var PORT = 6688;                             //定义端口号
09  var clientList = [];                         //定义客户端列表
10  console.info('Now create Chat Server...');
11  console.info();
12  /**
13   * 创建 TCP 服务器
14   */
15  var server = net.createServer();
16  /**
17   * 监听 connection 事件
18   */
19  server.on('connection', function(client) {
20      clientList.push(client);                                //socket 入栈
21    client.name=client.remoteAddress+':'+client.remotePort;
                                                                //保存客户端地址和端口
22      broadcast('hi,' + client.name + ' join in!\r\n', client);
                                                                //调用 broadcast()方法
23      client.write('hi,' + client.name + '!\r\n');           //向客户端发信息
24      /**
25       * 监听 data 事件
26       */
27      client.on('data', function(data) {
28          broadcast(client.name+'say:'+data+'\r\n',client);
                                                //调用 broadcast()方法
29      });
30      /**
31       * 监听 end 事件
32       */
33      client.on('end', function() {
34          broadcast('hi,' + client.name + ' quit!\r\n', client);
                                                //调用 broadcast()方法
35          clientList.splice(clientList.indexOf(client), 1);
                                                //删除客户端 socket
36      });
37  })
38  /**
39   * broadcast function - 向全部客户端发通知消息
40   * @param message
41   * @param client
42   */
43  function broadcast(message, client) {
```

```
44      var cleanup = [];
45      for(var i=0, len=clientList.length; i<len; i++) {
46          if(client !== clientList[i]) {
47              if(clientList[i].writable) {
48                  clientList[i].write(message);    //向客户端发送信息
49              } else {
50                  cleanup.push(clientList[i]);
51                  clientList[i].destroy();          //清除客户端 socket
52              }
53          }
54      }
55      for(var i=0, len=cleanup.length; i<len; i++) {
56          clientList.splice(clientList.indexOf(cleanup[i]), 1);
                                                      //删除客户端 socket
57      }
58  }
59  /**
60   * listen host and port
61   */
62  server.listen(PORT, HOST);
```

【代码分析】

- 第 20 行代码使用 push()方法将客户端套接字保存进数组变量 clientList 中。
- 第 21 行代码将远程客户端地址和端口信息保存在参数 client 的 name 属性中。
- 第 22 行代码调用 broadcast()自定义函数发送广播消息。
- 第 23 行代码向客户端回写数据信息，内容为第 21 行代码定义的 client.name 属性值。
- 第 27～29 行代码为参数 client 实例添加了数据 data 事件的处理函数，接收来自客户端发来的数据信息，并通过 broadcast()自定义函数向客户端发送广播消息。
- 第 43～58 行代码定义了一个名称为 broadcast()的自定义函数，具体说明如下：
  - 第 44 行代码定义了一个名称为 cleanup 的数组，用于保存被清除的客户端 Socket。
  - 第 45～54 行代码使用了一个 for 循环用于判断全部客户端 Socket，如果不是当前活动的客户端，就向其发送广播消息；如果客户端 Socket 为不可写状态，就使用 JavaScript 语言的 array.destory()方法将其删除。
  - 第 55～57 行代码使用了另一个 for 循环用于判断是否为被关闭的客户端 Socket，如果是，就使用 JavaScript 语言的 array.splice()方法将其删除。

下面先启动服务器端程序，如图 7.36 所示。

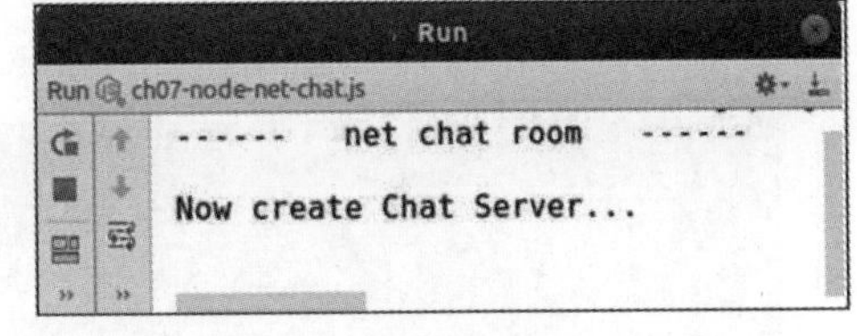

图 7.36　模仿简单的聊天室应用（服务器端）

从图 7.36 中的输出结果可以看到，服务器端启动后处于监听状态，并没有具体输出，仅仅打印了一行提示信息“Now create Chat Server...”。

然后，我们尝试启动 3 个控制台终端作为客户端，分别连接服务器端地址和端口号，客户端的启动方式如下：

```
语法：telnet 127.0.0.1 6688
```

第一个控制台终端客户端启动后，运行效果如图 7.37 所示。

从图 7.37 中显示的结果可以看到，服务器端向客户端发送了一条欢迎消息，打印输出了一行提示信息（hi, 127.0.0.1:51606!），其中 127.0.0.1 是客户端的地址，51606 是客户端的端口号。

接着，继续启动第二个控制台终端客户端，效果如图 7.38 所示。

```
king@king-ThinkPad-X220: ~
File Edit View Search Terminal Help
king@king-ThinkPad-X220:~$ telnet 127.0.0.1 6688
Trying 127.0.0.1...
Connected to 127.0.0.1.
Escape character is '^]'.
hi,127.0.0.1:51606!
```

图 7.37　模仿简单的聊天室应用（客户端 1）

```
king@king-ThinkPad-X220: ~
File Edit View Search Terminal Help
king@king-ThinkPad-X220:~$ telnet 127.0.0.1 6688
Trying 127.0.0.1...
Connected to 127.0.0.1.
Escape character is '^]'.
hi,127.0.0.1:51608!
```

图 7.38　模仿简单的聊天室应用（客户端 2）

从图 7.38 中显示的结果可以看到，服务器端同样向第二个客户端发送了一条欢迎消息，打印输出了一行提示信息“hi, 127.0.0.1:51608!”。

接着，返回看看第一个客户端有什么变化，其效果如图 7.39 所示。

从图 7.39 中显示的结果可以看到，服务器端向第一个客户端发送了一条广播消息，打印输出了一行提示信息“hi, 127.0.0.1:51608 join in!”，其实是告诉客户端一，客户端二加入聊天室了。

接着，启动第三个控制台终端客户端，效果如图 7.40 所示。

```
king@king-ThinkPad-X220: ~
File Edit View Search Terminal Help
king@king-ThinkPad-X220:~$ telnet 127.0.0.1 6688
Trying 127.0.0.1...
Connected to 127.0.0.1.
Escape character is '^]'.
hi,127.0.0.1:51606!
hi,127.0.0.1:51608 join in!
```

图 7.39　模仿简单的聊天室应用（客户端 1）

图 7.40　模仿简单的聊天室应用（客户端 3）

从图 7.40 中显示的结果可以看到，服务器端同样向第三个客户端发送了一条欢迎消息，打印输出了一行提示信息“hi, 127.0.0.1:51610!”。

接着，返回看看第一个和第二个客户端有什么变化，其效果如图 7.41 和图 7.42 所示。

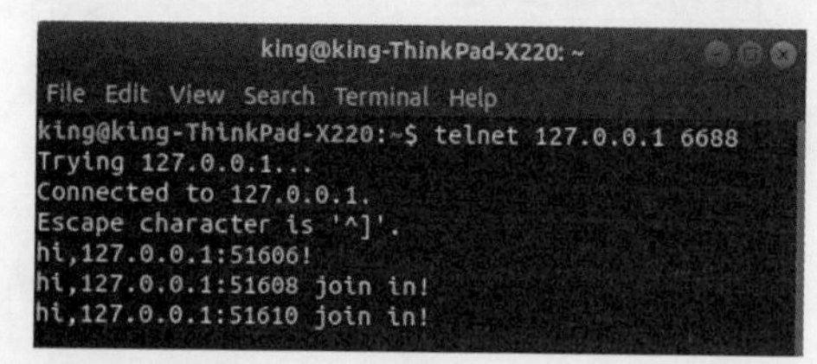

图 7.41　模仿简单的聊天室应用（客户端 1）

```
king@king-ThinkPad-X220: ~
File Edit View Search Terminal Help
king@king-ThinkPad-X220:~$ telnet 127.0.0.1 6688
Trying 127.0.0.1...
Connected to 127.0.0.1.
Escape character is '^]'.
hi,127.0.0.1:51608!
hi,127.0.0.1:51610 join in!
```

图 7.42　模仿简单的聊天室应用（客户端 2）

从图 7.41 和 7.42 中显示的结果可以看到，服务器端同时向第一个客户端和第二个客户端发送了一条广播消息，打印输出了一行提示信息“hi, 127.0.0.1:51610 join in!”，其实是告诉客户端一和客户端二，客户端三加入聊天室了。

接着，我们测试一下聊天功能，在客户端三的控制台终端中，输入字符串“Hello, Node.js”并按回车键，如图 7.43 所示。

最后，返回看看第一个和第二个客户端有什么变化，其效果如图 7.44 和图 7.45 所示。

```
king@king-ThinkPad-X220: ~
File Edit View Search Terminal Help
king@king-ThinkPad-X220:~$ telnet 127.0.0.1 6688
Trying 127.0.0.1...
Connected to 127.0.0.1.
Escape character is '^]'.
hi,127.0.0.1:51610!
Hello Node.js
```

图 7.43　模仿简单的聊天室应用（客户端 3）

```
king@king-ThinkPad-X220: ~
File Edit View Search Terminal Help
Trying 127.0.0.1...
Connected to 127.0.0.1.
Escape character is '^]'.
hi,127.0.0.1:51606!
hi,127.0.0.1:51608 join in!
hi,127.0.0.1:51610 join in!
127.0.0.1:51610 say:Hello Node.js
```

图 7.44　模仿简单的聊天室应用（客户端 1）

```
king@king-ThinkPad-X220: ~
File Edit View Search Terminal Help
Connected to 127.0.0.1.
Escape character is '^]'.
hi,127.0.0.1:51608!
hi,127.0.0.1:51610 join in!
127.0.0.1:51610 say:Hello Node.js
```

图 7.45　模仿简单的聊天室应用（客户端 2）

从图 7.44 和图 7.45 中显示的结果可以看到，服务器端将客户端三发送的广播消息，同时向第一个客户端和第二个客户端转发了，客户端一和客户端二则同时打印输出了一行提示信息“127.0.0.1:51610 say:Hello Node.js”，可见聊天室的基本功能已经实现了。

同样的，读者可以测试一下使用客户端一或客户端二发送广播消息的功能，与客户端三是完全一样的。

本例程仅仅实现了一个简单的聊天室功能，诸如单点对单点、单点对多点的通信功能没有加入其中，但实现的原理是基本一样的，读者可以进一步研究。

第 8 章 Web管理

本章介绍 Node.js 框架对于 Web 管理的支持，包括基于 HTTP 协议与 HTTPS 协议网络开发方面的应用。

8.1 Web 管理概述

本章我们向读者介绍应用 Node.js 框架进行 Web 开发的内容，主要是基于超文本传输协议（HyperText Transfer Protocol，HTTP）和安全套接字层超文本传输协议（Hyper Text Transfer Protocol over Secure Socket Layer，HTTPS）如何实现 Web 应用开发。因此，在阅读本章内容之前，读者应该了解一下 HTTP 与 HTTPS 协议的基本知识，便于加深对本章例程的理解。

Node.js 框架为设计人员提供了 HTTP 模块与 HTTPS 模块来实现 Web 应用，这两个模块基于 HTTP 协议与 HTTPS 协议开发，提供了一系列与 Web 应用开发相关的方法，通过这些方法可以构建各种功能的 Web 应用。

8.2 构建一个基本的 HTTP 服务器

首先，我们从构建一个基本的 HTTP 服务器开始介绍。所谓 HTTP，是指超文本传输协议，是构建于 TCP/IP 协议上的基本的互联网通信协议。HTTP 协议的应用十分广泛，很多互联网应用服务器（例如门户网站、社交网络、电子商城等）主要都是应用 HTTP 协议开发的，可见 HTTP 服务器的功能是多么强大。Node.js 框架提供了一个 HTTP 模块来支持 HTTP 协议，通过 HTTP 模块的 http.createServer()方法来完成创建 HTTP 服务器的功能。

在下面的代码实例中，我们使用 http.createServer()方法来创建基本的 HTTP 服务器。

【代码 8-1】（详见源代码目录 ch08-node-http-createServer-basic.js 文件）

```
01  /**
02   * ch08-node-http-createServer-basic.js
03   */
04  console.info("------   http - create basic server   ------");
05  console.info();
```

```
06 var http = require('http');       //引入http模块
07 /**
08  * 调用http.createServer()方法创建服务器
09  */
10 http.createServer(function(req, res) {
11     /**
12      * 通过res.writeHeader()方法写HTTP文件头
13      */
14     res.writeHead(200, {'Content-type' : 'text/html'});
15     /**
16      * 通过res.write()方法写页面内容
17      */
18     res.write('<h3>Node.js --- HTTP</h3>');
19     /**
20      * 通过res.end()方法发送响应状态码,并通知服务器消息完成
21      */
22     res.end('<p>Create Basic HTTP Server!</p>');
23 }).listen(6868);                   //监听6868端口号
```

【代码分析】

- 第06行代码引入http模块，同时赋值变量（http）。
- 第10～23行代码通过调用http.createServer()方法创建了一个基本的HTTP服务器。http.createServer()方法的语法如下：

```
http.createServer([requestListener]);      // 创建HTTP服务器
```

- http.createServer()方法用于创建一个HTTP服务器，并将参数requestListener作为request事件的监听函数。可选的参数requestListener是一个请求处理函数，自动添加到request事件，函数传递两个参数：第一个req参数用于请求对象，包含一些常用属性；第二个res参数用于响应对象，当收到请求后要做出响应。
- 第14行代码通过res.writeHead()方法写HTTP文件头。res.writeHeader()方法的语法如下：

```
response.writeHead(statusCode,[reasonPhrase],[headers]);//向请求回复响应头
```

- res.writeHeader()方法用于向请求回复响应头，第一个参数statusCode是一个3位数的HTTP状态码，例如404等；可选的第二个参数reasonPhrase用于表示原因短句；可选的第三个参数headers用于定义响应头的内容。
- 第18行代码通过调用res.write()方法写页面内容。res.write()方法的语法如下：

```
response.write(chunk, [encoding]);      // 发送一个响应体的数据块
```

- res.write()方法用于发送一个响应体的数据块，第一个参数chunk可以是字符串或者缓存；如果第一个参数chunk是一个字符串，可选的第二个参数encoding用于表示如何将这个字符串编码为一个比特流，默认的编码是utf8格式的。

- 第 22 行代码通过调用 res.end()方法发送页面内容，并通知 HTTP 服务器消息完成。res.end()方法的语法如下：

```
response.end([data], [encoding]);        // 发送一个响应体的数据块
```

- res.end()方法为每次响应完成之后必须调用的方法，如果指定了第一个参数 data，就相当于先调用 response.write(data, encoding)方法，再调用 response.end()方法；可选的第二个参数 encoding 用于表示如何将这个字符串编码为一个比特流，默认的编码是 utf8 格式的。当所有的响应报头和报文被发送完成时，res.end()方法将信号发送给服务器，服务器会认为这个消息完成了。
- 第 23 行代码通过调用 server.listen()方法监听端口。server.listen()方法的语法如下：

```
server.listen(port, [hostname], [backlog], [callback]);// 开始在指定的主机名和
端口接收连接
```

- server.listen()方法用于开始在指定的主机名和端口接收连接，第一个参数 port 是端口号，本例程端口为 6868；可选的第二个参数 hostname 用于表示主机名，本例程主机名为本机地址；可选的第三个参数 backlog 用于积压量，为连接等待队列的最大长度；这个函数是异步的，可选的第四个参数 callback 会被作为事件监听器添加到 listening 事件中。

单击工具栏中的“运行（Run）”命令按钮，通过“运行、调试和控制台输出”查看信息输出，如图 8.1 所示。

从图 8.1 中输出的结果可以看到，我们创建的 HTTP 服务器已经启动运行，不过没有任何屏幕输出。

然后，打开浏览器并在地址栏中输入地址：http://127.0.0.1:6868，如图 8.2 所示。

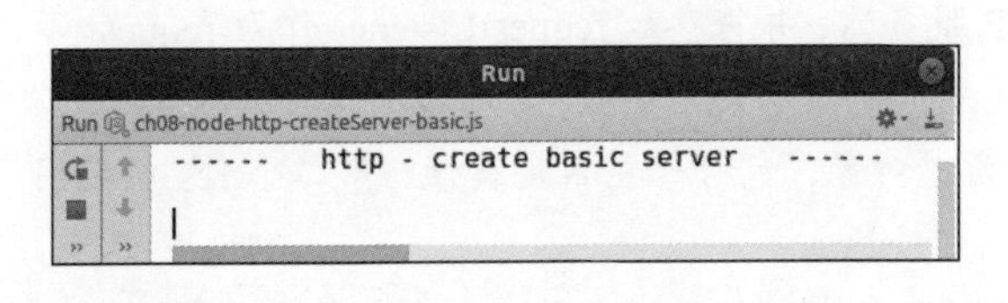

图 8.1　创建基本的 HTTP 服务器（Server）

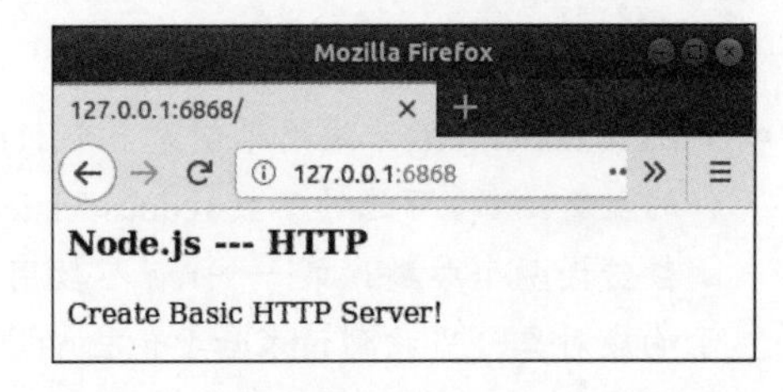

图 8.2　创建基本的 HTTP 服务器（浏览器）

从图 8.2 中可以看到，我们访问刚刚创建的服务器后，得到了服务器第 18 行代码与第 22 行代码的输出信息。

当第一次调用 response.write()方法时，将会发送缓存的 header 信息和第一个报文给客户端；当第二次调用 response.write()方法时，Node.js 框架假设用户将发送数据流，然后分别进行发送；这意味着响应缓存到第一次报文的数据块中。若 response.write()方法的所有数据被成功刷新到内核缓冲区，则返回 true；若所有或部分数据在用户内存里还处于队列中，则返回 false；当缓冲区再次被释放时，drain 事件会被分发。

8.3 编写一个简单的 HTTP 客户端

在 8.2 节中，我们介绍了如何创建基本的 HTTP 服务器，这一节我们介绍如何编写一个简单的 HTTP 客户端，有了客户端就可以访问服务器了。其实在 8.2 节中，测试 HTTP 服务器时使用的浏览器就是 HTTP 客户端，通过在浏览器地址栏输入服务器地址就可以访问服务器资源。

在本节中，我们通过编程的方法实现一个客户端，用来访问服务器资源。在 Node.js 框架中，主要通过 HTTP 模块的 http.request()方法来完成完成 HTTP 客户端的功能。

【代码 8-2】（详见源代码目录 ch08-node-http-request-basic.js 文件）

```
01  /**
02   * ch08-node-http-request-basic.js
03   */
04  console.info("------   http - create basic client   ------");
05  console.info();
06  var http = require('http');              //引入 http 模块
07  /**
08   * 定义服务器参数字段
09   * @type {{hostname: string, port: number, path: string, method: string}}
10   */
11  var options = {
12      hostname: 'localhost',          //定义服务器主机地址
13      port: 6868,                     //定义服务器主机端口号
14      path: '/',                      //定义服务器路径
15      method: 'POST'                  //定义服务器访问方式 i
16  };
17  /**
18   * 通过 http.request()方法
19   * 由客户端向 HTTP 服务器发起请求
20   */
21  var req = http.request(options, function(res) {
22      console.log('STATUS: ' + res.statusCode);
23      console.log('HEADERS: ' + JSON.stringify(res.headers));
24      res.setEncoding('utf8');
25      res.on('data', function (chunk) {
26          console.log('BODY: ' + chunk);
27      });
28  });
29  /**
30   * 监听 request 对象的 error 事件
31   */
32  req.on('error', function(e) {
```

```
33     console.log('problem with request: ' + e.message);
34  });
35  /**
36   * write data to request body
37   */
38  req.write('data\n');
39  /**
40   * write end to request body
41   */
42  req.end();
```

【代码分析】

- 第 11～16 行代码定义了一个 JSON 数组对象(options),该对象内包含若干 HTTP 服务器信息,包括服务器主机地址(localhost)、端口(6868)、路径(/)、访问方式(POST)等。
- 第 21～28 行代码通过调用 http.request()方法创建了一个简单的 HTTP 客户端,并将返回的 http.ClientRequest 实例赋值变量 req。http.request()方法的语法如下:

```
http.request(options, callback);          // 创建 HTTP 客户端连接
```

- http.request()方法用于创建 HTTP 客户端连接并向 HTTP 服务器发起请求,第一个参数 options 为一个 JSON 数组对象,用于定义 HTTP 服务器主机地址、端口号、路径、请求访问方式、请求头以及身份验证等信息;第二个参数 callback 用于定义一个回调函数,其包含一个 http.ClientResponse 实例类型参数(在本例程中定义为参数 res)。更详细的说明读者可以参考 Node.js 框架官方文档中关于 http.request()方法的说明。

为了测试 HTTP 客户端连接请求,我们参考 8.2 节的内容编写简单的 HTTP 服务器端代码,其主要代码如下:

【代码 8-3】(详见源代码目录 ch08-node-http-response-basic.js 文件)

```
01  /**
02   * ch08-node-http-response-basic.js
03   */
04  console.info("------   http - create basic server   ------");
05  console.info();
06  var http = require('http');                    //引入 http 模块
07  //调用 http.createServer()方法创建服务器
10  http.createServer(function(req, res) {
11       //通过 res.writeHeader()方法写 HTTP 文件头
12      res.writeHead(200, {'Content-type' : 'text/html'});
13       //通过 res.write()方法写页面内容
14      res.write('<h3>Node.js --- HTTP</h3>');
15       //通过 res.end()方法发送响应状态码,并通知服务器消息完成
```

```
16      res.end('<p>Create Basic HTTP Server Response to clients request!</p>');
17  }).listen(6868);                                   //监听6868端口号
```

【代码分析】

- 本段代码与【代码 8-1】的内容与功能基本一致，在此就不做详细阐述了。

下面我们开始测试这段代码实例。首先，启动【代码 8-3】实现的服务器，如图 8.3 所示。然后，启动【代码 8-2】实现的客户端，如图 8.4 所示。

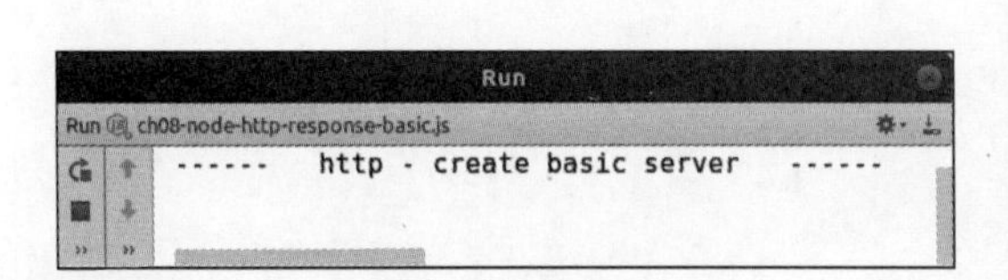

图 8.3　服务器端

```
Run
Run: ch08-node-http-response-basic.js   ch08-node-http-request-basic.js
------  http - create basic client  ------

STATUS: 200
HEADERS: {"content-type":"text/html",
 "date":"Thu, 28 Mar 2019 08:48:11 GMT",
 "connection":"close",
 "transfer-encoding":"chunked"}
BODY: <h3>Node.js --- HTTP</h3>
BODY: <p>Create Basic HTTP Server Response to
 clients request!</p>

Process finished with exit code 0
```

图 8.4　客户端

请求路径 path 是相对于根的路径，默认值是'/'，而且 QueryString 应该包含在其中（例如 /index.html?name=king）。

8.4　HTTP 响应状态码

本节我们介绍 HTTP 响应状态码。所谓 HTTP 响应状态码，其实就是服务器返回给客户端的响应状态信息。大体上，HTTP 响应状态码有正确和错误两种状态，用于表示服务器返回状态。由于 HTTP 响应状态码可以反映出 HTTP 服务器与客户端的状态，因此其作用还是非常重要的。在 Node.js 框架中，HTTP 模块的 http.STATUS_CODES 属性用来描述全部的 HTTP 响应状态码。

下面我们通过一个简单的代码实例测试如何得到需要的 HTTP 响应状态码。

【代码 8-4】（详见源代码目录 ch08-node-http-request-statuscodes.js 文件）

```
01  /**
02   * ch08-node-http-request-statuscodes.js
03   */
04  console.info("------   http - create basic client   ------");
05  console.info();
06  var http = require('http');                         //引入 http 模块
07  var querystring = require('querystring');           //引入 querystring 模块
08  /**
```

```
09   * 定义响应状态码数组
10   */
11  var status_codes = new Array();
12  status_codes[0] = "201";
13  status_codes[1] = "202";
14  status_codes[2] = "203";
15  status_codes[3] = "401";
16  status_codes[4] = "402";
17  /**
18   * 定义查询字段
19   */
20  var postData = new Array();
21  for(var n=0; n<5; n++) {
22      postData[n] = querystring.stringify({
23          statuscodes: status_codes[n]
24      });
25  }
26  /**
27   * 模拟 HTTP 客户端向 HTTP 服务器端连续发送 request 请求
28   */
29  for(var i=0; i<5; i++) {
30  /**
31   * 定义服务器参数字段
32   * @type {{hostname: string, port: number, path: string, method: string,
    headers: {Content-Type: string, Content-Length: *}}}
33   */
34  var options = {
35      hostname: 'localhost',
36      port: 6868,
37      path: '/' + postData[i],
38      method: 'POST',
39      headers: {
40          'Content-Type': 'application/x-www-form-urlencoded',
41          'Content-Length': postData.length
42      }
43  };
44  /**
45   * 通过 http.request()方法
46   * 由客户端向 HTTP 服务器发起请求
47   */
48  var req = http.request(options, function(res) {
49      console.log('STATUS_CODES: ' + res.statusCode);
```

```
50      console.log('HEADERS: ' + JSON.stringify(res.headers));
51      console.info();
52      res.setEncoding('utf8');
53      res.on('data', function (chunk) {
54          console.log('BODY: ' + chunk);
55          console.info();
56      });
57  });
58  /**
59   * 监听 request 对象的 error 事件
60   */
61  req.on('error', function(e) {
62      console.log('problem with request: ' + e.message);
63      console.info();
64  });
65  /**
66   * write data to request body
67   */
68  req.write("\n");
69  /**
70   * write end to request body
71   */
72  req.end();
73  }
```

【代码分析】

- 第 11～16 行代码定义了一个数组对象（status_codes），用于定义一组 HTTP 响应状态码。
- 第 20～25 行代码定义了另一个数组对象（变量名称为 postData），用于定义一组查询字段。其中，第 22～24 行代码通过调用 querystring.stringify()方法进行序列化查询字段的操作。
- 第 29～73 行代码使用一个 for 循环语句模拟 HTTP 客户端向 HTTP 服务器端连续发送 request 请求。
- 第 48～57 行代码通过调用 http.request()方法创建了一个简单的 HTTP 客户端，并将返回的 http.ClientRequest 实例赋值变量 req。

为了测试 HTTP 客户端连接请求，我们编写了一个简单的 HTTP 服务器端代码。

【代码 8-5】（详见源代码目录 ch08-node-http-response-statuscodes.js 文件）

```
01  /**
02   * ch08-node-http-response-statuscodes.js
03   */
04  console.info("------   http STSTUS_CODES   ------");
05  console.info();
```

```
06  var http = require('http');                    //引入 http 模块
07  console.log("Now start HTTP server...");
08  console.info();
09  /**
10   * 调用 http.createServer()方法创建服务器
11   */
12  http.createServer(function(req, res) {
13      var status = req.url.substr(1);         //获取 url 查询字段
14      var status_codes = status.substring(12); //获取 HTTP.STATUS_CODES
15      //判断 http.STATUS_CODES 响应状态码集合是否有效
16      if(!http.STATUS_CODES[status_codes]) {
17          status_codes = '404';
18      }
19      //通过 res.writeHeader()方法写 HTTP 文件头
20      res.writeHeader(statuscodes, {'Content-Type':'text/plain'});
21      //通过 res.end()方法发送响应状态码,并通知服务器消息完成
22      res.end(http.STATUS_CODES[status_codes]);
23  }).listen(6868);    //监听6868端口号
```

【代码分析】

- 在第 13 行和第 14 行代码中，分别提取了 url 查询字段与 HTTP 响应状态码（HTTP.STSTUS_CODES）。

下面我们开始测试这段代码实例。首先，启动【代码 8-5】实现的服务器，如图 8.5 所示。然后，启动【代码 8-4】实现的客户端，如图 8.6 所示。

图 8.5　HTTP 响应状态码（服务器端）

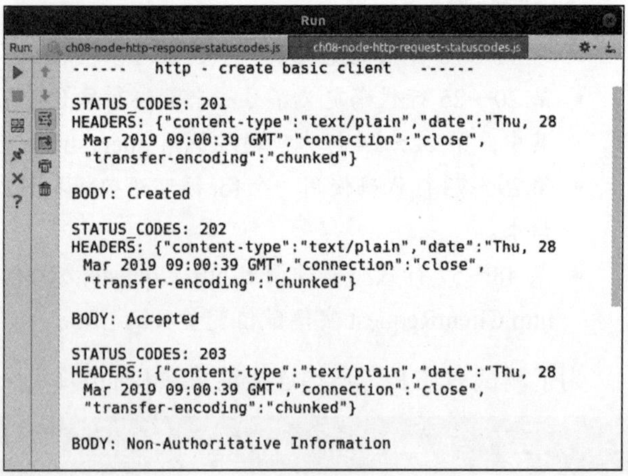

图 8.6　HTTP 响应状态码（客户端）

从图 8.6 中可以看到，客户端连续几次连接请求均被服务器成功处理并返回，HTTP 响应状态码信息及其对应的功能描述也被依次打印输出。

8.5　设定和获取 HTTP 头文件

本节我们介绍设定和获取 HTTP 头文件的方法。所谓 HTTP 头文件，其实就是包含一系列用于控制服务器与客户端的信息，这些控制信息大体包括通用头信息、请求头信息、响应头信息和实体头信息 4 部分。HTTP 头文件在实际应用中是很重要的，开发人员可以根据头文件包含的控制信息获取浏览器类型、字符集、编码方式、语言、主机地址与端口、授权信息、正文长度、Cookie 等非常重要的信息或内容。

在 Node.js 框架中，HTTP 模块的 response.getHeader()与 response.setHeader()方法用来设定和获取 HTTP 头文件控制信息。

【代码 8-6】（详见源代码目录 ch08-node-http-response-header.js 文件）

```
01  /**
02   * ch08-node-http-response-header.js
03   */
04  console.info("------   http - create basic server   ------");
05  console.info();
06  var http = require('http');                  //引入 http 模块
07  /**
08   * 调用 http.createServer()方法创建服务器
09   */
10  http.createServer(function(req, res) {
11      /**
12       * 通过 res.setHeader()方法设定 HTTP 文件头
13       */
14      res.setHeader("Content-Type", "text/html");
15      res.setHeader("Set-Cookie", ["type=king", "language=javascript"]);
16      /**
17       * 通过 res.getHeader()方法获取 HTTP 文件头
18       */
19      var content_Type = res.getHeader('Content-Type');
20      console.info(content_Type);
21      var set_cookie = res.getHeader('Set-Cookie');
22      console.info(set_cookie);
23      /**
24       * 通过 res.write()方法写页面内容
25       */
26      res.write('<h3>Node.js --- HTTP</h3>');
27      res.write('<p>' + content_Type + '</p>');
28      res.write('<p>' + set_cookie + '</p>');
29      /**
30       * 通过 res.end()方法发送响应状态码,并通知服务器消息完成
```

```
31      */
32      res.end();
33  }).listen(6868);                    //监听6868端口号
```

【代码分析】

- 第 14～15 行代码通过 res.setHeader()方法设定了 HTTP 文件头信息。
- 第 19～22 行代码通过 res.getHeader()方法获取了 HTTP 文件头信息。
- 第 27～28 行代码通过调用 res.write()方法向客户端写了 content-Type 和 set-cookie 文件头属性的内容。
- 第 32 行代码通过调用 res.end()方法发送页面内容，并通知 HTTP 服务器消息完成。当所有的响应报头和报文被发送完成时，res.end()方法将信号发送给服务器，服务器会认为这个消息完成了。
- 第 33 行代码通过调用 server.listen()方法在指定的主机名和端口接受连接，并监听该端口的连接请求。

下面我们开始测试这段代码实例。首先，启动【代码 8-6】实现的服务器，如图 8.7 所示。然后打开浏览器，并在地址栏中输入地址：http://127.0.0.1:6868，如图 8.8 所示。

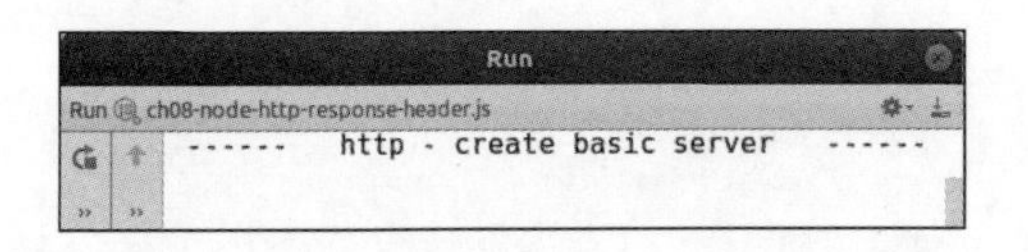

图 8.7 获取 HTTP 头文件（服务器端）

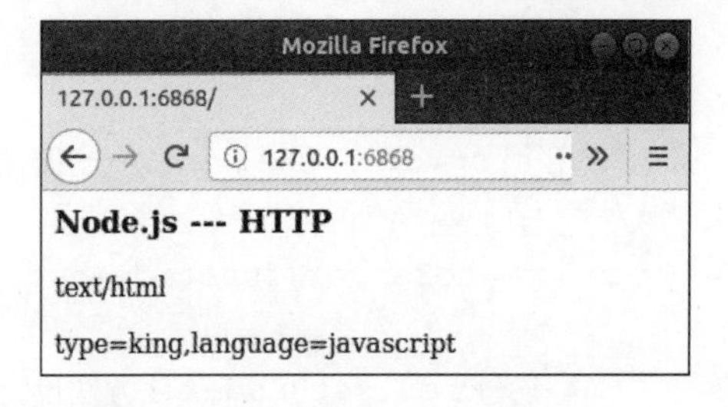

图 8.8 获取 HTTP 头文件（客户端）

从图 8.8 中可以看到，客户端浏览器成功连接到服务器后，得到了服务器第 27 行代码与第 28 行代码通过 res.write()方法写到客户端的 HTTP 头文件信息。

下面再返回看一下服务器端的变化，如图 8.9 所示。

从图 8.9 中可以看到，客户端浏览器成功连接到服务器后，服务器端第 19～22 行代码输出了通过 res.getHeader()方法获取的 HTTP 文件头信息，与第 14～15 行代码通过 res.setHeader()方法设定的 HTTP 文件头信息是一致的。

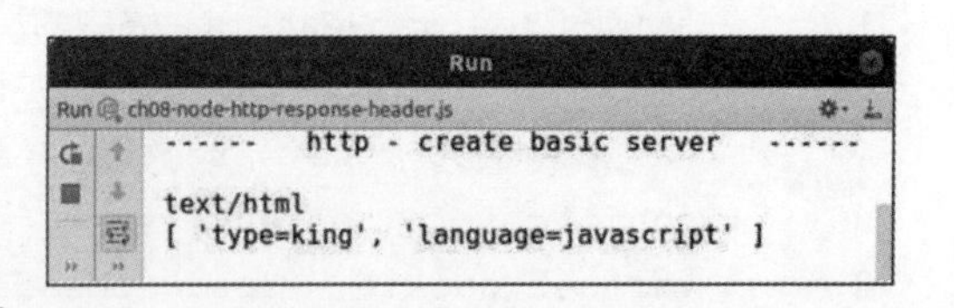

图 8.9 设定和获取 HTTP 头文件的方法（服务器端）

response.getHeader()方法用于读取一个在队列中但是还没有被发送至客户端的 header，但需要注意 name 参数是不区分大小写的，而且该方法只能在 header 还没被清除掉之前调用。

8.6 写 HTTP 头文件的方法

前一小节中，我们介绍了设定和获取 HTTP 头文件的方法，本小节我们介绍写 HTTP 头文件的方法，通过写 HTTP 头文件可以自定义属性值。

在 Node.js 框架中，HTTP 模块的 response.writeHead()方法用来实现写 HTTP 头文件的操作。下面，通过一个简单的代码实例，测试一下写自定义 HTTP 头文件的方法。

服务器端脚本文件的主要代码如下。

【代码 8-7】（详见源代码目录 ch08-node-http-response-writeheader.js 文件）

```
01  /**
02   * ch08-node-http-response-writeheader.js
03   */
04  console.info("------   http - server write header   ------");
05  console.info();
06  var http = require('http');     //引入 http 模块
07  console.log("Now start HTTP server...");
08  console.info();
09  /**
10   * 调用 http.createServer()方法创建服务器
11   */
12  http.createServer(function(req, res) {
13      /**
14       * 通过 res.writeHead()方法写 HTTP 文件头
15       */
16      var body = 'write header';
17      res.writeHead(200, {
18          'Content-Length': body.length,
19          'Content-Type': 'text/plain'
20      });
21      /**
22       * 通过 res.write()方法写页面内容
23       */
24      res.write("Node.js");
25      res.write("HTTP");
26      /**
27       * 通过 res.end()方法发送响应状态码，并通知服务器消息完成
28       */
29      res.end();
30  }).listen(6868);    //监听6868端口号
```

【代码分析】

- 第 16 行代码定义了一个字符串变量 body。
- 第 17～20 行代码通过 res.writeHead()方法写入了 HTTP 文件头信息，其中 Content-Length 属性值为字符串变量 body 的长度，Content-Type 属性值为 text/plain。
- 第 24～25 行代码通过调用 res.write()方法向客户端写入了 Node.js 和 HTTP 字符串信息。
- 第 29 行代码通过调用 res.end()方法通知 HTTP 服务器消息完成。
- 第 30 行代码通过调用 server.listen()方法在指定的主机名和端口接受连接，并监听该端口的连接请求。

客户端脚本文件的主要代码如下。

【代码 8-8】（详见源代码目录 ch08-node-http-request-writeheader.js 文件）

```
01  /**
02   * ch08-node-http-request-writeheader.js
03   */
04  console.info("------   http - client write header   ------");
05  console.info();
06  var http = require('http');        //引入 http 模块
07  /**
08   * 定义服务器参数字段
09   * @type {{hostname: string, port: number, path: string, method: string}}
10   */
11  var options = {
12      hostname: 'localhost',     //定义服务器主机地址
13      port: 6868,                //定义服务器主机端口号
14      path: '/',                 //定义服务器路径
15      method: 'POST'             //定义服务器访问方式 i
16  };
17  /**
18   * 通过 http.request()方法
19   * 由客户端向 HTTP 服务器发起请求
20   */
21  var req = http.request(options, function(res) {
22      console.log('STATUS: ' + res.statusCode);
23      console.log('HEADERS: ' + JSON.stringify(res.headers));
24      res.setEncoding('utf8');
25      res.on('data', function (chunk) {
26          console.log('BODY: ' + chunk);
27      });
28  });
29  //监听 request 对象的 error 事件
30  req.on('error', function(e) {
```

```
31      console.log('problem with request: ' + e.message);
32  });
33  req.write('data\n');
34  req.end();
```

下面我们开始测试这段代码实例。首先，启动【代码 8-8】实现的服务器，如图 8.10 所示。然后，启动客户端代码，如图 8.11 所示。

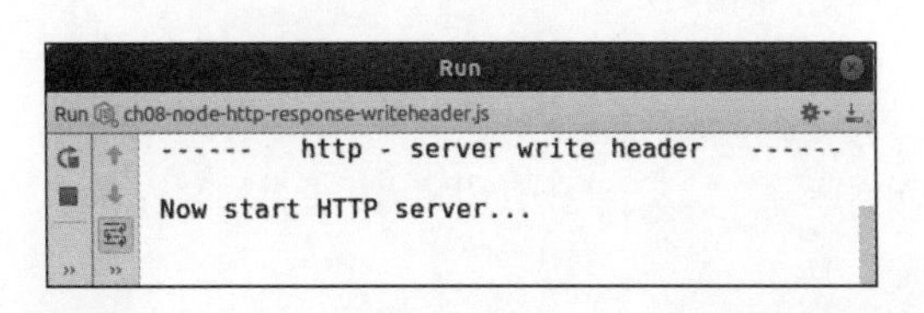

图 8.10　写 HTTP 头文件的方法（服务器端）

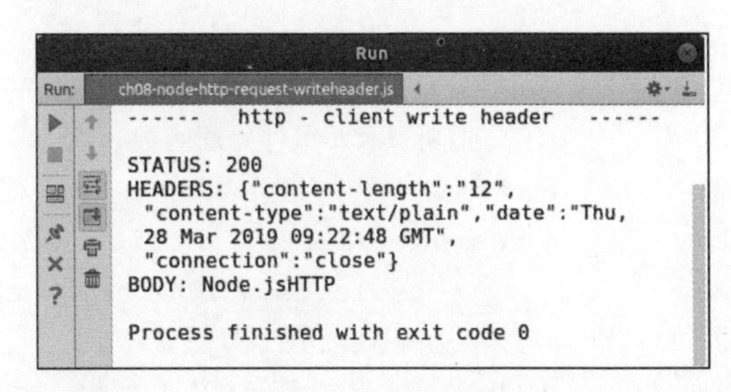

图 8.11　写 HTTP 头文件的方法（客户端）

res.writeHead()方法只能在当前请求中使用一次，并且必须在 res.end()之前调用。如果在调用 res.end()之前调用了 res.write()或者 response.end()方法，就会调用这个函数。

8.7　发送与处理 GET 请求

前面几节中，陆续介绍了 POST 请求方式的处理方法。本节我们介绍如何发送与处理 GET 请求，很多情况下 GET 请求方式也是常用到的。关于 GET 与 POST 请求方式的异同之处，读者可以参考相关文档，这方面的介绍还是很多的。在 Node.js 框架中，主要通过 HTTP 模块的 http.get()方法来完成 HTTP 客户端 GET 请求方式的操作。

客户端脚本文件的主要代码如下。

【代码 8-9】（详见源代码目录 ch08-node-http-request-get.js 文件）

```
01  /**
02   * ch08-node-http-request-get.js
03   */
04  console.info("------   http - client get   ------");
05  console.info();
06  var http = require('http');                         //引入 http 模块
07  /**
08   * 发送 HTTP GET 请求
09   */
10  http.get("http://localhost:6868/signature=12345678&echostr=
    78787878&timestamp=168",
11      /**
```

```
12        * GET 回调函数
13        * @param res
14        */
15       function(res) {
16           console.log('STATUS: ' + res.statusCode);//打印输出 Status_Codes 响应
状态码
17           console.info();
18           res.setEncoding('utf8');
19           /**
20            * 监听 data 事件处理函数
21            */
22           res.on('data', function (chunk) {
23               console.log('BODY: ' + chunk);              //打印输出服务器回写内容
24               console.info();
25           });
26           console.info();
27   }).on('error',
28       /**
29        * error 事件回调函数
30        * @param e
31        */
32       function(e) {
33           console.log("Got error: " + e.message);     //打印输出“error”信息
34           console.info();
35   });
```

【代码分析】

- 第10～35行代码通过调用http.get()方法在HTTP客户端发送GET请求方式的连接。http.get()方法的语法如下：

```
http.get(options, callback);          // 发送 GET 请求方式的连接
```

- http.get()方法用于在HTTP客户端向HTTP服务器端发送GET请求方式的连接，第一个参数options为一个JSON数组对象，用于定义HTTP服务器主机地址、端口号、路径、查询请求字段等信息；第二个参数 callback 用于定义一个回调函数，其包含一个http.ClientResponse实例类型参数（在本例程中定义为参数res）。更详细的说明读者可以参考Node.js框架官方文档中关于http.get()方法的说明。

服务器端脚本文件的主要代码如下。

【代码 8-10】（详见源代码目录 ch08-node-http-response-get.js 文件）

```
01  /**
02   * ch08-node-http-response-get.js
03   */
04  console.info("------   http - server get   ------");
05  console.info();
06  var http = require('http');                    //引入 http 模块
07  var url = require('url');                      //引入 url 模块
08  var qs = require('querystring');               //引入 querystring 模块
09  /**
10   * 调用 http.createServer()方法创建服务器
11   */
12  http.createServer(function(req, res) {
13      /**
14       * 通过 res.writeHeader()方法写 HTTP 文件头
15       */
16      res.writeHead(200, {'Content-type' : 'text/plain'});
17      /**
18       * 通过 url.parse()方法获取查询字段
19       */
20      var query = url.parse(req.url).query;
21      console.info(query);
22      console.info();
23      /**
24       * 通过 res.end()方法发送响应状态码,并通知服务器消息完成
25       */
26      var qs_parse = qs.parse(query);
27      console.info(qs_parse);
28      console.info();
29      res.end(JSON.stringify(qs_parse));
30  }).listen(6868);    //监听6868端口号
```

【代码分析】

- 第 29 行代码通过调用 res.end()方法将序列化后的变量 qs_parse 内容写到客户端，并通知 HTTP 服务器消息完成。
- 第 30 行代码通过调用 server.listen()方法在指定的主机名和端口接受连接，并监听该端口的连接请求。

下面我们开始测试这段代码实例。首先，启动【代码 8-10】实现的服务器，如图 8.12 所示。

然后，启动客户端代码，如图 8.13 所示。

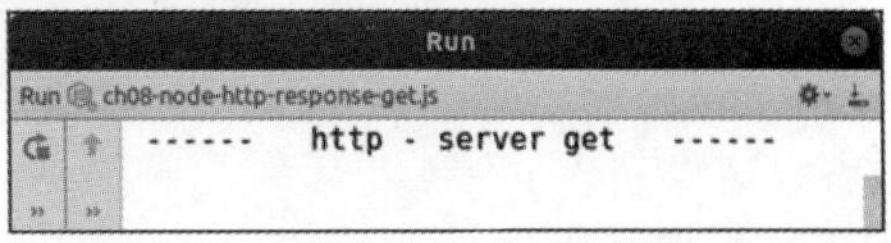

图 8.12　如何发送与处理 GET 请求（服务器端）

从图 8.13 中可以看到，客户端第 16 行代码输出了 HTTP 响应状态码信息（STSTUS: 200）；客户端第 23 行代码输出了服务器端写到客户端页面的数据信息，该信息就是客户端通过 http.get()方法发送到服务器端的被序列化处理后的查询请求字段。

最后，返回看一下服务器端输出状态有没有变化，效果如图 8.14 所示。

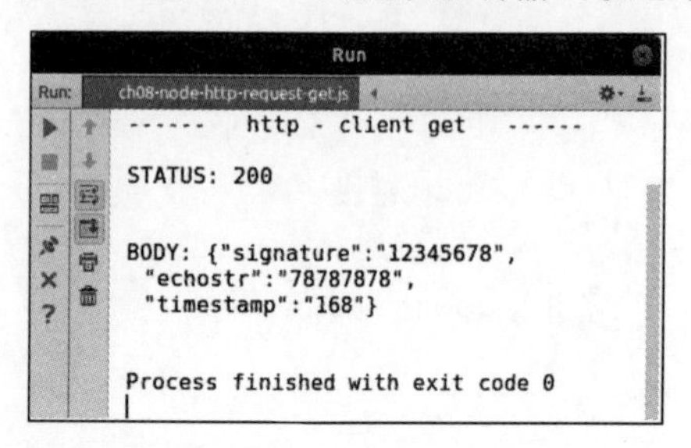

图 8.13 如何发送与处理 GET 请求（客户端）

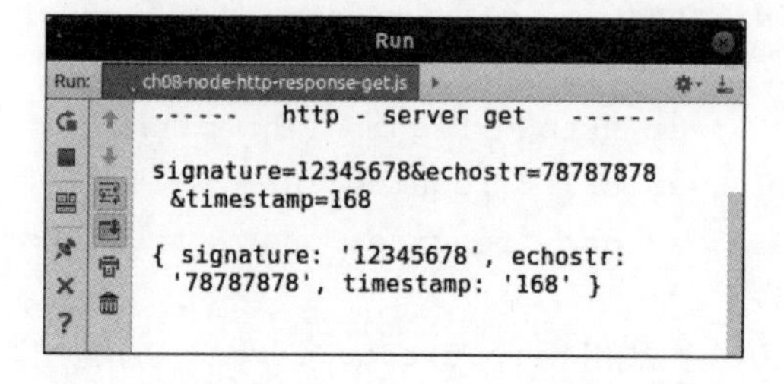

图 8.14 如何发送与处理 GET 请求（服务器端）

从图 8.14 中可以看到，服务器端第 21 行代码输出了客户端发来的查询请求字段；服务器端第 27 行代码输出了格式化后的查询请求字段。这里如果读者细心的话会发现，通过 qs.parse()方法与 JSON.stringify()方法处理查询字段后的结果会略有不同。

http.get()方法是为了满足没有报文体的 GET 请求而提供的便捷方法。该方法与 http.request()的唯一区别是它设置的是 GET 方法会自动调用 req.end()方法进行处理。

8.8 进行重定向操作

本节我们介绍如何进行重定向操作，这项功能在页面跳转过程中是常用的操作。在 Node.js 框架中，可以通过 HTTP 模块的 res.writeHead()方法，在写 HTTP 头文件的操作中实现该功能。

在下面这个简单的重定向代码实例中，我们通过控制 HTTP 头文件实现从一个服务器页面跳转到另一个服务器页面的功能。

下面是第一个服务器端脚本文件的主要代码。

【代码 8-11】（详见源代码目录 ch08-node-http-createServer-redirectA.js 文件）

```
01  /**
02   * ch08-node-http-createServer-redirectA.js
03   */
04  console.info("------   http - create redirect server   ------");
05  console.info();
06  var http = require('http');      //引入 http 模块
07  console.log("Now start HTTP server on port 6868...");
08  console.info();
09  /**
10   * 调用 http.createServer()方法创建服务器
11   */
```

```
12  http.createServer(function(req, res) {
13      /**
14       * 通过 res.writeHeader()方法写 HTTP 文件头
15       */
16      res.writeHead(301, {
17          'Location': 'http://localhost:8686/'
18      });
19      /**
20       * 通过 res.write()方法写页面内容
21       */
22      res.write('<h3>Node.js --- HTTP</h3>');
23      /**
24       * 通过 res.end()方法发送响应状态码,并通知服务器消息完成
25       */
26      res.end('<p>Create Redirect HTTP Server on Port 6868!</p>');
27  }).listen(6868);    //监听6868端口号
```

【代码分析】

- 第 16～18 行代码通过 res.writeHead() 方法写入了 HTTP 文件头信息，其中 http.STATUS_CODES 响应状态码值为 301（该值代表的含义为 Moved Permanently，翻译过来可以理解为“永久跳转”），Location 属性值为 http://localhost:8686，该字符串为另一个 HTTP 服务器的地址。
- 第 22 行代码通过调用 res.write()方法向客户端写入了“Node.js --- HTTP”字符串信息。
- 第 26 行代码通过调用 res.end()方法向客户端写入了一段提示信息，并通知 HTTP 服务器消息完成。
- 第 27 行代码通过调用 server.listen()方法在指定的主机名和端口接受连接，并监听该端口的连接请求。

【代码 8-11】服务器脚本中的第 17 行代码定义了另一个 HTTP 服务器地址，为了测试重定向操作，我们根据该地址编写简单的 HTTP 服务器端代码，主要代码如下。

【代码 8-12】（详见源代码目录 ch08-node-http-createServer-redirectB.js 文件）

```
01  /**
02   * ch08-node-http-createServer-redirectB.js
03   */
04  console.info("------   http - create redirect server   ------");
05  console.info();
06  var http = require('http');    //引入 http 模块
07  console.log("Now start HTTP server on port 8686...");
08  console.info();
09  /**
10   * 调用 http.createServer()方法创建服务器
```

```
11   */
12  http.createServer(function(req, res) {
13      //通过 res.writeHeader()方法写 HTTP 文件头
14      res.writeHead(200, {'Content-type' : 'text/html'});
15      //通过 res.write()方法写页面内容
16      res.write('<h3>Node.js --- HTTP</h3>');
17      //通过 res.end()方法发送响应状态码,并通知服务器消息完成
18      res.end('<p>Create Redirect HTTP Server on Port 8686!</p>');
19  }).listen(8686);    //监听8686端口号
```

【代码分析】

- 这段服务器端脚本代码与【代码 8-11】的服务器端脚本代码内容基本类似，主要区别是服务器监听的端口变更为 8686，同时没有定义重定向代码。

为了测试重定向操作的结果，我们依次启动【代码 8-11】与【代码 8-12】这两个服务器代码文件，如图 8.15 和图 8.16 所示。

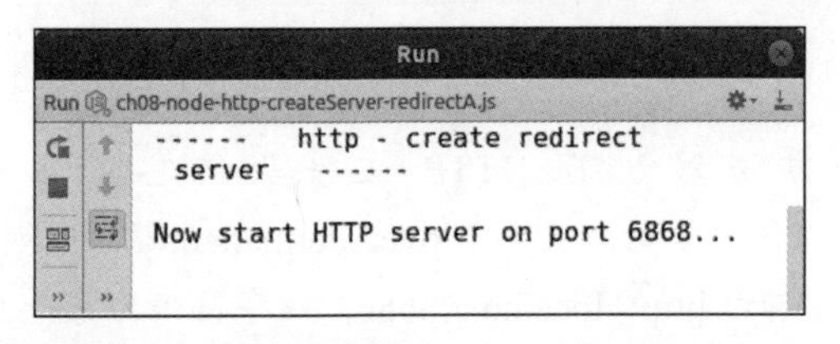

图 8.15　进行重定向操作的方法（服务器 A）

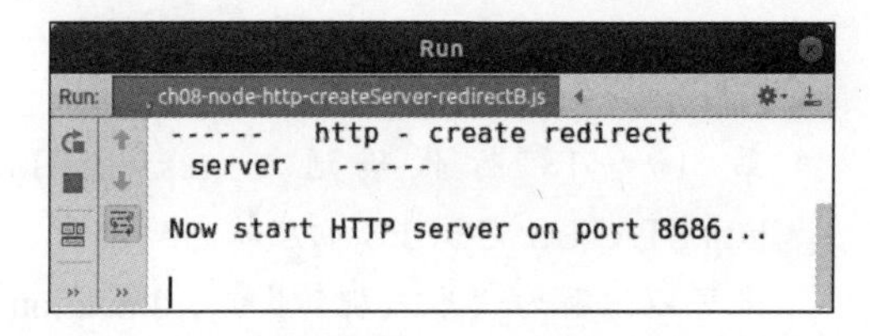

图 8.16　进行重定向操作的方法（服务器 B）

从图 8.15 与图 8.16 输出的结果可以看到，两个 HTTP 服务器已经启动运行，但监听的端口不一样。

然后打开浏览器，并在地址栏中输入地址：http://localhost:6868，访问服务器 A，如图 8.17 所示。

从图 8.17 中可以看到，我们明明访问的是第一个服务器（端口号为 6868），但页面实际已经重定向到了第二个服务器（端口号 8686），从页面得到的打印输出信息可以验证确实进行了重定向操作。

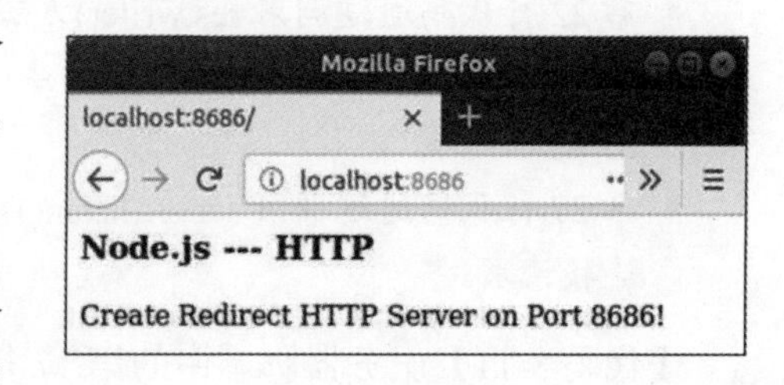

图 8.17　进行重定向操作的方法（浏览器）

重定向操作的方法有很多种，本节实现的这种重定向操作适用于在页面刚刚初始化，还没有全部解析出来时需要实现重定向功能的情况。

8.9　服务器多路径处理方式

本节我们介绍服务器多路径处理方式，这项功能在服务器处理客户端请求方式时非常实用。在 Node.js 框架中，需要通过处理 req.url 参数的 pathname 属性字段来实现该功能。

服务器端脚本文件的主要代码如下。

【代码 8-13】（详见源代码目录 ch08-node-http-createServer-pathname.js）

```
01  /**
02   * ch08-node-http-createServer-pathname.js
03   */
04  console.info("------   http - server pathname   ------");
05  console.info();
06  var http = require('http');     //引入 http 模块
07  var url = require('url');     //引入 url 模块
08  console.log("Now start HTTP server on port 6868...");
09  console.info();
10  /**
11   * 调用 http.createServer()方法创建服务器
12   */
13  http.createServer(function(req, res) {
14      /**
15       * 获取 url.pathname 路径
16     * @type{pathname|*|req.pathname|parseTests.pathname|
    parseTestsWithQueryString}
17       */
18      var pathname = url.parse(req.url).pathname;
19      /**
20       * Responding to multi type of request
21       */
22      if (pathname === '/') {
23          /**
24           * 通过 res.writeHead()方法写 HTTP 文件头
25           */
26          res.writeHead(200, {
27              'Content-Type': 'text/plain'
28          });
29          /**
30           * 通过 res.write()方法写页面内容
31           */
32          res.write('Node.js --- HTTP\n');
33          /**
34           * 通过 res.end()方法发送响应状态码，并通知服务器消息完成
35           */
36          res.end('Home Page\n')
37      } else if (pathname === '/about') {
38          /**
39           * 通过 res.writeHead()方法写 HTTP 文件头
40           */
```

```
41          res.writeHead(200, {
42              'Content-Type': 'text/plain'
43          });
44          /**
45           * 通过 res.write()方法写页面内容
46           */
47          res.write('Node.js --- HTTP\n');
48          /**
49           * 通过 res.end()方法发送响应状态码,并通知服务器消息完成
50           */
51          res.end('About Us\n')
52      } else if (pathname === '/redirect') {
53          /**
54           * 通过 res.writeHead()方法写 HTTP 文件头
55           */
56          res.writeHead(301, {
57              'Location': '/'
58          });
59          /**
60           * 通过 res.write()方法写页面内容
61           */
62          res.write('Node.js --- HTTP\n');
63          /**
64           * 通过 res.end()方法发送响应状态码,并通知服务器消息完成
65           */
66          res.end();
67      } else {
68          /**
69           * 通过 res.writeHead()方法写 HTTP 文件头
70           */
71          res.writeHead(404, {
72              'Content-Type': 'text/plain'
73          });
74          /**
75           * 通过 res.write()方法写页面内容
76           */
77          res.write('Node.js --- HTTP\n');
78          /**
79           * 通过 res.end()方法发送响应状态码,并通知服务器消息完成
80           */
81          res.end('Page not found\n')
```

```
82        }
83   }).listen(6868);     //监听6868端口号
```

【代码分析】

- 第 18 行代码先通过 url.parse()方法对 req.url 参数进行解析，然后获取了其查询路径名称 pathname 属性，并保存在变量 pathname 中。
- 第 22～82 行代码通过 if 条件选择判断语句，分别处理了 3 种客户端向服务器端的请求方式（分别为“/”“/about”与“/redirect”）。对于这 3 种客户端请求方式，均先通过调用 res.writeHead()方法对 HTTP 头文件进行写操作，然后使用 res.write()方法向客户端写入信息，最后通过调用 res.end()方法向客户端写入一段提示信息，并通知 HTTP 服务器消息完成。
- 第 83 行代码通过调用 server.listen()方法在指定的主机名和端口接受连接，并监听该端口的连接请求。

下面先启动服务器端代码，如图 8.18 所示。

然后打开浏览器，在地址栏中输入地址：http://localhost:6868/，访问服务器根路径，如图 8.19 所示。

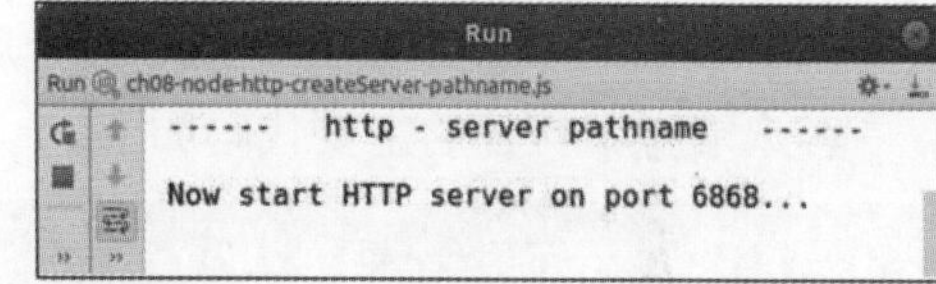

图 8.18　服务器多路径处理方式（服务器）

从图 8.19 中可以看到，浏览器页面输出了服务器端第 32 行代码与第 36 行代码写入客户端的信息。

然后，继续在地址栏中输入地址：http://localhost:6868/about，如图 8.20 所示。

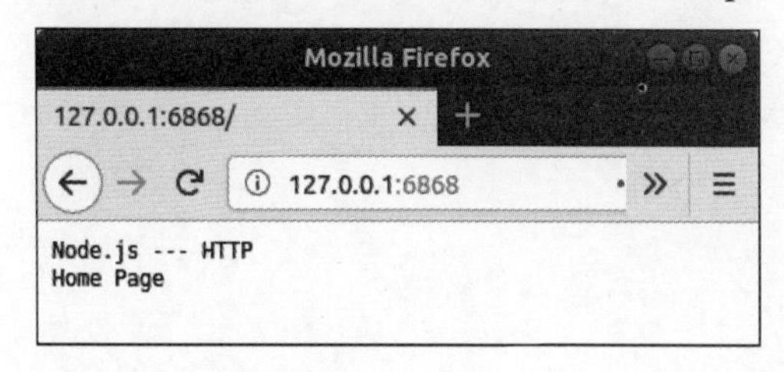

图 8.19　服务器多路径处理方式（浏览器）

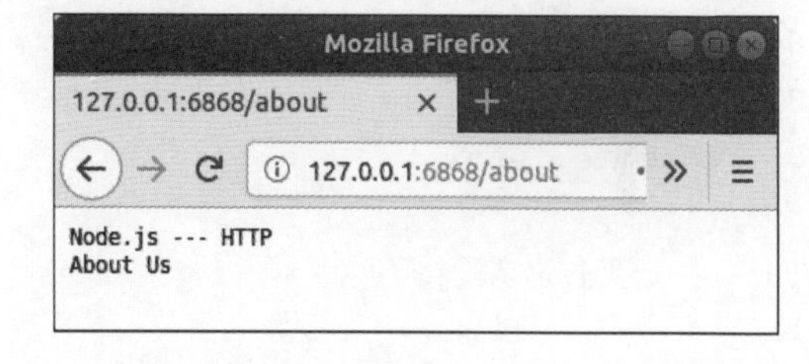

图 8.20　服务器多路径处理方式（浏览器）

从图 8.20 中可以看到，浏览器页面输出了服务器端第 47 行代码与第 51 行代码写入客户端的信息。

继续在地址栏中输入地址：http://localhost:6868/redirect，重定向地址的结果如图 8.21 所示。

从图 8.21 中可以看到，浏览器页面重定向操作后返回服务器主页面，结果与图 8.19 完全一致。

最后，在地址栏中输入地址：http://localhost:6868/nopage，访问不存在地址的结果如图 8.22 所示。

从图 8.22 中可以看到，浏览器页面输出了服务器端第 77 行代码与第 81 行代码写入客户端的信息。

参数 url 的属性 pathname 用于链接地址的路径，譬如“http://localhost:6868/about?name=king&id=123456”的属性 pathname 值为/about。

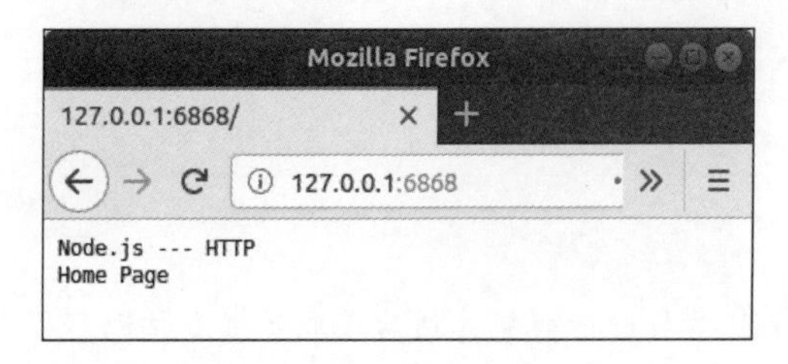

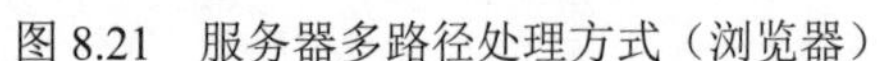
图 8.21　服务器多路径处理方式（浏览器）

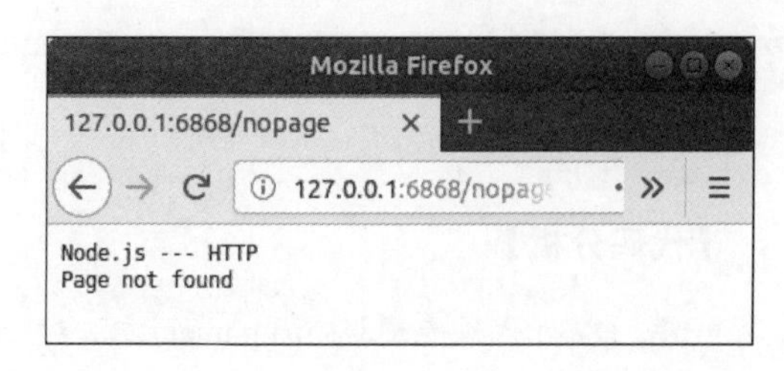

图 8.22　服务器多路径处理方式（浏览器）

8.10　模拟 ping 命令连接服务器

本节我们介绍模拟 ping 命令尝试连接服务器的应用，ping 命令大家都很熟悉，其主要功能是检测网络是否连通、帮助分析网络故障及其原因。在 Node.js 框架中，我们可以通过 HTTP 模块的 http.get()方法实现模拟 ping 命令连接服务器的功能。

客户端脚本文件的主要代码如下。

【代码 8-14】（详见源代码目录 ch08-node-http-client-ping.js）

```
01  /**
02   * ch08-node-http-client-ping.js
03   */
04  console.info("------   http - client ping   ------");
05  console.info();
06  var http = require('http');     //引入 http 模块
07  console.log("Now start ping HTTP server...");
08  console.info();
09  /**
10   * 定义查询字段
11   */
12  var options = {
13     host: 'localhost',
14     port: 6868,
15     path: '/'
16  };
17  /**
18   * 自定义函数 ping_server()
19   */
20  function ping_server() {
21     /**
22      * 发送 HTTP GET 请求
23      */
24     http.get(options, function(res) {
25        if (res.statusCode  == 200) {
26           console.log("The site is up!");
```

```
27          }
28          else {
29              console.log("The site is down!");
30          }
31      }).on('error', function(e) {
32          console.log("There was an error: " + e.message);
33      });
34  }
35  /**进行重定向操作的方法
36   * 通过 setInterval()方法设定时间间隔
37   */
38  setInterval(ping_server, 1000);
```

【代码分析】

- 第 20～34 行代码定义了一个名称为 ping_server()的自定义函数，用于实现 ping 服务器的功能。
- 第 24～33 行代码通过调用 http.get()方法在 HTTP 客户端发送 GET 请求方式的连接，在该方法的回调函数中，通过判断 StatusCode 响应状态码打印输出不同的响应提示信息。

为了测试模拟 ping 命令连接服务器的操作，我们编写简单的 HTTP 服务器端代码，用来随机响应客户端发来的连接请求，主要代码如下。

【代码 8-15】（详见源代码目录 ch08-node-http-server-ping.js）

```
01  /**
02   * ch08-node-http-server-ping.js
03   */
04  console.info("------   http - server ping   ------");
05  console.info();
06  var http = require('http');     //引入 http 模块
07  console.log("Now start HTTP server...");
08  console.info();
09  /**
10   * 调用 http.createServer()方法创建服务器
11   */
12  http.createServer(function(req, res) {
13     //通过 res.writeHead()方法写 HTTP 文件头
14      if(Math.round(Math.random())) {
15          res.writeHead(200, {'Content-type' : 'text/html'});
16      } else {
17          res.writeHead(404, {'Content-type' : 'text/html'});
18      }
19     //通过 res.end()方法发送响应状态码，并通知服务器消息完成
```

```
20      res.end();
21  }).listen(6868);     //监听6868端口号
```

【代码分析】

- 该服务器端脚本代码与前面几个例程的服务器端脚本代码内容基本类似，主要区别是通过随机函数的方法响应客户端的连接。

下面先启动【代码 8-15】服务器端代码，如图 8.23 所示。

然后，启动【代码 8-14】客户端代码，如图 8.24 所示。

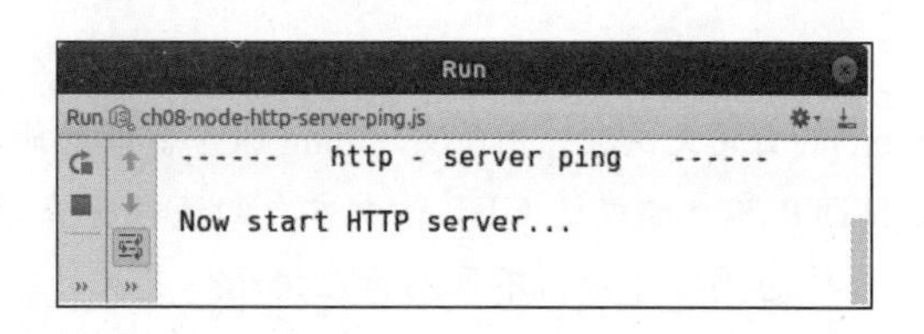

图 8.23 模拟 ping 命令连接服务器（服务器）

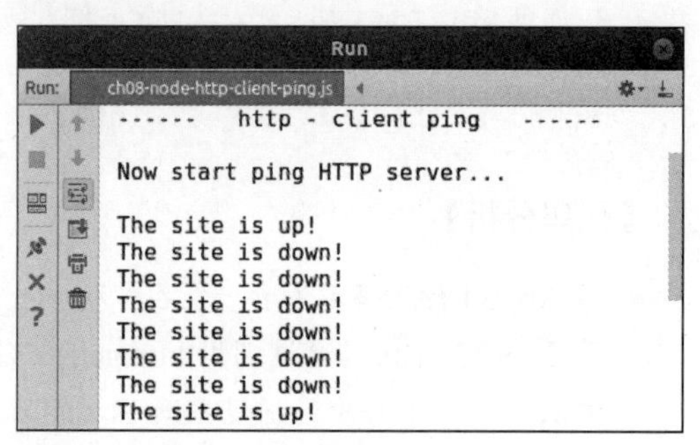

图 8.24 模拟 ping 命令连接服务器（客户端）

从图 8.24 中可以看到，客户端得到了服务器端响应的连接请求，并随机给出了不同的响应信息。

根据官方文档的说明，ping 命令是指端对端的连通，通常用来检测网络是否连通，帮助分析网络故障及其原因。该命令在 UNIX、Linux 以及 Windows 系统中均可以使用，本例程就是对 ping 命令功能的一种简单的模拟实现。

8.11 安装 Express 开发框架

从本节开始，我们介绍基于 Node.js 的 Express 开发框架及其应用。Express 框架目前十分流行，其是一个简洁、灵活的基于 Node.js 的 Web 应用开发框架，其提供一系列强大的特性，帮助开发人员创建各种 Web 和移动设备应用。Express 开发框架不是对 Node.js 已有的特性进行了二次抽象，而是在 Node.js 框架之上扩展了 Web 应用所需的各种基本功能。讲到这里，读者应该对 Express 开发框架有了初步的了解，下面我们以一个实际例程介绍 Express 开发框架具体如何应用。

目前，Express 开发框架的最新版本为 4.x（与早期的 3.x 版本在使用上略有不同），下面就以 4.x 版本的内容开始介绍。

首先，需要安装 Express 开发库（系统此时已经默认安装 Node 开发环境），具体方法如下：

```
npm install -g express-generator
```

安装完毕后，可以使用以下命令查看 Express 开发库的版本号：

```
express --version    // 注意双横杠"--"
```

如果想查看 express 的帮助命令，那么可以使用以下命令查看：

```
express -h
```

以上命令在 Windows 系统与 Ubuntu 系统下是通用的。

8.12 使用 Express 开发框架开发的 Hello World

我们通过创建一个简单的 Hello World 应用具体介绍 Express 开发框架的使用方法。

1. 创建工程

（1）在源代码目录中通过 express 命令创建一个新的 Express 工程目录（名称定义为 ch08-node-express-helloworld），命令行如下：

```
express -e express-helloworld
```

从图 8.25 中可以看到，express 命令自动创建了工程目录以及一系列工作子目录和文件。

```
king@king-ThinkPad-X220: ~/projects/WebstormProjects/Nodejs-total-samples/ch0...
File Edit View Search Terminal Help
   create : express-helloworld/
   create : express-helloworld/public/
   create : express-helloworld/public/javascripts/
   create : express-helloworld/public/images/
   create : express-helloworld/public/stylesheets/
   create : express-helloworld/public/stylesheets/style.css
   create : express-helloworld/routes/
   create : express-helloworld/routes/index.js
   create : express-helloworld/routes/users.js
   create : express-helloworld/views/
   create : express-helloworld/views/error.ejs
   create : express-helloworld/views/index.ejs
   create : express-helloworld/app.js
   create : express-helloworld/package.json
   create : express-helloworld/bin/
   create : express-helloworld/bin/www

   change directory:
     $ cd express-helloworld

   install dependencies:
     $ npm install

   run the app:
     $ DEBUG=express-helloworld:* npm start
```

图 8.25 Express 开发框架初步（创建工程目录）

（2）进入工程目录中，通过 npm 命令下载依赖库（下载的依赖库默认存放在目录 node_modules 中），命令行如下：

```
npm install
```

下面我们可以使用 WebStorm 开发平台查看 express-helloworld 工程的目录概况，具体内容如下。

- bin，用于存放启动项目的脚本文件。

- node_modules，存放所有的项目依赖库。
- public，用于存放静态文件（css、js、img 等）。
- routes，用于存放路由文件（类似于 MVC 模型中的控制器（Controller）的概念）。
- views，用于存放页面文件（EJS 模板）。
- package.json，项目依赖配置及开发者信息。
- app.js，应用核心配置文件。

2．详解工程中的文件

（1）package.json 文件用于定义项目依赖配置及开发者信息，是整个工程首先需要关注的文件，其主要代码如下：

```
{
  "name": "express-helloworld",
  "version": "0.0.0",
  "private": true,
  "scripts": {
    "start": "node ./bin/www"
  },
  "dependencies": {
    "body-parser": "~1.12.4",
    "cookie-parser": "~1.3.5",
    "debug": "~2.2.0",
    "ejs": "~2.3.1",
    "express": "~4.12.4",
    "morgan": "~1.5.3",
    "serve-favicon": "~2.2.1"
  }
}
```

【代码分析】

name 属性用于定义项目名称；version 属性用于定义版本号；scripts 属性用于定义操作命令，其可以非常方便地增加启动命令，比如默认的 start 参数，若使用 npm start 命令，则代表执行 node ./bin/www 命令；最后一个 dependencies 属性用于定义依赖库。

（2）app.js 应用核心配置文件，Express 开发框架从 3.x 升级到 4.x 版本，主要的变化就在 app.js 文件中，其主要代码如下：

```
01  /**
02   * 加载依赖库,原来这个类库都封装在 connect 中,现在需要单独加载
03   * @type {*|exports}
04   */
05  var express = require('express');
06  var path = require('path');
```

```
07  var favicon = require('serve-favicon');
08  var logger = require('morgan');
09  var cookieParser = require('cookie-parser');
10  var bodyParser = require('body-parser');
11  /**
12   * 加载路由控制
13   * @type {router|exports}
14   */
15  var routes = require('./routes/index');
16  var users = require('./routes/users');
17  /**
18   * 创建项目实例
19   */
20  var app = express();
//……此处省略部分代码
93  module.exports = app;
```

【代码分析】

我们注意到在 app.js 中，原来调用 connect 库的部分都被其他的库所代替了（serve-favicon、morgan、cookie-parser、body-parser 等）。在默认项目中，只用到了其中基本的几个库，还没有用到其他需要替换的库。另外，原来用于项目启动的代码被移到./bin/www 文件中，www 文件是一个 Node 的脚本，用于分离配置和启动程序，后面会介绍。

（3）下面我们看一下 www 文件，其主要代码如下：

```
01  #!/usr/bin/env node
//……此处省略部分代码
15  var port = normalizePort(process.env.PORT || '6868');
16  app.set('port', port);
17
18  /**
19   * Create HTTP server.
20   */
21
22  var server = http.createServer(app);
23
24  /**
25   * Listen on provided port, on all network interfaces.
26   */
27
28  server.listen(port);
29  server.on('error', onError);
30  server.on('listening', onListening);
31
```

```
//……此处省略部分代码
84  function onListening() {
85    var addr = server.address();
86    var bind = typeof addr === 'string'
87      ? 'pipe ' + addr
88      : 'port ' + addr.port;
89    debug('Listening on ' + bind);
90  }
```

【代码分析】

- www 文件也是一个 Node 的脚本，主要用于项目启动代码、分离配置和启动程序。该文件的内容很多，我们仅对其中重要的部分代码做一下解释。第 15～16 行代码用于定义服务器端口号，此处我们修改为 6868；第 22 行代码使用 http.createServer()方法创建了 HTTP 服务器；第 28 行代码使用 server.listen()方法监听服务器端口；第 29 行代码定义了 error 错误事件处理方法 onError，具体实现在第 56～78 行代码；第 30 行代码定义了 listening 监听事件处理方法 onListening，具体实现在第 84～90 行代码。以上这些代码的定义是不是很熟悉呢？这与使用 Node.js 框架的 HTTP 模块创建服务器的过程是十分相似的，由此可见 Express 开发框架是完全基于 Node.js 框架开发的。

（4）用于存放路由文件的 route 文件夹也是非常更要的，在应用程序加载时隐含路由中间件，不用担心在中间件被装载时相对于路由器中间件的顺序。下面我们看一下路由脚本文件 index.js，其主要代码如下：

```
01  /**
02   * module define
03   * @type {*|exports}
04   */
05  var express = require('express');
06  var router = express.Router();
07  /**
08   * GET home page.
09   */
10  router.get('/', function(req, res, next) {
11    res.render('index', { title: 'Express' });
12  });
13
module.exports = router; //输出模型 router
```

【代码分析】

- 第 05 行代码引入 express 模块，同时赋值变量 express；第 06 行代码通过 express.Router()方法定义路由变量 router；第 10～12 行代码通过调用 router.get()方法发送 GET 方式的连接请求，其回调函数包含 res、req 和 next 三个参数：res 与 req 参数读者肯定熟悉，是 HTTP

模块中 http.get()方法原本就有的，而 next 参数是新的特性，当连接请求能够匹配多个路由时，通过调用 next()方法进行处理；第 11 行代码通过调用 res.render()方法渲染 view 目录下的 index 页面文件，本例程中定义了一个{ title: 'Express' }数组对象，该对象将在 index 页面文件中进行使用。

（5）最后，介绍用于页面文件的 view 文件夹，该文件夹下的页面均通过 Ejs 模板文件实现。下面我们看一下页面文件 index.ejs，其主要代码如下：

```
<!DOCTYPE html>
<html>
  <head>
    <title><%= title %></title>
    <link rel='stylesheet' href='/stylesheets/style.css' />
    <link rel="stylesheet" href="http://cdn.bootcss.com/bootstrap/3.3.2/css/
     bootstrap.min.css">
  </head>
  <body>
    <div class="well jumbotron">
      <h1><%= title %></h1>
      <p>Hello World, this is a simple Express Page with Bootstrap.</p>
      <p><a class="btn btn-primary btn-lg" href="#" role="button">About
    Express</a></p>
    </div>
  <script src="http://cdn.bootcss.com/jquery/1.11.2/jquery.min.js"></script>
  <script src="http://cdn.bootcss.com/bootstrap/3.3.2/js/bootstrap.min.js">
    </script>
  </body>
</html>
```

为了展现出更美观的页面效果，整个 index.ejs 页面使用 Bootstrap 框架进行了重构，感兴趣的读者可以找一些关于 Bootstrap 框架的文档了解一下。另外，使用到了 index.js 路由文件传来的 title 属性进行了页面输出。

3．调试项目

通过 npm 命令启动 express 框架服务器，命令行如下：

```
npm start
```

控制台工具输出的实际效果如图 8.26 所示。

图 8.26 中显示出 Express 框架服务器已经成功启动运行。我们打开浏览器，在地址栏中输入地址：http://localhost:3000/，其效果如图 8.27 所示。

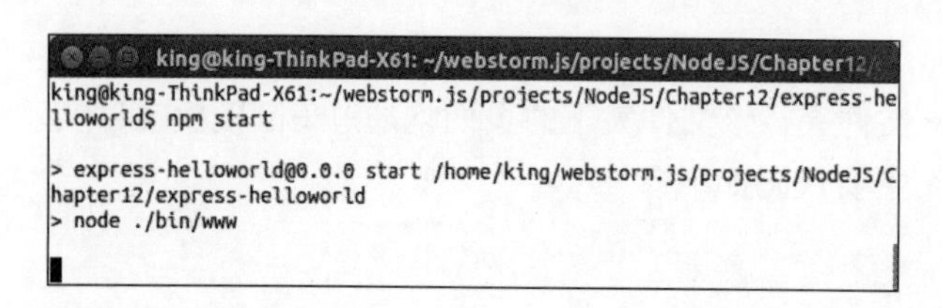

图 8.26 Express 开发框架初步（启动 Express 框架服务器）

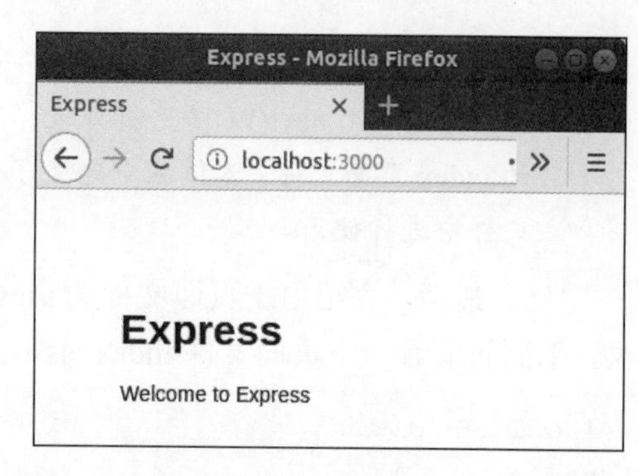

图 8.27 Express 开发框架初步（浏览器效果）

如图 8.27 所示，浏览器页面打印输出了模板文件 index.ejs 定义的内容，整个页面也是 Bootstrap 风格的。

路由功能是 Express 4.x 版本以后全面改进的功能。在应用程序加载时隐含路由中间件，不用担心在中间件被装载时相对于路由器中间件的顺序，其可以帮助我们更好地组织代码结构。如果我们要管理不同的路径，那么可以直接配置为多个不同的路由。

8.13 Express 开发框架路由处理

本节我们介绍基于 Node.js 的 Express 开发框架的路由处理方法。所谓“路由”，是指为不同的 URL 访问路径指定不同的处理方法。HTTP 服务器提供路由服务，对于浏览器发过来的不同的 URL 请求，根据路由规则进行解释与响应，这就是 HTTP 服务器的路由功能。

本节的代码实例在 8.12 节的基础上实现了 Express 开发框架路由处理的功能。关于 Express 开发框架的搭建，读者可以参考 8.12 节的内容，这里主要介绍路由功能的处理方法。

（1）通过 express 命令创建一个新的 Express 工程目录 express-routes，命令行如下：

```
express -e express-routes
```

（2）进入工程目录中，通过 npm 命令下载依赖库（下载好的依赖库默认存放在目录 node_modules 中），命令行如下：

```
npm install
```

下面我们通过修改 app.js 脚本文件，并在路由文件夹 routes 和视图文件夹 views 中添加相应代码文件，来实现本例程路由处理的功能。我们先浏览一下 express-routes 工程的目录概况，如图 8.28 所示。

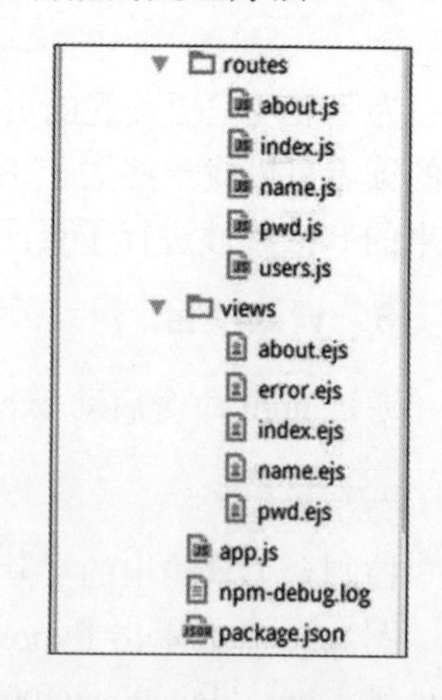

图 8.28 Express 开发框架初步（工程目录概况）

（3）下面是 app.js 应用核心配置文件，其主要代码如下：

```
01  /**
02   * 加载依赖库,原来这个类库都封装在 connect 中,现在需要单独加载
03   * @type {*|exports}
04   */
05  var express = require('express');
06  var path = require('path');
07  var favicon = require('serve-favicon');
08  var logger = require('morgan');
09  var cookieParser = require('cookie-parser');
10  var bodyParser = require('body-parser');
11  /**
12   * 加载路由控制
13   * @type {router|exports}
14   */
15  var routes = require('./routes/index');
16  var users = require('./routes/users');
17  var about = require('./routes/about');
18  var name = require('./routes/name');
19  var pwd = require('./routes/pwd');
20  /**
21   * 创建项目实例
22   */
23  var app = express();
24  /**
25   * 定义 EJS 模板引擎和模板文件位置,也可以使用 jade 或其他模型引擎
26   * view engine setup
27   */
28  app.set('views', path.join(__dirname, 'views'));
29  app.set('view engine', 'ejs');
//……此处省略部分代码
52  /**
53   * 匹配路径和路由
54   */
55  app.use('/', routes);                        //访问根路径
56  app.use('/users', users);                    //访问路径/users
57  app.get('/test', function(req, res) {        //访问路径/test
58    res.send('Test Routes!');
59  });
60  app.get('/about', about);                    //访问路径/about
61  app.get('/name', name);                      //访问路径/name
62  app.get('/wildcard/*', function(req, res) {   //访问通配符路径/wildcard/*
63    res.send(req.originalUrl); //req.originalUrl 获取当前 URL
64  });
```

```
65  app.get('/pwd/:passwd', pwd);                          //访问路径/pwd/:passwd
66  app.get('/next/*', function(req, res, next) {         //访问路径/next/*
67    req.control = "转移控制权";
68    next(); //TODO: 把权限转移到下一个路由
69  });
//……此处省略部分代码
```

【代码分析】

- 第 55 行代码使用 app.use()方法设定了访问根路径（“/”）的路由配置，其中 app.use()方法第一个参数设定了根路径，第二个参数定义回调方法 routes，而参数 routes 的定义见第 15 行代码，该行引用了路由文件夹 routes 中的脚本文件 index.js。

（4）下面我们来看 index.js 路由脚本文件的内容，其主要代码如下：

```
01  /**
02   * module define
03   * @type {*|exports}
04   */
05  var express = require('express');
06  var router = express.Router();
07  /**
08   * GET root page.
09   */
10  router.get('/', function(req, res, next) {
11    res.render('index', {
12      title: 'Express - Routes'
13    });
14  });
15  module.exports = router;// 输出模型 router
```

【代码分析】

- 第 10～14 行代码通过调用 router.get()方法发送 GET 方式的连接请求，其回调函数包含 res、req 和 next 三个参数；第 11～13 行代码通过调用 res.render()方法渲染 view 目录下的 index 页面文件，本例程中定义了一个{ title: 'Express - Routes' }数组对象，该对象将在 index 模板页面文件中进行使用。

（5）我们看看通过 Ejs 模板文件实现的 view 页面文件夹，其中 index.js 路由文件中渲染的模板文件 index.ejs 的主要代码如下：

```
01  <!DOCTYPE html>
02  <html>
03    <head>
04      <title><%= title %></title>
```

```
05      <link rel='stylesheet' href='/stylesheets/style.css' />
06    </head>
07    <body>
08      <h1><%= title %></h1>
09      <p>Welcome to <%= title %></p>
10    </body>
11  </html>
```

【代码分析】

- 第 08～09 行代码使用 index.js 路由文件传来的 title 属性值在页面中进行了渲染输出。

（6）我们通过 npm 命令（npm start）启动 Express 框架服务器。Express 框架服务器成功启动运行后，打开浏览器，在地址栏中输入地址：http://localhost:6868/，来访问根路径，其效果如图 8.29 所示。

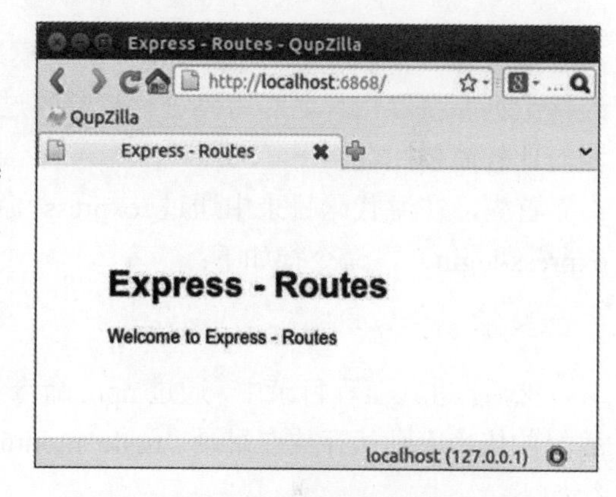

图 8.29　Express 开发框架路由处理（访问根路径）

从图 8.29 中可以看到，浏览器页面通过 title 属性打印输出了模板文件 index.ejs 定义的内容，说明路由配置成功了。

再次返回 app.js 应用核心配置文件，第 56 行代码使用 app.use()方法设定了访问路径“/users”的路由配置，其中 app.use()方法第一个参数设定了“/users”路径，第二个参数定义回调方法 users，而参数 users 的定义见第 16 行代码，该行引用了路由文件夹 routes 中的脚本文件 users.js。

（7）下面我们看一下 users.js 路由脚本文件的内容，其主要代码如下：

```
01  /**
02   * module define
03   * @type {*|exports}
04   */
05  var express = require('express');
06  var router = express.Router();
07  router.get('/', function(req, res, next) {
08    res.send('respond with a resource');
09  });
10  module.exports = router;                // 输出模型 router
```

【代码分析】

- 第 08 行代码通过调用 res.send()方法直接在根页面文件打印输出了提示信息“respond with a resource”；第 10 行代码通过 module.exports 方法输出 router 模型。

在确认 Express 框架服务器处于运行状态后，我们在浏览器地址栏中输入地址：http://localhost:6868/users，来访问“/users”路径，其效果如图 8.30 所示。

从图 8.30 中可以看到，浏览器页面打印输出了提示信息“respond with a resource”，说明路由配置成功了。

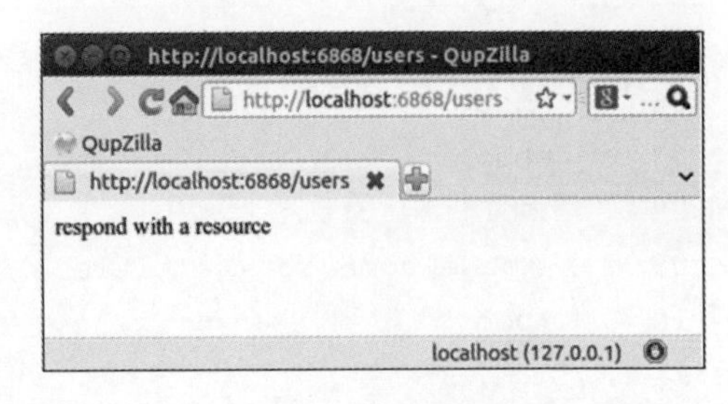

图 8.30　Express 开发框架路由处理（访问“/users”路径）

8.14　应用 Express 框架实现登录页面

本节我们介绍应用 Express 开发框架模拟实现登录页面的方法。本节这个代码实例省略了连接数据库获取用户名和密码进行校验的过程，仅仅应用 Express 框架模拟一个登录的过程，相对比较简单。

首先，在源代码目录中通过 express 命令创建一个新的 Express 工程目录（名称定义为 express-login），命令行如下：

```
express -e express-login
```

然后，进入工程目录中，通过 npm 命令下载依赖库（下载好的依赖库默认存放在目录“node_modules”中），命令行如下：

```
npm install
```

下面通过修改 app.js 脚本文件，并在路由文件夹 routes 和视图文件夹 views 中添加相应代码文件，来实现本例程登录的功能。

先浏览一下 express-login 工程的目录概况，如图 8.31 所示。

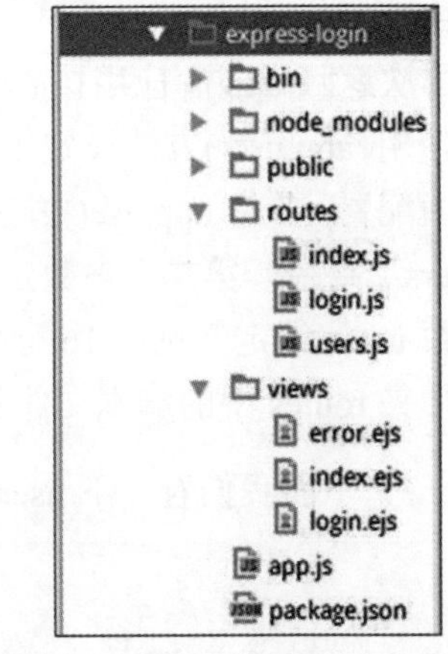

图 8.31　应用 Express 框架实现登录页面（工程目录概况）

下面是 app.js 应用核心配置文件，其主要代码如下：

```
01  /**
02   * 加载依赖库,原来这个类库都封装在 connect 中,现在需要单独加载
03   * @type {*|exports}
04   */
05  var express = require('express');
06  var path = require('path');
07  var favicon = require('serve-favicon');
08  var logger = require('morgan');
09  var cookieParser = require('cookie-parser');
10  var bodyParser = require('body-parser');
```

```
11  /**
12   * 加载路由控制
13   * @type {router|exports}
14   */
15  var routes = require('./routes/index');
16  var users = require('./routes/users');
17  var login = require('./routes/login');
18  /**
19   * 创建项目实例
20   */
21  var app = express();
22  /**
23   * 定义EJS模板引擎和模板文件位置,也可以使用jade或其他模型引擎
24   * view engine setup
25   */
26  app.set('views', path.join(__dirname, 'views'));
27  app.set('view engine', 'ejs');
//……此处省略部分代码
46  /**
47   * 定义静态文件目录
48   */
49  app.use(express.static(path.join(__dirname, 'public')));
50  /**
51   * 匹配路径和路由
52   */
53  app.use('/', routes);
54  app.use('/users', users);
55  app.post('/login', login);
56  /**
//……此处省略部分代码
```

【代码分析】

- 第 55 行代码使用 app.post()方法设定了访问路径（/login）的路由配置，第 17 行代码定义了“/login”路由文件的位置（/routes/login.js）。

下面我们看一下 login.js 路由脚本文件的内容，其主要代码如下：

```
01  /**
02   * module define
03   * @type {*|exports}
04   */
05  var express = require('express');
06  var router = express.Router();
```

```
07  /**
08   * GET login page.
09   */
10  router.post('/login', function(req, res, next) {
11      res.render('login', {
12          title: 'Express - Login',
13          userid: req.body.userid,
14          pwd: req.body.pwd
15      });
16  });
17  module.exports = router;          // 输出模型 router
```

【代码分析】

- 第 11～15 行代码通过调用 res.render()方法渲染 view 目录下的 login 页面文件，代码中定义了一个数组对象{ title: 'Express - Login', userid: req.body.userid, pwd: req.body.pwd }，该对象将在 login 模板页面文件中使用。

然后，看一下通过 Ejs 模板文件实现的 view 页面文件夹，其中 login.js 路由文件中渲染的模板文件 login.ejs 的主要代码如下：

```
01  <!DOCTYPE html>
02  <html>
03    <head>
04      <title><%= title %></title>
05      <link rel='stylesheet' href='/stylesheets/style.css' />
06    </head>
07    <body>
08      <h1><%= title %></h1>
09      <p>Welcome to <%= title %></p>
10      <p>User id: <%= userid %></p>
11      <p>Password: <%= pwd %></p>
12    </body>
13  </html>
```

【代码分析】

- 第 08～11 行代码使用到了 login.js 路由文件传来的 title、userid 和 pwd 属性值，在页面中进行了渲染输出，即打印输出了登录用户名和密码。

登录用户名和密码来自什么地方呢？这里需要编写一个登录页面，我们使用已有的 index.js 路由文件和 index.ejs 模板页面文件。

下面看一下 index.js 路由脚本文件的内容，其主要代码如下：

```
01  /**
02   * module define
03   * @type {*|exports}
04   */
05  var express = require('express');
06  var router = express.Router();
07  /**
08   * GET root page.
09   */
10  router.get('/', function(req, res, next) {
11    res.render('index', {
12      title: 'Express - Login'
13    });
14  });
15  module.exports = router;// 输出模型 router
```

【代码分析】

- 第 11～13 行代码通过调用 res.render()方法渲染 view 目录下的 index 页面文件，本例程中定义了一个数组对象{ title: 'Express - Login' }，该对象将在 index 模板页面文件中使用。

然后，我们看一下通过 Ejs 模板文件实现的 view 页面文件夹，其中 inidex.js 路由文件中渲染的模板文件 index.ejs 的主要代码如下：

```
01  <!DOCTYPE html>
02  <html>
03    <head>
04      <title><%= title %></title>
05      <link rel='stylesheet' href='/stylesheets/style.css' />
06    </head>
07    <body>
08      <h1><%= title %></h1>
09      <p>Welcome to <%= title %></p>
10    <form method="post" action="/login">
11      <p>User id: <input id="userid" name="userid" type="text"></p>
12      <p>Password: <input id="pwd" name="pwd" type="password"></p>
13      <input id="submit" name="submit" type="submit" value="提交">
14    </form>
15    </body>
16  </html>
```

【代码分析】

上面的 login.ejs 模板文件读者是不是很熟悉呢？第 10～14 行代码实际上就是一个 Form 表单，包含 userid 和 pwd 两个 text 类型文本框以及一个“提交”按钮；第 10 行代码在<form>标签内定义了访问方式 method=post，url 地址为 action=/login，而路由地址“/login”在前面的 app.js 文件中有定义。

下面进行测试，在确认 Express 框架服务器处于运行状态后，在浏览器的地址栏中输入地址：http://localhost:6868/post 来进行访问，其效果如图 8.32 所示。我们分别在 User id 和 Password 文本框中输入用户 id 和密码，然后单击“提交”按钮模拟登录，其效果如图 8.33 所示。

图 8.32　表单页面

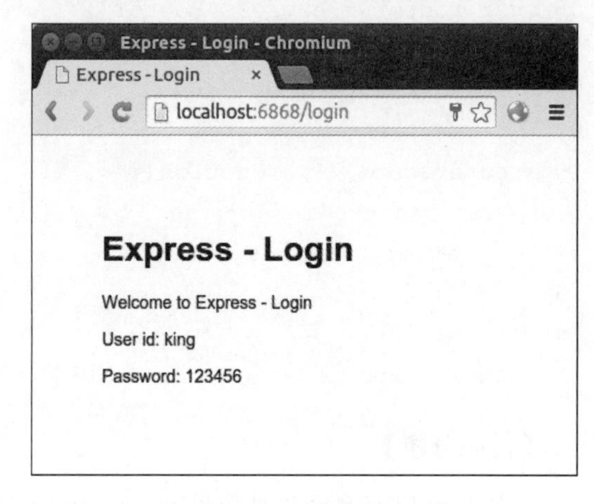

图 8.33　模拟登录

从图 8.33 中可以看到，Form 表单中的 userid 和 pwd 文本框中的数据成功提交了，说明登录操作完成了。

8.15　Express 框架实现 Ajax 方式操作

本节介绍应用 Express 开发框架实现 Ajax 方式操作的方法。首先，通过 express 命令创建一个新的 Express 工程目录 express-ajax，命令行如下：

```
express -e express-ajax
```

然后，进入工程目录中，通过 npm 命令下载依赖库（下载好的依赖库默认存放在目录 node_modules 中），命令行如下：

```
npm install
```

下面通过修改 app.js 脚本文件并在路由文件夹 routes 和视图文件夹 views 中添加相应代码文件来实现本例程登录的功能。

先浏览一下 express-ajax 工程的目录概况，如图 8.34 所示。

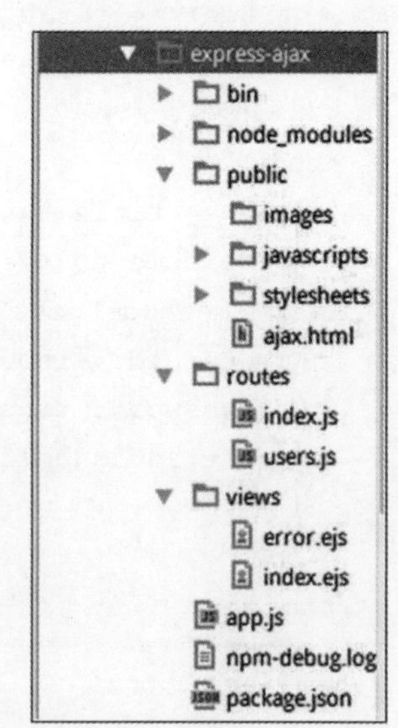

图 8.34　Express 框架实现 Ajax 方式操作（工程目录概况）

下面是 app.js 应用核心配置文件，其主要代码如下：

```
01  /**
02   * 加载依赖库,原来这个类库都封装在 connect 中,现在需要单独加载
03   * @type {*|exports}
04   */
05  var express = require('express');
06  var path = require('path');
07  var favicon = require('serve-favicon');
08  var logger = require('morgan');
09  var cookieParser = require('cookie-parser');
10  var bodyParser = require('body-parser');
11  /**
12   * 加载路由控制
13   * @type {router|exports}
14   */
15  var routes = require('./routes/index');
16  var users = require('./routes/users');
17  /**
18   * 创建项目实例
19   */
20  var app = express();
21  /**
22   * 定义 EJS 模板引擎和模板文件位置,也可以使用 jade 或其他模型引擎
23   * view engine setup
24   */
25  app.set('views', path.join(__dirname, 'views'));
26  app.set('view engine', 'ejs');
//……此处省略部分代码
49  /**
50   * 匹配路径和路由
51   */
52  app.use('/', routes);
53  app.use('/users', users);
54  app.get('/jsonp', function(req, res, next) {
55    res.jsonp({
56      status:'status : jsonp'
57    });
58  });
59  app.get('/json', function(req, res, next) {
60    res.send({
61      status:'status : json'
62    });
63  });
//……此处省略部分代码
```

【代码分析】

- 第 54～58 行代码使用 app.get()方法设定了访问路径（/jsonp）的路由配置，第 55～57 行代码通过调用 res.jsonp()方法实现跨域的 JSON 格式数据传送，该方法内定义了一个数组{status:'status : jsonp'}用于传送；第 59～63 代码行使用 app.get()方法设定了访问路径"/json"的路由配置，第 60～62 行代码通过调用 res.send()方法向页面发送 JSON 格式数据，该方法内定义了一个数组{status:'status : json'}用于数据发送。

下面看一下 index.js 路由脚本文件的内容，其主要代码如下：

```
01  /**
02   * module define
03   * @type {*|exports}
04   */
05  var express = require('express');
06  var router = express.Router();
07  /**
08   * GET root page.
09   */
10  router.get('/', function(req, res, next) {
11    res.render('index', {
12      title: 'Express - Ajax'
13    });
14  });
15  module.exports = router;        //输出模型 router
```

【代码分析】

- 第 11～13 行代码通过调用 res.render()方法渲染 view 目录下的 index 页面文件，本例程中定义了一个数组对象{ title: 'Express - Ajax' }，该对象将在 index 模板页面文件中使用。

然后，看一下通过 Ejs 模板文件实现的 view 页面文件夹，其中 index.js 路由文件中渲染的模板文件 index.ejs 的主要代码如下：

```
01  <!DOCTYPE html>
02  <html>
03  <head>
04    <title><%= title %></title>
05    <link rel='stylesheet' href='/stylesheets/style.css' />
06  </head>
07  <body>
08  <h1><%= title %></h1>
09  <p>Welcome to <%= title %></p>
10  <p><a href="ajax.html">Click to ajax.html</a></p>
```

```
11  </body>
12  </html>
```

【代码分析】

- 第 10 行代码定义了一个超链接，链接地址为一个静态页面 ajax.html。

Express 框架将静态页面放置在什么地方呢？答案是 public 目录。

下面看一下 ajax.html 静态文件的内容，其主要代码如下：

```
01  <!DOCTYPE html>
02  <html>
03  <head lang="en">
04      <meta charset="UTF-8">
05      <script src="http://code.jquery.com/jquery-latest.js"></script>
06      <title>Express - Ajax</title>
07  </head>
08  <body>
09  <script type="text/javascript">
10      function get_jsonp() {
11          $.getJSON("http://127.0.0.1:6868/jsonp?callback=?",
    function(data){
12              $('#input-jsonp').val('JSONP info : ' + data.status);
13          });
14      }
15      function get_json() {
16          $.getJSON("json", function(data) {
17              $('#input-json').val('JSON info : ' + data.status);
18          });
19      }
20  </script>
21  <!-- title -->
22  <p>Express - Ajax</p>
23  <!-- jsonp method -->
24  <p>
25      <a href="javascript:get_jsonp();">点击调用 - jsonp</a><br/>
26      <input id="input-jsonp" type="text" size="48" /><br/>
27  </p>
28  <!-- json method -->
29  <p>
30      <a href="javascript:get_json();">点击调用 - json</a><br/>
31      <input id="input-json" type="text" size="48" /><br/>
32  </p>
```

```
33  </body>
34  </html>
```

【代码分析】

- 第 05 行代码引用了 CDN 方式的 jQuery 库文件，因为下面的脚本代码需要调用 jQuery 库的 Ajax 方法；第 25 行代码定义了一个超链接，在 href 属性内使用 JavaScript 语法调用了一个自定义函数 get_jsonp()；第 10～14 行代码是自定义函数 get_jsonp()的内容，其中第 11～13 行代码通过调用 jQuery 的$.getJSON()方法请求了链接地址“http://127.0.0.1:6868/jsonp?callback=?”，这个链接地址的写法涉及 JSONP 的原理，读者可以参考相关内容，这里只需要知道必须写成这种形式就可以了；在该方法的回调函数内，第 12 行代码将通过 Ajax 方式获取的 JSON 数据（data.status）内容显示在第 26 行代码定义的 id 值为 input-jsonp 的<input>文本框中。
- 第 30 行代码定义了一个超链接，在 href 属性内使用 JavaScript 语法调用了一个自定义函数 get_json()；第 15～19 行代码是自定义函数 get_json()的内容，其中第 16～18 行代码通过调用 jQuery 的$.getJSON()方法请求了路由地址 json；在该方法的回调函数内，第 17 行代码将通过 Ajax 方式获取的 JSON 数据（data.status）内容显示在第 31 行代码定义的 id 值为 input-json 的<input>文本框中。

下面进行测试，在确认 Express 框架服务器处于运行状态后，在浏览器的地址栏中输入地址：http://localhost:6868/来进行访问，其效果如图 8.35 所示。

图 8.35　Express 框架实现 Ajax 方式操作（首页）

然后，单击超链接“Click to ajax.html”，其效果如图 8.36 所示。再分别单击超链接“点击调用 - jsonp”和“点击调用 - json”，其效果如图 8.37 所示，从图中可以看到，通过无页面刷新的 Ajax 方式，页面成功读取到了 JSON 格式的数据，并在文本框中进行了显示。

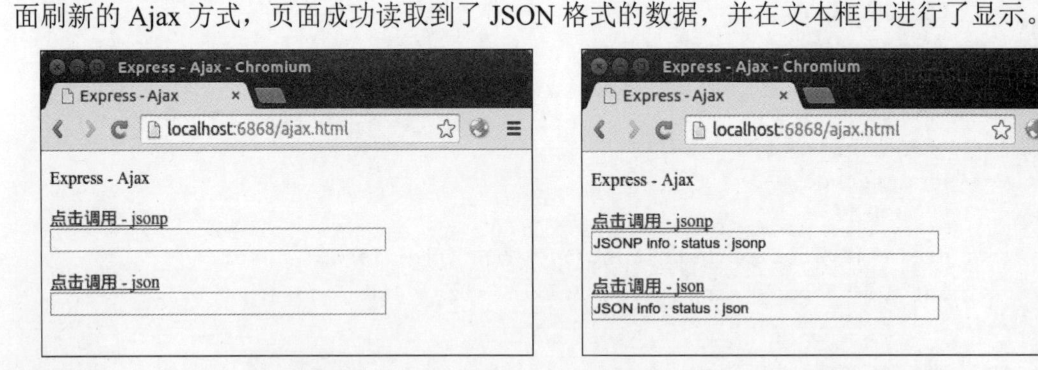

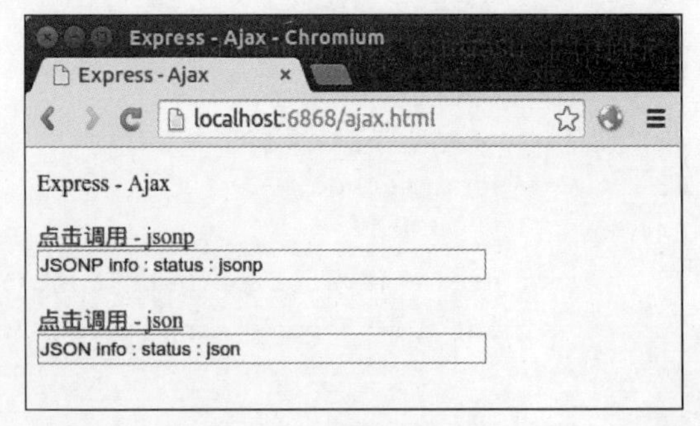

图 8.36　Ajax 页面

图 8.37　完成 Ajax 调用

JSONP（英文全称为 JSON with Padding）是 JSON 的一种“使用模式”，可用于解决浏览器的跨域数据访问问题。

第 9 章
数据库管理

本章向读者介绍 Node.js 框架与数据库管理方面的内容，具体包括 Node.js 框架与 MySQL 数据库和 MongoDB 数据库交互的知识。

9.1 数据库概述

Node.js 框架为数据库管理提供了很好的支持，本章以目前流行的 MySQL 数据库和 MongoDB 数据库为例，对 Node.js 框架的数据库应用进行介绍。这里之所以推荐 MySQL 数据库和 MongoDB 数据库，不仅仅是因为这两款数据库产品非常受欢迎，更是因为 MySQL 是开源轻量级“关系型”数据库的翘楚，MongoDB 是开源轻量级“非关系型”数据库的首选。

众多高水平的开源设计人员为 Node.js 框架开发了 MySQL 扩展库，读者可以在互联网中检索到这些 MySQL 扩展库的介绍，本章选用的是目前人气最高的 node-mysql 开源项目作为 Node.js 框架的 MySQL 扩展库。简单来讲，node-mysql 开源项目提供了 MySQL 数据库对 Node.js 框架的完整支持，具有一套与数据库开发相关的方法，通过这些方法就可以非常方便地构建 Node.js 数据库应用。

至于 MongoDB 数据库，就更值得讲一讲了。MongoDB 是一种非关系型数据库（NoSQL 范畴），这一点与 MySQL 数据库是有根本区别的。MongoDB 数据库因其灵活的数据存储方式得到了当前 IT 业内的一致肯定与支持，尤其在移动互联网开发方面是应用最广泛的 NoSQL 数据库之一。MongoDB 最大的优势就是对面向对象思想的完美实现，MongoDB 数据库中的每一条记录都是一个文档对象，因此对于 MongoDB 所有的数据持久操作都不需要开发人员手动编写 SQL 语句，只要直接调用方法就可以轻松地实现 CRUD 操作。在开源社区，众多高水平的设计人员为 Node.js 框架开发了 MongoDB 扩展库，读者可以在互联网中检索到这些 MongoDB 扩展库的介绍，目前首选方案是使用同名的 mongodb 开源项目作为 Node.js 框架的 MongoDB 扩展库，该扩展库具有一套与数据库开发相关的方法，通过这些方法就可以非常方便地构建 Node.js 数据库应用。

综上所述，将 Node.js 框架与 MySQL 数据库和 MongoDB 数据库结合起来进行应用开发，是能够将各自优势最大化的方案，绝对是“1+1>2”的天作之合。

9.2 连接 MySQL 数据库

首先，从 Node.js 框架连接 MySQL 数据库的操作开始介绍的，如果想对数据库进行操作，必须要先成功连接到数据库。从 node-mysql 开源项目的文档中，我们知道 node-mysql 扩展库提供了一个 mysql.createConnection()方法来完成连接 MySQL 数据库的功能。

在下面的代码实例中，使用 mysql.createConnection()方法来实现 Node.js 框架连接 MySQL 数据库的操作。

【代码 9-1】（详见源代码目录 ch09-node-mysql-conn.js 文件）

```
01  /**
02   * ch09-node-mysql-conn.js
03   */
04  console.info("------   mysql connnection()   ------");
05  console.info();
06  var http = require("http");          //引入 HTTP 模块
07  var mysql = require('/usr/local/lib/node_modules/mysql');  //引入 mysql 模块
08  console.log("Now start HTTP server on port 6868...");
09  console.info();
10  /**
11   * 创建数据库连接
12   */
13  var connection = mysql.createConnection({
14     host: "localhost",           //主机地址
15     user: "root",                //数据库用户名
16     password: "root",            //数据库密码
17     database: "nodejs",          //数据库名称
18     port: 3306                   //端口号
19  });
20  /**
21   * 创建 HTTP 服务器
22   */
23  http.createServer(function (req, res) {
24     res.writeHead(200, { "Content-Type" : "text/html;charset=utf8" });
25     res.write("<h3>测试 Node.js - MySQL 数据库连接!</h3><br/>");
26     /**
27      * 测试数据库连接
28      */
29     connection.connect(function(err) {
30        if(err) {
31           res.end('<p>Error Connected to MySQL!</p>');
32           return;
```

```
33          } else {
34              res.end('<p>Connected to MySQL!</p>');
35          }
36      });
37  }).listen(6868);                //监听6868端口号
```

【代码分析】

- 第 06 行代码引入 HTTP 模块，同时赋予变量 http。
- 第 07 行代码引入 mysql 模块，同时赋予变量 mysql。
- 第 13～19 行代码通过调用 mysql.createConnection()方法创建了一个基本的 MySQL 数据库连接，包括对数据库主机地址、数据库用户名与密码、数据库名称以及数据库监听端口号的定义；同时，该方法返回一个 connection 变量用于保存数据库连接。
- 第 23～37 行代码通过调用 http.createServer()方法创建了一个基本的 HTTP 服务器，其回调函数传递两个参数（req 和 res），具体说明如下：
  - 第 24 行代码通过调用 res.writeHead()方法写 HTTP 文件头，并定义了页面字符编码为 utf8。
  - 第 25 行代码通过调用 res.write()方法向页面输出了提示信息。
  - 第 29～36 行代码通过调用 connection.connect()方法测试服务器连接，其回调函数包含一个参数 err，用于保存连接错误信息。
  - 第 31 行与第 34 行代码通过调用 res.end()方法发送页面内容，并通知 HTTP 服务器消息完成，如果数据库连接错误，就通过 if 语句判断参数 err 的结果为真，第 31 行代码被执行并向页面输出错误信息，如果数据库连接成功，那么通过 if 语句判断参数 err 的结果为假，第 34 行代码被执行并向页面输出成功信息；第 37 行代码通过调用 server.listen()方法在指定的主机名和端口接受连接，并监听该端口的连接请求。

单击工具栏中的“运行（Run）”命令按钮，通过“运行、调试和控制台输出”查看信息输出，如图 9.1 所示。

从图 9.1 中可以看到，我们创建的 HTTP 服务器已经启动运行，并输出了一行提示信息。然后，打开浏览器并在地址栏中输入地址：http://127.0.0.1:6868，如图 9.2 所示。

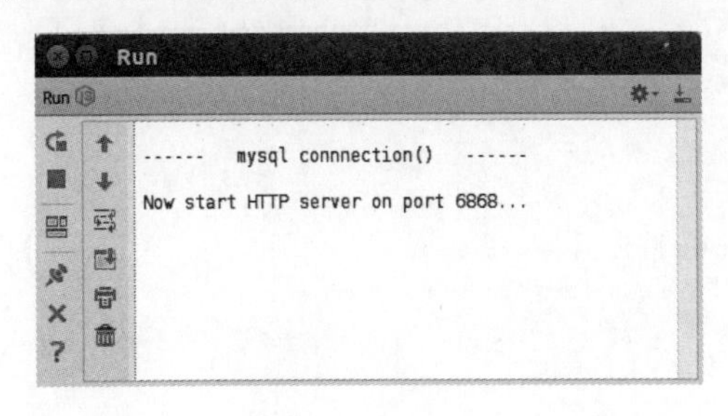

图 9.1 连接 MySQL 数据库（服务器）

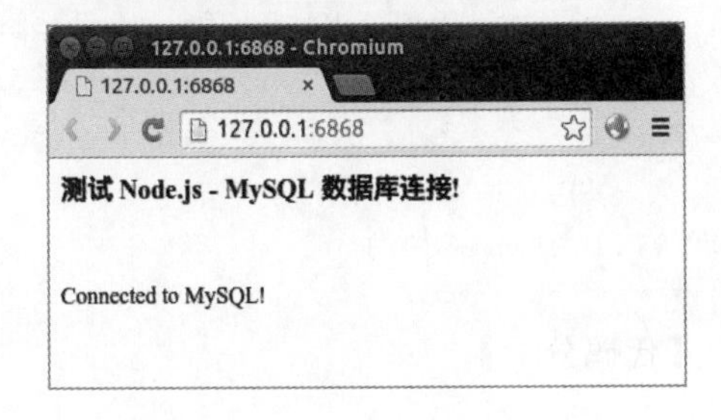

图 9.2 连接 MySQL 数据库（浏览器）

从图 9.2 中可以看到，Node.js 框架连接 MySQL 数据库的操作成功完成了，第 34 行输出的信息成功显示出来了。

如果想成功调试本节的例程，我们需要先成功安装部署 MySQL 数据库以及 node-mysql 扩展库。关于 MySQL 数据库的相关内容，读者可去参考这个网址：http://wiki.ubuntu.org.cn/MySQL；关于 node-mysql 扩展库的相关内容，读者可去参考这个网址：https://github.com/felixge/node-mysql。

9.3 查询 MySQL 数据库

本节介绍 Node.js 框架查询 MySQL 数据库的操作方法，在连接数据库操作成功后，就可以查询数据库中的数据了。从 node-mysql 开源项目的文档中，我们知道 node-mysql 扩展库提供了一个 connection.query()方法来完成查询 MySQL 数据库的操作。

在下面的代码实例中，使用 connection.query()方法来实现 Node.js 框架查询 MySQL 数据库的功能。

【代码 9-2】（详见源代码目录 ch09-node-mysql-query.js 文件）

```
01  /**
02   * ch09-node-mysql-query.js
03   */
04  console.info("------   mysql query()   ------");
05  console.info();
06  var http = require("http");          //引入 HTTP 模块
07  var mysql = require('/usr/local/lib/node_modules/mysql');  //引入 mysql 模块
//……此处省略12行代码，参考9.2节
20  /**
21   * 创建 HTTP 服务器
22   */
23  http.createServer(function (req, res) {
24     connection.query('select * from userinfo;', function (error, rows,
    fields) {
25          res.writeHead(200, { "Content-Type": "text/html;charset=utf8" });
26          res.write("<h3>测试 Node.js - MySQL 数据库查询操作!</h3><br/>");
27          res.end(JSON.stringify(rows));
28     });
29  }).listen(6868);                  //监听6868端口号
```

【代码分析】

- 第 24～28 行代码通过调用 connection.query()方法测试数据库查询操作，其第一个参数为一条 SQL 查询语句（select * from userinfo;），其中 userinfo 为数据库 nodejs 中定义好的一张表（table）；其第二个参数为一个包含 3 个参数的回调函数，参数 error 为错误信息，参数 rows 为查询返回行的结果，参数 fields 为查询返回字段的结果。

单击工具栏中的“运行（Run）”命令按钮，通过“运行、调试和控制台输出”查看信息输出，如图 9.3 所示。

然后，打开浏览器并在地址栏中输入地址：http://127.0.0.1:6868，如图 9.4 所示。

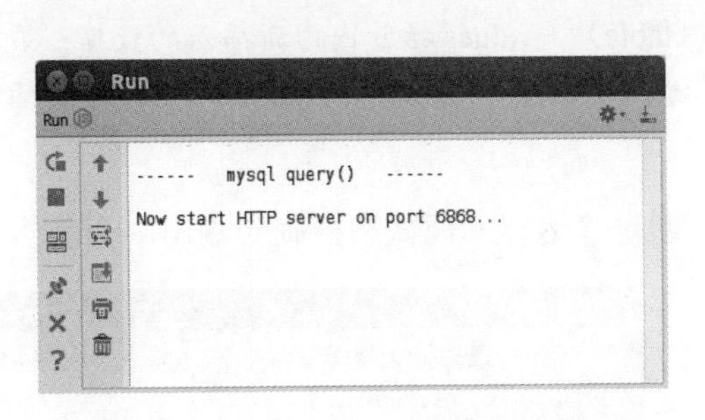

图 9.3　连接 MySQL 数据库（服务器）

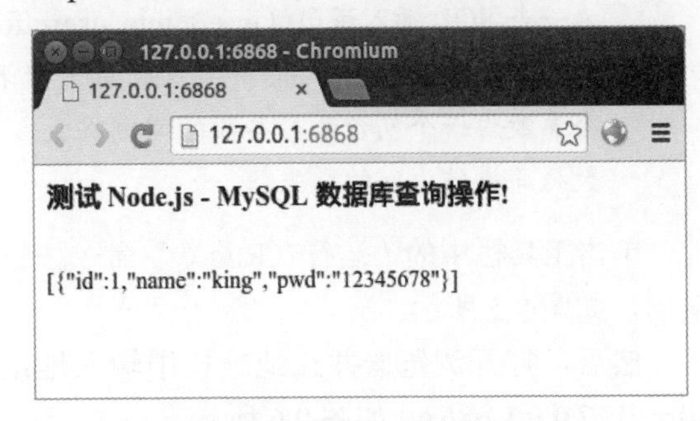

图 9.4　查询 MySQL 数据库（浏览器）

从图 9.4 中可以看到，Node.js 框架查询 MySQL 数据库的操作成功完成了，第 27 行代码成功输出了 userinfo 表中存储的内容。

9.4　插入 MySQL 数据库

本节介绍 Node.js 框架插入 MySQL 数据库的操作方法，在需要将新的数据项添加入数据库存储时，就会用到插入数据库的操作了。从 node-mysql 开源项目的文档中，我们知道 node-mysql 扩展库提供了一个 connection.query()方法来完成插入 MySQL 数据库的操作。

在下面的代码实例中，使用 connection.query()方法来实现 Node.js 框架插入 MySQL 数据库的功能。

【代码 9-3】（详见源代码目录 ch09-node-mysql-insert.js 文件）

```
01  /**
02   * ch09-node-mysql-insert.js
03   */
04  console.info("------   mysql insert()   ------");
05  console.info();
06  var http = require("http");         //引入 HTTP 模块
07  var mysql = require('/usr/local/lib/node_modules/mysql');  //引入 mysql 模块
//……此处省略连接数据库的代码，可参考本书源代码
27      connection.query('insert into userinfo(id,name,pwd)
    values(7,"genius","12345678");', function (errorinsert, resinsert) {
28          if (errorinsert) console.log(errorinsert);
29          console.log("INSERT Return ==> ");
30          console.log(resinsert);
//……此处省略连接数据库的代码，可参考本书源代码
```

【代码分析】

- 第 27～30 行代码通过调用 connection.query()方法测试数据库插入操作。其中，第一个参数为一条 SQL 插入语句（insert into userinfo(id,name,pwd) values(7,"genius","12345678");），userinfo 为数据库 nodejs 中定义好的一张表（table），values 括号内为新插入的数据；第二个参数为一个包含两个参数的回调函数，参数 errorinsert 为错误信息，参数 resinsert 为插入数据库操作返回的结果。

单击工具栏中的“运行（Run）”命令按钮，通过“运行、调试和控制台输出”查看信息输出，如图 9.5 所示。

然后，打开浏览器并在地址栏中输入地址：http://127.0.0.1:6868，如图 9.6 所示。

从图9.6 中可以看到，Node.js 框架插入 MySQL 数据库的操作成功完成了（id=7 这一行为新插入的数据）。最后，我们返回查看一下服务器端有什么变化（如图 9.7 所示），第 30 行代码成功输出了插入数据库操作完成后的返回值。

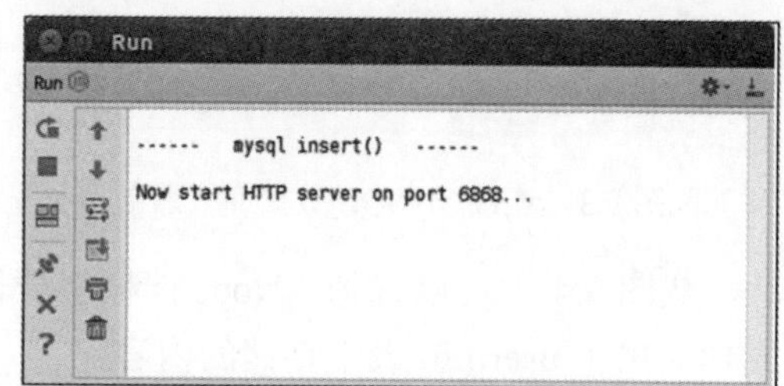

图 9.5　插入 MySQL 数据库（服务器）

图 9.6　插入 MySQL 数据库（浏览器）

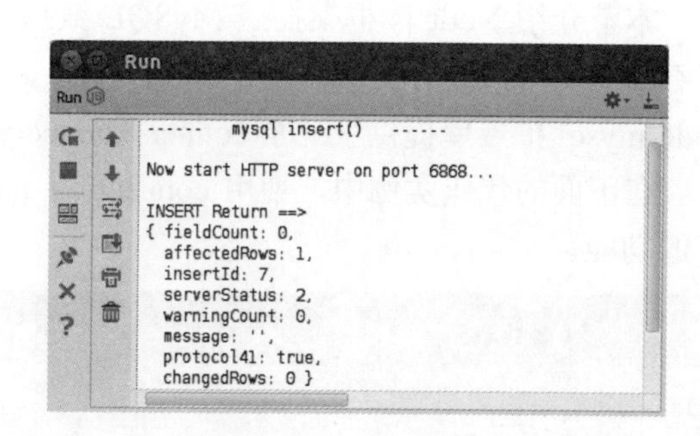

图 9.7　插入 MySQL 数据库（服务器）

9.5　删除 MySQL 数据库

本节介绍 Node.js 框架删除 MySQL 数据库的操作方法，在需要将原始数据项删除出数据库时，就会用到删除数据库的操作了。从 node-mysql 开源项目的文档中，我们知道 node-mysql 扩展库提供了一个 connection.query()方法来完成删除 MySQL 数据库的操作。

在下面的代码实例中，使用 connection.query()方法来实现 Node.js 框架删除 MySQL 数据库的功能。

【代码 9-4】（详见源代码目录 ch09-node-mysql-delete.js 文件）

```
01  /**
02   * ch09-node-mysql-delete.js
```

```
03    */
04   console.info("------   mysql delete()   ------");
05   console.info();
06   var http = require("http");                                  //引入 HTTP 模块
07   var mysql = require('/usr/local/lib/node_modules/mysql');   //引入 mysql 模块
//……此处省略连接数据库的代码，可参考本书源代码
27       connection.query('delete from userinfo where id=7;', function
     (errordelete, resdelete) {
28           if (errordelete) console.log(errordelete);
29           console.log("DELETE Return ==> ");
30           console.log(resdelete);
//……此处省略连接数据库的代码，可参考本书源代码
```

【代码分析】

- 第 27～30 行代码通过调用 connection.query()方法测试数据库删除操作。其中，第一个参数为一条 SQL 删除语句（delete from userinfo where id=7;），userinfo 为数据库 nodejs 中定义好的一张表（table），id=7 为要删除的数据项；第二个参数为一个包含两个参数的回调函数，参数 errordelete 为错误信息，参数 resdelete 为删除数据库操作返回的结果。

单击工具栏中的“运行（Run）”命令按钮，通过“运行、调试和控制台输出”查看信息输出，如图 9.8 所示。

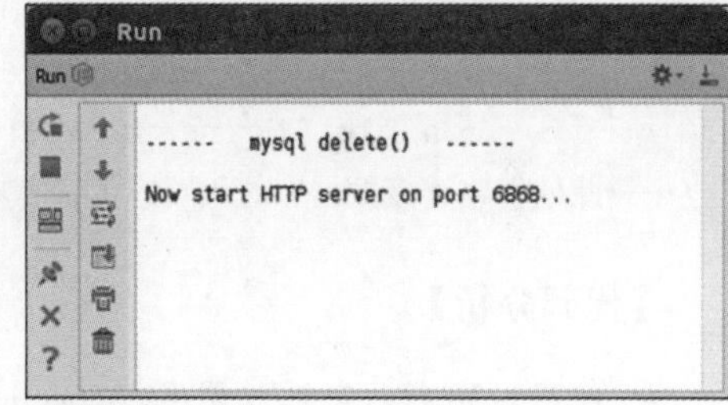

图 9.8 删除 MySQL 数据库（服务器）

然后，打开浏览器并在地址栏中输入地址：http://localhost:6868，如图 9.9 所示。

从图 9.9 中可以看到，Node.js 框架删除 MySQL 数据库的操作成功完成了（id=7 这一行数据被成功删除了）。最后，返回查看一下服务器端有什么变化（如图 9.10 所示），第 30 行代码成功输出了删除数据库操作完成后的返回值。

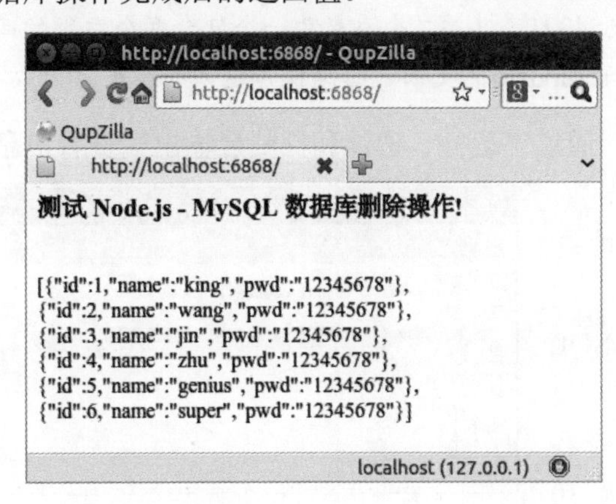

图 9.9 删除 MySQL 数据库（浏览器）

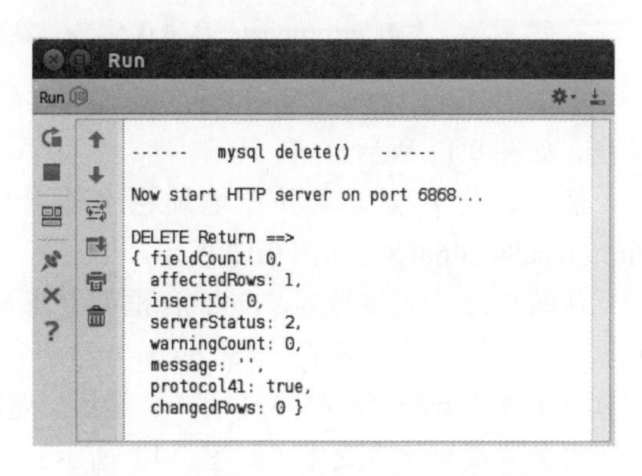

图 9.10 删除 MySQL 数据库（服务器）

9.6 更新 MySQL 数据库

本节介绍 Node.js 框架更新 MySQL 数据库的操作方法，在需要修改原始数据项的内容时，更新数据库操作是经常使用的方法。从 node-mysql 开源项目的文档中，我们知道 node-mysql 扩展库提供了一个 connection.query()方法来完成更新 MySQL 数据库的操作。

在下面的代码实例中，使用 connection.query()方法来实现 Node.js 框架更新 MySQL 数据库的功能。

【代码 9-5】（详见源代码目录 ch09-node-mysql-update.js 文件）

```
01  /**
02   *ch09-node-mysql-update.js
03   */
04  console.info("------   mysql update()   ------");
05  console.info();
06  var http = require("http");                //引入 HTTP 模块
07  var mysql = require('/usr/local/lib/node_modules/mysql');  //引入 mysql 模块
//……此处省略连接数据库的代码，可参考本书源代码
27      connection.query('update userinfo set pwd="87654321"  where
    pwd="12345678";', function (errorupdate, resupdate) {
28          if (errorupdate) console.log(errorupdate);
29          console.log("Update Return ==> ");
30          console.log(resupdate);
//……此处省略连接数据库的代码，可参考本书源代码
```

【代码分析】

- 第 27～30 行代码通过调用 connection.query()方法测试数据库更新操作，其第一个参数为一条 SQL 删除语句（update userinfo set pwd="87654321"　where pwd="12345678";），是将所有 pwd 字段内容为 12345678 的数值更新为新的 87654321；其第二个参数为一个包含两个参数的回调函数，参数 errorupdate 为错误信息，参数 resupdate 为更新数据库操作返回的结果。

单击工具栏中的“运行（Run）”命令按钮，通过“运行、调试和控制台输出”查看信息输出，如图 9.11 所示。

然后，打开浏览器并在地址栏中输入地址：http://localhost:6868，如图 9.12 所示。

从图 9.12 中可以看到，Node.js 框架更新 MySQL 数据库的操作成功完成了（全部 pwd="12345678"的数据项被更新为 pwd="87654321"了）。最后，返回查看一下服务器端有什么变化（如图 9.13 所示），第 30 行代码成功输出了更新数据库操作完成后的返回值。

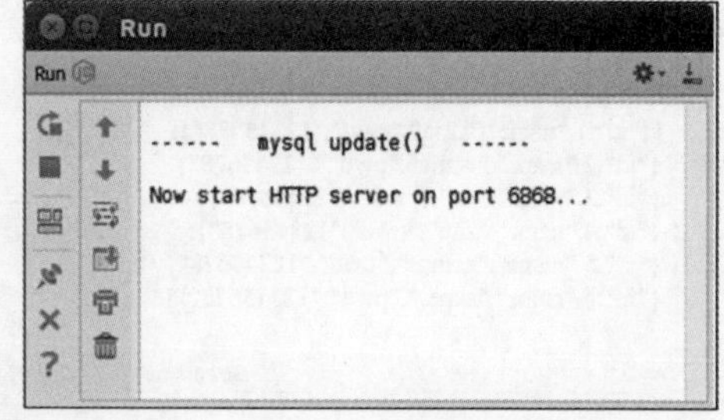

图 9.11　更新 MySQL 数据库（服务器）

图 9.12　更新 MySQL 数据库（浏览器）

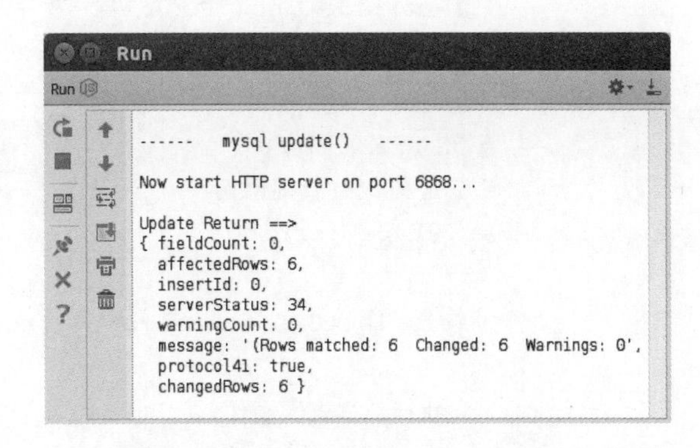

图 9.13 更新 MySQL 数据库（服务器）

9.7　操作 MySQL 数据库连接池

本节介绍 Node.js 框架 MySQL 数据库连接池的使用方法。数据库连接池负责分配、管理和释放数据库连接，其允许应用程序重复使用一个现有的数据库连接，而不需要每次重新建立一个。数据库连接池还可以释放空闲时间超过最大空闲时间的数据库连接，来避免因为没有释放数据库连接而引起的数据库连接遗漏。由此可见，数据库连接池技术能明显提高对数据库操作的性能。

从 node-mysql 开源项目的文档中，我们知道 node-mysql 扩展库提供了一个 pool.getConnection()方法来建立数据库连接池，同时还是使用 conn.query()方法来完成查询 MySQL 数据库的操作。

【代码 9-6】（详见源代码目录 ch09-node-mysql-pool.js 文件）

```
01  /**
02   * ch09-node-mysql-pool.js
03   */
04  console.info("------   mysql pool()   ------");
05  console.info();
06  var http = require("http");                                    //引入 http 模块
07  var mysql = require('/usr/local/lib/node_modules/mysql');  //引入 mysql 模块
//……此处省略12行代码，参考9.2节
20  /**
21   * 创建 HTTP 服务器
22   */
23  http.createServer(function (req, res) {
24      /**
25       * 获取数据库连接池
26       */
27      pool.getConnection(function (err, conn) {
28          if(err) {
```

```
29            console.log("POOL ==> " + err);
30            console.log();
31        }
32        /**
33         * 定义 SQL 查询语句
34         * @type {string}
35         */
36        var selectSQL = 'select * from userinfo';
37        /**
38         * 执行数据查询操作
39         */
40        conn.query(selectSQL, function(err, rows) {
41            if(err) {
42                console.log(err);
43                console.log();
44            }
45            console.log("SELECT ==> ");
46            for (var i in rows) {
47                console.log(rows[i]);
48            }
49            conn.release();                //释放数据库连接
50            res.writeHead(200, { "Content-Type": "text/html;
charset=utf8" });
51            res.write("<h3>测试 Node.js - MySQL 数据库连接池操作!</h3><br/>");
52            res.end(JSON.stringify(rows));
53        });
54    });
55 }).listen(6868);                          //监听6868端口号
```

【代码分析】

- 第 36 行代码定义了一个 SQL 查询语句(select * from userinfo)用于查询 userinfo 表中的内容。
- 第 40～53 行代码通过调用 conn.query()方法测试数据库查询操作，具体说明如下：
  - 第 46～48 行代码使用 for 循环遍历参数 rows 数据集中的数据，并在服务器端依次打印输出。
  - 第 49 行代码通过调用 conn.release()方法释放数据库连接。

单击工具栏中的“运行（Run）”命令按钮，通过“运行、调试和控制台输出”查看信息输出，如图 9.14 所示。

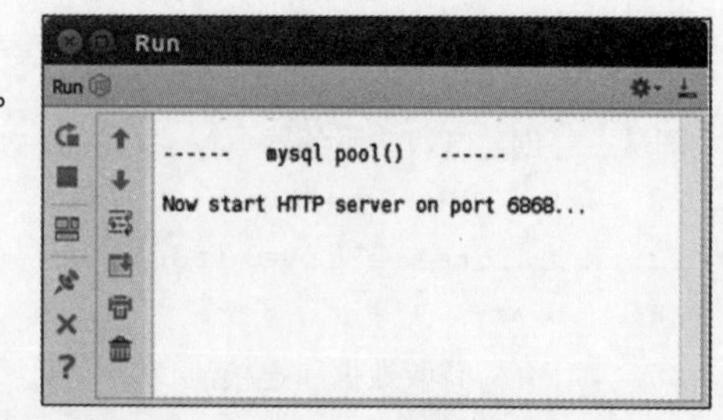

图 9.14　MySQL 数据库连接池（服务器）

然后，打开浏览器并在地址栏中输入地址：http://localhost:6868，如图 9.15 所示。

从图 9.15 中可以看到，Node.js 框架 MySQL 数据库连接池的查询操作成功完成了，第 52 行代码输出了 userinfo 表中的内容。

最后，返回查看一下服务器端有什么变化，如图 9.16 所示。

图 9.15　MySQL 数据库连接池（浏览器）

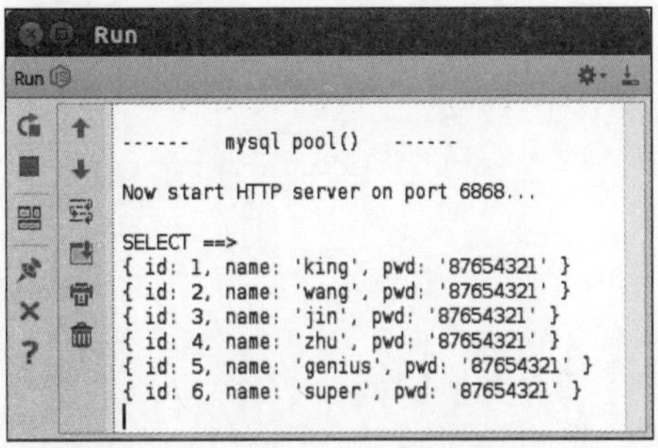

图 9.16　Node.js 框架 MySQL 数据库连接池（服务器）

从图 9.16 中可以看到，第 46～48 行代码同样在服务器端输出了 userinfo 表中的内容。

数据库连接池基本的思想是在系统初始化时，将数据库连接作为对象存储在内存中，这样当用户访问数据库时，并非新建立一个数据库连接，而是从内存中取出一个已建立的空闲连接对象，使用完毕后并不需要将连接关闭，而是将连接放回内存中，以供下一个请求访问使用。这个使用内存来管理数据库建立连接与断开连接的载体就称为连接池。

9.8　连接 MongoDB 数据库

首先，从 Node.js 框架连接 MongoDB 数据库的操作开始介绍。如果想对数据库进行操作，就必须先成功连接数据库。从 mongodb 开源项目的文档中，我们知道 mongodb 扩展库提供了一个 db.open()方法来完成连接 MongoDB 数据库的操作。如果想使用 mongodb 扩展库，我们就要安装 mongodb 扩展库，安装方法与其他 Node.js 扩展库类似，这里就不详细阐述了。然后，我们在 MongoDB 数据库中新建一个名称为“nodejs”的数据库，用于测试数据库连接操作。

【代码 9-7】（详见源代码目录 ch09-node- mongodb-conn.js 文件）

```
01  /**
02   * ch09-node- mongodb-conn.js
03   */
04  console.info("------   mongodb connnection()   ------");
05  console.info();
06  var http = require("http");              //引入 HTTP 模块
07  var mongodb = require('/usr/local/lib/node_modules/mongodb');//TODO:引入
    mongodb
08  console.log("Now start HTTP server on port 6868...");
```

```
09  console.info();
10  /**
11   * 创建数据库服务器连接
12   */
13  var server = new mongodb.Server(
14      'localhost',                        //主机地址
15      27017,                     //端口号
16      {
17          auto_reconnect: true          //自动重连
18      }
19  );
20  /**
21   * 创建数据库连接
22   */
23  var db = new mongodb.Db(
24      'nodejs',                        //数据库名称
25      server,                          //数据库服务器
26      {
27          safe: true
28      }
29  );
30  /**
31   * 测试数据库连接
32   */
33  db.open(function(err, db) {
34      if(!err) {
35          console.log('log - connect mongdb successfully!');
36      } else {
37          console.log('log - ' + err);
38      }
39  });
40  /**
41   * 创建 HTTP 服务器
42   */
43  http.createServer(function (req, res) {
44      res.writeHead(200, { "Content-Type" : "text/html;charset=utf8" });
45      /**
46       * 测试数据库连接
47       */
48      db.open(function(err, db) {
49          if(!err) {
50              res.write('<p>Connected MongoDB:nodejs successfully!</p>');
51          } else {
```

```
52              res.write('<p>Error Connected to MySQL!</p>');
53              console.log('log - ' + err);
54          }
55          res.end("<h5>------ end operations ------</h5><br/>");
56      });
57  }).listen(6868);    //监听6868端口号
```

【代码分析】

- 第 06 行代码引入 http 模块，同时赋予变量 http。
- 第 07 行代码引入 mongodb 模块，同时赋予变量 mongodb。
- 第 13～19 行代码通过调用 mongodb.Server()方法创建了一个基本的 MongoDB 数据库服务器连接，包括对数据库主机地址、服务器端口（MongoDB 服务器端口为 27017）号以及自动重连的定义；同时，该方法返回一个 server 变量用于保存数据库服务器连接。
- 第 23～29 行代码通过调用 mongodb.Db()方法创建了一个数据库连接，包括对数据库名称（nodejs）、数据库服务器连接以及安全性的定义；同时，该方法返回一个“db”变量用于保存数据库连接。
- 第 33～39 行代码通过调用 db.open()方法打开数据库连接，其回调函数传递两个参数，第一个 err 参数用于定义错误信息；第二个 db 参数用于定义数据库连接。其中，第 34 行代码通过对参数 err 进行判断，测试数据库连接是否成功，提示信息将在服务器端进行打印输出。
- 第 43～57 行代码通过调用 http.createServer()方法创建了一个基本的 HTTP 服务器，其回调函数传递两个参数（req 和 res）。其中，第 44 行代码通过调用 res.writeHead()方法写 HTTP 文件头，并定义了页面字符编码为 utf8。
- 第 48～56 行代码与第 33～39 行代码类似，均是通过调用 db.open()方法打开数据库连接，不同的是连接测试的结果将通过 res.write()方法在浏览器客户端打印输出。
- 第 57 行代码通过调用 server.listen()方法在指定的主机名和端口接受连接，并监听该端口的连接请求。

单击工具栏中的“运行（Run）”命令按钮，通过“运行、调试和控制台输出”查看信息输出，如图 9.17 所示。

从图 9.17 中可以看到，HTTP 服务器已经启动运行并输出了两行提示信息，表明数据库连接成功了。然后，打开浏览器并在地址栏中输入地址：http://localhost:6868，如图 9.18 所示。

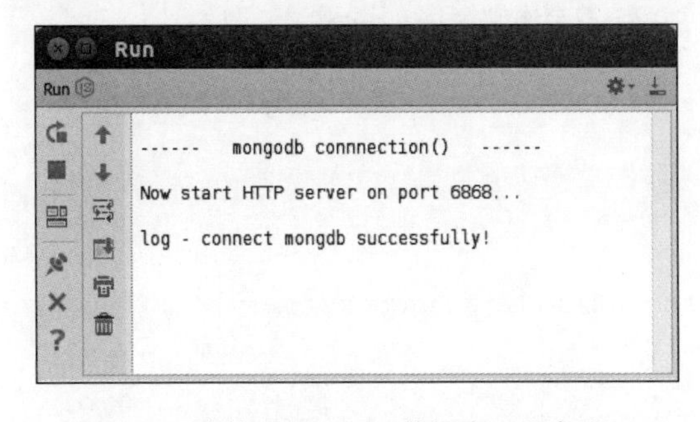

图 9.17　连接 MongoDB 数据库（服务器）

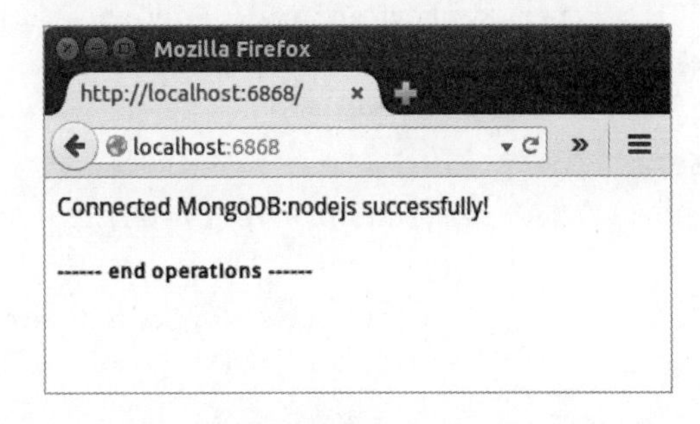

图 9.18　连接 MongoDB 数据库（浏览器）

从图 9.18 中可以看到，Node.js 框架连接 MongoDB 数据库 nodejs 的操作成功完成了，第 50 行代码输出的信息成功显示出来了。

如果想成功调试本节的例程，我们需要先成功安装部署 MongoDB 数据库以及用于 Node.js 框架的 mongodb 扩展库。关于 MongoDB 数据库的相关内容，读者可参考网址：http://www.mongodb.org。

9.9 连接 MongoDB 数据集合

在本节中，我们介绍连接MongoDB数据集合的操作。根据mongodb开源项目文档的介绍，mongodb 扩展库提供了两个方法来完成连接数据集合的操作，一个为 db.collection()方法；另一个为 db.createCollection()方法。

在下面的代码实例中，需要先在之前已经创建的 nodejs 数据库中创建一个名称为 userinfo 的数据集合，然后分别使用这两个方法对 userinfo 数据集合进行连接测试。

先看第一个使用 db.collection()方法的例程。

【代码 9-8】（详见源代码目录 ch09-node- mongodb-conn-collection.js 文件）

```
01  /**
02   * ch09-node- mongodb-conn-collection.js
03   */
04  console.info("------   mongodb connnection collection()   ------");
05  console.info();
06  var http = require("http");                     //引入 http 模块
07  var mongodb = require('/usr/local/lib/node_modules/mongodb');
                                                    // 引入 mongodb 模块
//……此处省略33行代码，参考9.8节
42  /**
43   * 创建 HTTP 服务器
44   */
45  http.createServer(function (req, res) {
46      res.writeHead(200, { "Content-Type" : "text/html;charset=utf8" });
47      res.write("<h3>测试 Node.js - MongoDB 数据库操作!</h3><br/>");
48      /**
49       * 测试数据库连接
50       */
51      db.open(function(err, db) {
52          if(!err) {
53              res.write('<p>Connected MongoDB:nodejs successfully!</p>');
54              /**
55               * 连接数据集合
56               */
```

```
57            db.collection('userinfo', { safe: true }, function(errcollection,
   collection) {
58                if(!errcollection) {
59      res.write('<p>Connected MongoDB:nodejs:userinfo successfully!</p>');
60                } else {
61                    console.log('log - ' + err);
62                }
63            });
64        } else {
65            res.write('<p>Error Connected to MySQL!</p>');
66            console.log('log - ' + err);
67        }
68        res.end("<h5>------ end operations ------</h5><br/>");
69    });
70 }).listen(6868);                //监听6868端口号
```

【代码分析】

- 第 57～63 行代码通过调用 db.collection()方法连接 MongoDB 数据库数据集合。其中，第一个参数 userinfo 为数据集合名称；第二个参数{safe: true}用于保证操作成功后执行回调函数；第三个参数为回调函数，该回调函数包含两个参数，一个用于定义错误信息，一个用于返回数据集合。

单击工具栏中的“运行（Run）”命令按钮，通过“运行、调试和控制台输出”查看信息输出，如图 9.19 所示。

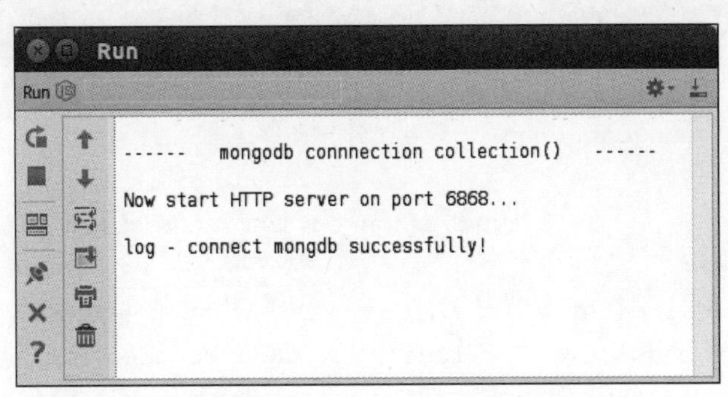

图 9.19　Node.js 框架连接 MongoDB 数据集合（服务器）

然后，打开浏览器并在地址栏中输入地址：http://localhost:6868，如图 9.20 所示。

从图 9.20 中可以看到，Node.js 框架连接 MongoDB 数据库数据集合 userinfo 的操作成功完成了，第 59 行代码输出的信息成功显示出来了。

然后，将第 57 行代码的 db.collection()方法换成 db.createCollection()方法，再次进行测试后的效果如图 9.21 所示。

从图 9.21 中可以看到，Node.js 框架连接 MongoDB 数据库数据集合 userinfo 的操作同样成功完成了，新的提示信息成功显示出来了。

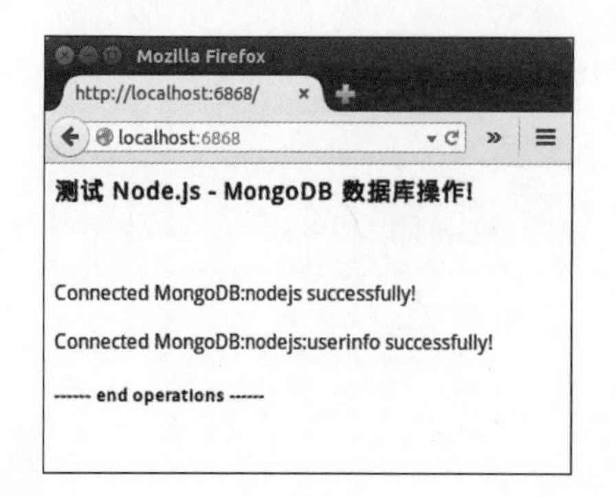

图 9.20　连接 MongoDB 数据集合（浏览器）

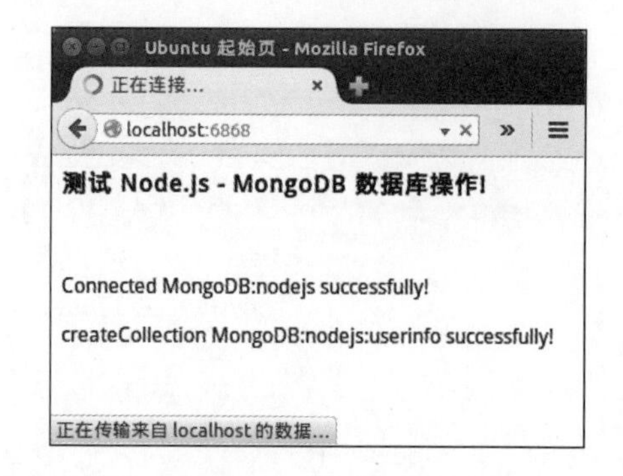

图 9.21　连接 MongoDB 数据集合（浏览器）

根据 MongoDB 数据库官方网站的介绍，MongoDB 数据集合的概念相当于 MySQL 数据库中表的概念，只不过 MySQL 数据库中的表是关系型的，而 MongoDB 数据集合是非关系型的。

9.10　查询 MongoDB 数据集合

本节介绍 Node.js 框架查询 MongoDB 数据集合的操作方法，经过前面两节的基础性介绍，在成功连接数据库后，就可以进行查询数据库的操作了。根据 mongodb 开源项目文档的介绍，mongodb 扩展库提供了一个 collection.find()方法来执行查询操作。

在下面的代码实例中，通过对之前创建的 userinfo 数据集合进行查询测试，向读者介绍 collection.find()方法的使用过程。

【代码 9-9】（详见源代码目录 ch09-node- mongodb-conn-collection-find.js 文件）

```
01  /**
02   * ch09-node- mongodb-conn-collection-find.js
03   */
04  console.info("------   mongodb connnection collection find()   ------");
05  console.info();
06  var http = require("http");                    //引入 http 模块
07  var mongodb = require('/usr/local/lib/node_modules/mongodb');
                                                   // 引入 mongodb 模块
//……此处省略33行代码，参考9.8节
42  /**
43   * 创建 HTTP 服务器
44   */
45  http.createServer(function (req, res) {
46      res.writeHead(200, { "Content-Type" : "text/html;charset=utf8" });
47      res.write("<h3>测试 Node.js - MongoDB 数据库操作!</h3><br/>");
48      /**
49       * 测试数据库连接
```

```
50     */
51     db.open(function(err, db) {
52         if(!err) {
53             res.write('<p>Connected MongoDB:nodejs successfully!</p>');
54             db.collection('userinfo', { safe: true }, function(errcollection, 
  collection) {
55                 if(!errcollection) {
56             res.write('<p>Connected MongoDB:nodejs:userinfo successfully!
  </p>');
57                     /**
58                      * 查询数据集合，方式一
59                      */
60                     collection.find().toArray(function(errorfind, cols) {
61                         if(!errorfind) {
62                             res.write('<p>collection.find() is: </p>');
63                             res.write(JSON.stringify(cols));
64                             console.log(cols);
65                         }
66                     });
67                     /**
68                      * 查询数据集合，方式二
69                      */
70                     collection.find({userid: 'king'}).toArray
  (function(errorfind, cols) {
71                         if(!errorfind) {
72                             res.write('<p>collection.find({}) is: </p>');
73                             res.write(JSON.stringify(cols));
74                             console.log(cols);
75                         }
76                     });
77                     /**
78                      * 查询数据集合，方式三
79                      */
80                     collection.findOne({username:'king'}, function
  (errorfind, col) {
81                         if(!errorfind) {
82                             res.write('<p>collection.findOne({}) is: </p>');
83                             res.write(JSON.stringify(col));
84                             console.log(col);
85                         }
86                     });
87                 } else {
88                     console.log('log - ' + err);
```

```
89                    }
90                });
91            } else {
92                res.end('<p>Error Connected to MySQL!</p>');
93                console.log('log - ' + err);
94            }
95            //res.end("<h5>------ end operations ------</h5><br/>");
96        });
97    }).listen(6868);            //监听6868端口号
```

【代码分析】

- 第 54 行代码通过调用 db.collection()方法连接 userinfo 数据集合，并将数据集合连接保存在回调函数的第二个参数 collection 中。
- 第 60～66 行代码为查询数据集合的第一种方式，即通过调用 collection.find().toArray()方法查询数据集合，并将查询结果转换为数组格式进行存储，其回调函数中包含两个参数，第一个参数 errorfind 用于定义错误信息，第二个参数 cols 用于保存查询到的文档对象数组；第 63 行代码通过调用 JSON.stringify()方法将参数 cols 转换为字符串格式数据在浏览器客户端进行打印输出；第 64 行代码将参数 cols 在服务器端进行打印输出。
- 第 70～76 行代码为查询数据集合的第二种方式，仍旧是通过调用 collection.find().toArray()方法查询数据集合，只不过在 find()方法内增加了查询条件（{userid: 'king'}），其会将满足该条件的文档对象查询结果转换为数组格式进行存储，其回调函数中包含两个参数，第一个参数 errorfind 用于定义错误信息，第二个参数 cols 用于保存查询到的文档对象数组；第 73 行代码通过调用 JSON.stringify()方法将参数 cols 转换为字符串格式数据在浏览器客户端进行打印输出。
- 第 80～86 行代码为查询数据集合的第三种方式，该方式通过调用 collection.findOne()方法查询数据集合，在 findOne()方法内增加了查询条件（{username: 'king'}），其会将满足该条件的第一条文档对象查询结果进行存储，其回调函数中包含两个参数，第一个参数 errorfind 用于定义错误信息，第二个参数 col 用于保存查询到的唯一一条文档对象；第 73 行代码通过调用 JSON.stringify()方法将参数 col 转换为字符串格式数据在浏览器客户端进行打印输出。

单击工具栏中的“运行（Run）”命令按钮，通过“运行、调试和控制台输出”查看信息输出，如图 9.22 所示。

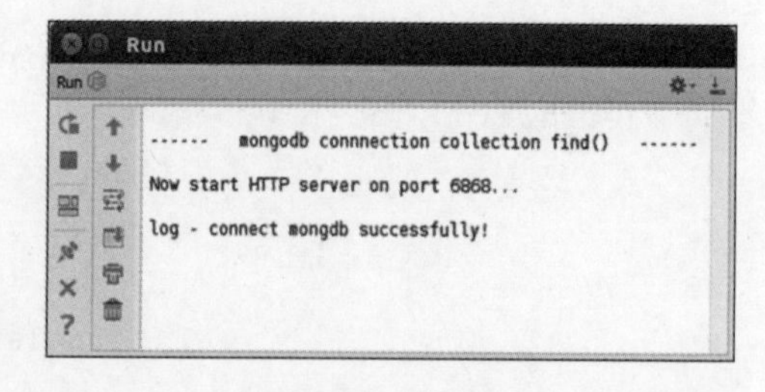

图 9.22　查询 MongoDB 数据集合（服务器）

然后，打开浏览器并在地址栏中输入地址：http://localhost:6868，如图 9.23 所示。

从图 9.23 中可以看到，Node.js 框架查询 MongoDB 数据库数据集合（userinfo）的操作成功完成了，三种方式查询的结果也完全打印输出了。

最后，返回服务器界面，查看服务器端打印输出的结果，如图 9.24 所示。

图 9.23　查询 MongoDB 数据集合（浏览器）

```
------   mongodb connnection collection find()   ------
Now start HTTP server on port 6868...
log - connect mongdb successfully!
[ { _id: 559482d1f8d634ca8a112d66,
    userid: 'king',
    pwd: '123456',
    username: 'king' },
  { userid: 'wang',
    pwd: '123456',
    username: 'wang',
    _id: 5595d4d1b7c118df0d73c436 } ]
[ { _id: 559482d1f8d634ca8a112d66,
    userid: 'king',
    pwd: '123456',
    username: 'king' } ]
{ _id: 559482d1f8d634ca8a112d66,
  userid: 'king',
  pwd: '123456',
  username: 'king' }
```

图 9.24　查询 MongoDB 数据集合（服务器）

对比图 9.23 与图 9.24 可以看到，查询得到的结果是完全一致的，说明无论是服务器端还是客户端，操作方法是一样的。

9.11　插入 MongoDB 数据集合

本节介绍使用 Node.js 框架插入 MongoDB 数据集合的操作方法，在需要将新的文档对象添加入数据库时，就会用到插入数据集合的操作。根据 mongodb 开源项目文档的介绍，我们知道 mongodb 扩展库提供了一个 collection.insert()方法来执行插入操作。

在下面的代码实例中，通过对之前创建的 userinfo 数据集合进行插入测试，向读者介绍 collection.insert()方法的使用方法。

【代码 9-10】（详见源代码目录 ch09-node- mongodb-conn-collection-insert.js 文件）

```
01  /**
02   * ch09-node- mongodb-conn-collection-insert.js
03   */
04  console.info("------   mongodb connnection collection insert()   ------");
05  console.info();
06  var http = require("http");                    //引入 http 模块
07  var mongodb = require('/usr/local/lib/node_modules/mongodb');
                                                   // 引入 mongodb 模块
//……此处省略连接数据库的代码，可参考本书源代码
60  var insertCol = {userid: 'wang', pwd: '123456', username: 'wang'};
61  /**
62  * 插入数据集合
63  */
64  collection.insert(insertCol, {safe: true}, function(errinsert, result) {
65    res.write('<p>collection.insert() is: </p>');
66    res.write(JSON.stringify(result));
```

```
67     console.log(result);
68   });
//……此处省略连接数据库的代码，可参考本书源代码
```

【代码分析】

- 第 60 行代码定义了一个 JSON 格式的文档对象 insertCol，用于插入数据集合 userinfo。
- 第 64～68 行代码通过调用 collection.insert()方法执行插入数据集合的操作。该方法第一个参数为将要插入的文档对象；第二个参数{safe: true}用于确保插入操作成功完成，如果不设定该参数，插入操作出错后就无反馈提示；第三个参数为回调函数，其包含两个参数，errorinsert 用于定义错误信息，result 用于保存插入数据集合后的结果。第 66 行代码通过调用 JSON.stringify()方法将参数 result 转换为字符串格式数据在浏览器客户端进行打印输出。

单击工具栏中的“运行（Run）”命令按钮，通过“运行、调试和控制台输出”查看信息输出，如图 9.25 所示。

然后，打开浏览器并在地址栏中输入地址：http://localhost:6868，如图 9.26 所示。

从图 9.26 中可以看到，Node.js 框架插入 MongoDB 数据集合的操作成功完成了，打印输出了一行提示信息（{"ok":1, "n":1}）。

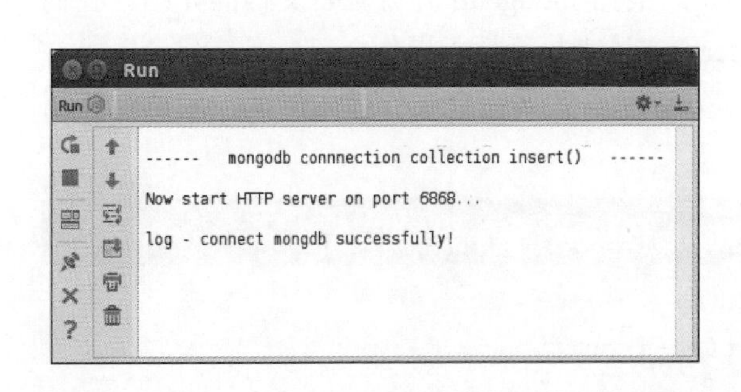

图 9.25　Node.js 框架插入 MongoDB 数据集合（服务器）

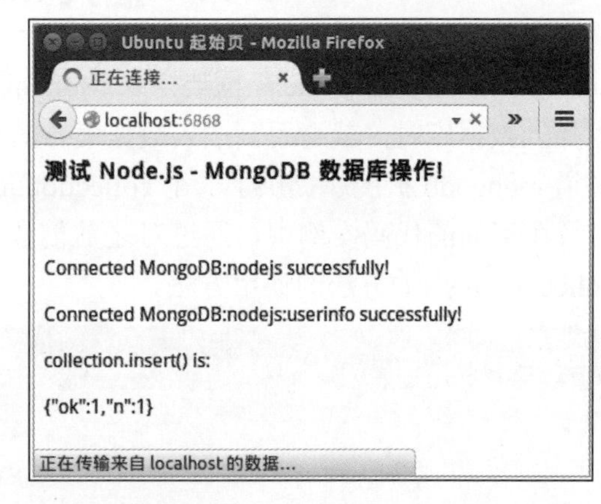

图 9.26　插入 MongoDB 数据集合（浏览器）

最后，返回查看一下服务器端有什么变化，如图 9.27 所示。

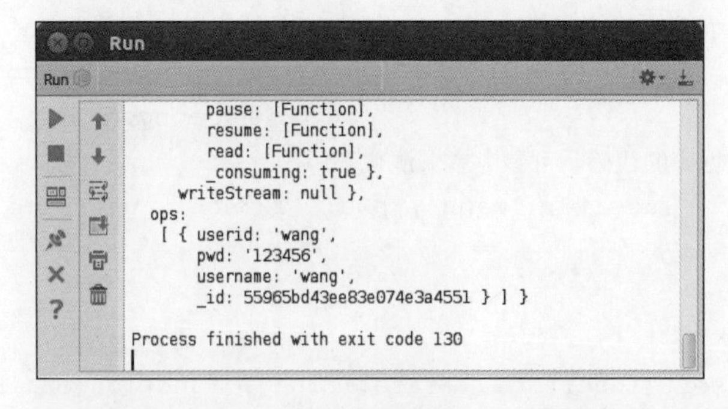

图 9.27　插入 MongoDB 数据集合（服务器）

从图 9.27 中可以看到，第 60 行代码定义的文档对象插入成功的信息在服务器端也显示出来了。

设置参数{safe: true}可以确保插入操作成功，因为设置该参数可以对主键重复的插入操作进行报错，如果不设置参数{safe: true}，当发生错误但没有报错，而且回调函数得到了反馈数据时，mongodb drvier 将会直接转入回调函数，并且设置 error 为 null。因此，如果要确保数据操作（insert/update/remove）成功，就必须设置参数{safe: true}选项。

9.12 删除 MongoDB 数据集合

本节介绍 Node.js 框架删除 MongoDB 数据集合的操作方法，在需要将数据集合中的文档对象删除时，或者删除整个数据集合时，就会用到删除数据集合的操作。根据 mongodb 开源项目文档的介绍，我们知道 mongodb 扩展库提供了一个 collection.remove()方法来执行删除操作。

在下面的代码实例中，通过对之前创建的 userinfo 数据集合进行删除测试，向读者介绍 collection.remove()方法的使用方法。

【代码 9-11】（详见源代码目录 ch09-node- mongodb-conn-collection-remove.js 文件）

```
01  /**
02   * ch09-node- mongodb-conn-collection-remove.js
03   */
04  console.info("------   mongodb connnection collection remove()   ------");
05  console.info();
06  var http = require("http");             //引入 http 模块
07  var mongodb = require('/usr/local/lib/node_modules/mongodb'); // 引入
    mongodb 模块
//……此处省略连接数据库的代码，可参考本书源代码
63  collection.remove({userid: "wang"}, {safe: true}, function(erremove,
    count) {
64      res.write('<p>collection.remove() is: </p>');
65      res.write(JSON.stringify(count));
66      console.log(count);
67  });
//……此处省略连接数据库的代码，可参考本书源代码
```

【代码分析】

- 第 63～67 行代码通过调用 collection.remove()方法执行删除数据集合的操作。

单击工具栏中的“运行（Run）”命令按钮，通过“运行、调试和控制台输出”查看信息输出，如图 9.28 所示。

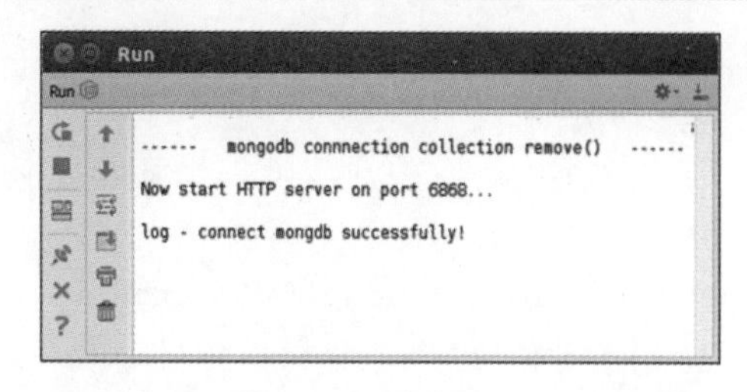

图 9.28 删除 MongoDB 数据集合（服务器）

然后，打开浏览器并在地址栏中输入地址：http://localhost:6868，如图 9.29 所示。

从图 9.29 中可以看到，Node.js 框架删除 MongoDB 数据集合的操作成功完成了（{userid: wang}这条文档对象被成功删除了）；另外，第 65 行代码输出了 count 参数值为 1。

最后，返回查看一下服务器端有什么变化，如图 9.30 所示。

图 9.29　删除 MongoDB 数据集合（浏览器）

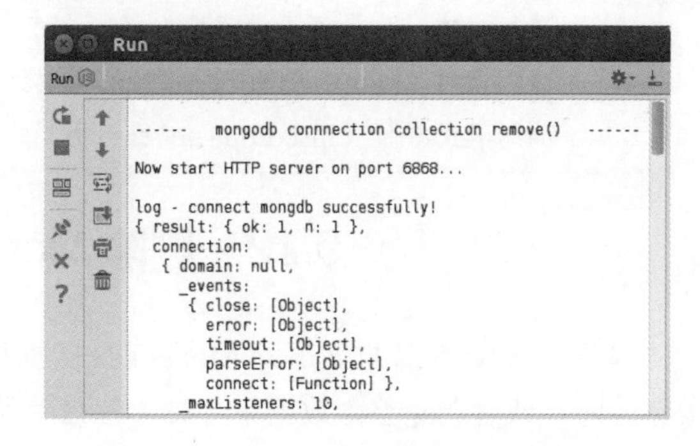

图 9.30　删除 MongoDB 数据集合（服务器）

从图 9.30 中可以看到，服务器端第 66 行代码成功输出了 count 参数的值，与前面浏览器客户端的结果是一致的。

根据 mongodb 开源项目文档的介绍，collection.remove()方法可以删除选定的文档对象，也可以删除整个数据集合，如果想删除整个数据集合，collection.remove()方法不设定删除条件，就可以执行删除整个数据集合的操作。

9.13　更新 MongoDB 数据集合

本节介绍 Node.js 框架更新 MongoDB 数据集合的操作方法，在需要修改文档对象的某项内容时，更新数据集合的操作是最实际的方法。根据 mongodb 开源项目文档的介绍，我们知道 mongodb 扩展库提供了一个 collection.update()方法来执行更新操作。

在下面的代码实例中，将对之前创建的 userinfo 数据集合进行更新测试，向读者介绍 collection.update()方法的使用过程。

本例程 ch09.mongodb_conn_collection_update.js 主要代码如下：

【代码 9-12】（详见源代码目录 ch09-node- mongodb-conn-collection-update.js 文件）

```
01  /**
02   * ch09-node- mongodb-conn-collection-update.js
03   */
04  console.info("------   mongodb connnection collection update()   ------");
05  console.info();
06  var http = require("http");              //引入 http 模块
07  var mongodb = require('/usr/local/lib/node_modules/mongodb'); // 引入
    mongodb 模块
```

```
//……此处省略连接数据库的代码，可参考本书源代码
63  collection.update({userid:"king"},{$push:{email:king@email.com'}},
    function(errupdate,cols) {
64      res.write('<p>collection.update() is: </p>');
65      res.write(JSON.stringify(cols));
66      console.log(cols);
67  });
68 collection.update({userid:"super"},{$push:{email:'super@email.com'}},
    function(errupdate,cols){
69      res.write('<p>collection.update() is: </p>');
70      res.write(JSON.stringify(cols));
71      console.log(cols);
72  });
73  /**
74  * 查询数据集合
75  */
76  collection.find().toArray(function(errorfind, cols) {
77      if(!errorfind) {
78      res.write('<p>collection.find() is: </p>');
79      res.write(JSON.stringify(cols));
80      console.log(cols);
81      }
82  });
83  /**
84  * 更新数据集合
85  */
86  collection.update({userid: "king"}, {$set: {username:king-update'}},
    function(errupdate, cols) {
87      res.write('<p>collection.update() is: </p>');
88      res.write(JSON.stringify(cols));
89      console.log(cols);
90  });
91  collection.update({userid:"super"},{$set:{username:'super-update'}},
    function(errupdate,cols) {
92      res.write('<p>collection.update() is: </p>');
93      res.write(JSON.stringify(cols));
94      console.log(cols);
95  });
96  /**
97  * 查询数据集合
98  */
99  collection.find().toArray(function(errorfind, cols) {
100     if(!errorfind) {
```

```
101     res.write('<p>collection.find() is: </p>');
102     res.write(JSON.stringify(cols));
103     console.log(cols);
104     }
105 });
//……此处省略连接数据库的代码，可参考本书源代码
```

【代码分析】

- 第 63～67 行代码通过调用 collection.update()方法对 userinfo 数据集合执行更新数据集合的操作。
- 第 68～72 行代码再次通过调用 collection.update()方法执行更新数据集合的操作，向 userinfo 数据集合中的{userid: "super"}这条文档对象增加一个 email 字段，内容为 super@email.com。
- 第 76～82 行代码通过调用 collection.find()方法将 userinfo 数据集合中内容全部打印输出。
- 第 86～90 行代码通过调用 collection.update()方法对 userinfo 数据集合执行了另一种方式的更新数据集合操作。该方法第一个参数为设定更新文档对象的条件，本例程中设定为{userid: "king"}的文档对象，即刚刚更新过的文档对象；第二个参数{$set: {username:king-update'}}}用于将该条文档对象的 username 字段更新为“king-update”，其中“$set”关键字代表更新设定的含义。
- 第 91～95 行代码再次通过调用 collection.update()方法执行更新文档对象的操作，将 userinfo 数据集合中{userid: "super"}这条文档对象的 usename 字段更新为 super-update。
- 第 99～105 行代码再次通过调用 collection.find()方法将 userinfo 数据集合中的内容全部打印输出。

单击工具栏中的“运行（Run）”命令按钮，通过“运行、调试和控制台输出”查看信息输出，如图 9.31 所示。

然后，打开浏览器并在地址栏中输入地址：http://localhost:6868，如图 9.32 所示。

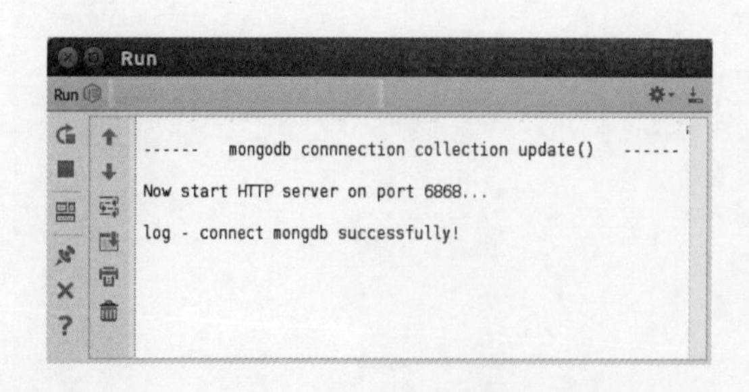

图 9.31 更新 MongoDB 数据集合（服务器）

图 9.32 更新 MongoDB 数据集合（浏览器）

从图 9.32 中可以看到，Node.js 框架更新 MongoDB 数据集合的操作成功完成了（email 字段成功添加进去了），第 79 行代码与第 102 行代码成功输出了 userinfo 数据集合中更新后的内容。

最后，返回查看一下服务器端有什么变化，如图 9.33 与图 9.34 所示。

```
[ { _id: 559482d1f8d634ca8a112d66,
    email: [ 'king@email.com' ],
    pwd: '123456',
    userid: 'king',
    username: 'king' },
  { _id: 55965d1f3a0d5fed57d9f08d,
    email: [ 'super@email.com' ],
    pwd: '123456',
    userid: 'super',
    username: 'super' } ]
{ result: { ok: 1, n: 1 },
```

图 9.33　更新 MongoDB 数据方式 1（服务器）

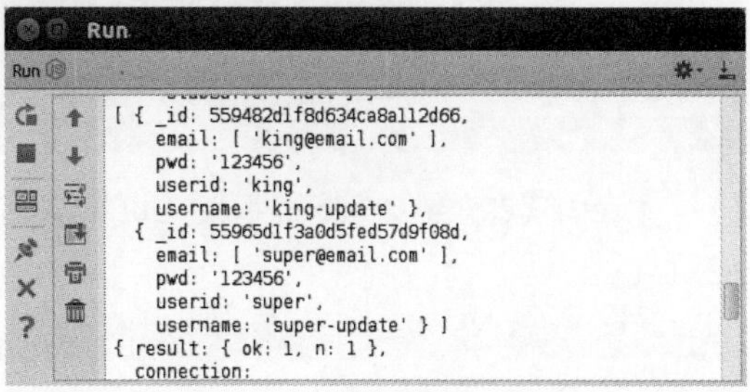

```
[ { _id: 559482d1f8d634ca8a112d66,
    email: [ 'king@email.com' ],
    pwd: '123456',
    userid: 'king',
    username: 'king-update' },
  { _id: 55965d1f3a0d5fed57d9f08d,
    email: [ 'super@email.com' ],
    pwd: '123456',
    userid: 'super',
    username: 'super-update' } ]
{ result: { ok: 1, n: 1 },
  connection:
```

图 9.34　更新 MongoDB 数据方式 2（服务器）

从图 9.33 和图 9.34 中可以看到，第 80 行代码与第 103 行代码在服务器端成功输出了更新数据库操作完成后的返回值。

第 10 章

Util常用工具

本章向读者介绍 Node.js 框架 Util 常用工具的内容，主要包括常用工具（Util）模块的开发应用。

10.1　Util 概述

在 Node.js 框架中，常用工具（Util）模块是一个核心模块，其是为了解决核心 JavaScript 的功能过于精简而设计的。譬如，对一个原型对象的继承功能、对象格式化操作、将任意对象转换为字符串的操作、调试输出功能、正则表达式验证等，常用工具（Util）模块均给出了很好的实现。因此，可以将 Node.js 框架的常用工具（Util）模块视为最好的脚本开发辅助工具。

10.2　原型对象继承

本章关于常用工具（Util）模块的第一个代码实例将向读者介绍原型对象继承的方法。众所周知，JavaScript 语言的面向对象特性是基于原型的，这与常见的基于类的高级源语言是不同的，这是因为 JavaScript 语言没有提供对象继承的语言级别特性，而是通过原型复制来实现的。

在下面的代码实例中，使用常用工具（Util）模块的 util.inherits()方法实现原型对象继承的功能。

【代码 10-1】（详见源代码目录 ch10-node-util-inherits.js 文件）

```
01  /**
02   * ch10-node-util-inherits.js
03   */
04  console.info("------   util inherits()   ------");
05  console.info();
06  var util = require('util');            //引入常用工具（util）模块
07  /**
08   * 定义原型基类 Base
09   * @constructor
10   */
```

```
11  function Base() {
12      this.name = 'base';
13      this.year = 2019;
14      this.sayHello = function() {
15          console.log('Hello ' + this.name + ',' + 'this is ' + this.year + '.');
16      };
17  }
18  /**
19   * 定义基类 Base 的方法 showName()
20   */
21  Base.prototype.showName = function() {
22      console.log(this.name);
23  };
24  /**
25   * 定义基类 Base 的方法 showYear()
26   */
27  Base.prototype.showYear = function() {
28      console.log(this.year);
29  };
30  /**
31   * 定义原型子类 Child
32   * @constructor
33   */
34  function Child() {
35      this.name = 'child';
36  }
37  /**
38   * 调用 util.inherits()方法实现原型对象继承
39   */
40  util.inherits(Child, Base);
41  /**
42   * 定义基类 Base 对象
43   * @type {Base}
44   */
45  var objBase = new Base();
46  objBase.showName();
47  objBase.showYear();
48  objBase.sayHello();
49  console.log(objBase);
50  /**
51   * 定义子类 Child 对象
52   * @type {Child}
53   */
```

```
54  var objChild = new Child();
55  objChild.showName();
56  objChild.showYear();
57  //objChild.sayHello();
58  console.log(objChild);
```

【代码分析】

- 第 06 行代码引入常用工具（Util）模块，同时赋予变量（util）。
- 第 11～17 行代码定义了基类 Base，该基类构造方法内定义了两个属性（name 与 year）和一个方法（sayHello），并进行了初始化操作。
- 第 21～23 行代码通过基类 Base 的原型方法定义了一个方法（showName），用于打印输出构造方法内的 name 属性。
- 第 27～29 行代码通过基类 Base 的原型方法定义了另一个方法（showYear），用于打印输出构造方法内的 year 属性。
- 第 34～36 行代码定义了子类 Child，该子类构造方法内定义了一个属性（name），并进行了初始化操作。
- 第 40 行代码调用 util.inherits()方法实现了原型对象继承的操作。util.inherits()方法的语法如下：

```
util.inherits(constructor, superConstructor);       // 原型对象继承
```

- util.inherits()方法用于实现原型对象继承的操作。其中，第一个参数 constructor 用于定义继承的类对象（子类），第二个参数 superConstructor 用于定义被继承的类对象（基类）。
- 第 45～49 行代码定义了一个基类对象（变量名称为 objBase），并通过该变量调用了前面基类中定义的 3 个方法（sayHello、showName 与 showYear），最后打印输出了该对象。
- 第 54～58 行代码定义了一个子类对象（变量名称为 objChild），并通过该变量调用了前面基类中定义的两个方法（showName 与 showYear），最后打印输出了该对象。

单击工具栏中的“运行（Run）”命令按钮，通过“运行、调试和控制台输出”查看信息输出，如图 10.1 所示。

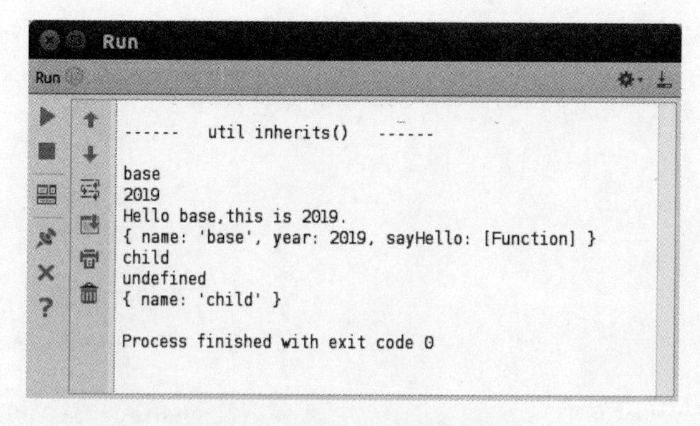

图 10.1 原型对象继承的方法

从图 10.1 中输出的结果可以看到，第 46 行代码输出的内容为 base，第 47 行代码输出的内容为 2019，第 48 行代码通过 sayHello()方法输出的内容为 Hello base,this is 2019，第 49 行代码输出的 objBase 对象为{ name: 'base', year: 2019, sayHello: [Function] }，第 55 行代码输出的内容为child，第 56 行代码输出的内容为undefined，第 58 行代码输出的内容为{ name: 'child' }，说明基类 Base 构造函数内部的属性与方法没有被子类 Child 所继承。

使用 util.inherits()继承方法时，基类构造函数内部创造的属性和方法均不会被子类所继承，只有通过原型方法创建的属性和方法才会被子类所继承。

10.3　将任意对象转换为字符串

本节向读者介绍将任意对象转换为字符串的方法。在很多情况下，我们需要将不同类型的对象统一转换为字符串格式进行操作，Node.js 框架的常用工具（Util）模块提供了一个 util.inspect()方法来实现该功能。

【代码 10-2】（详见源代码目录 ch10-node-util-inspect.js 文件）

```
01  /**
02   * ch10-node-util-inspect.js
03   */
04  console.info("------   util inspect()   ------");
05  console.info();
06  var util = require('util');              //引入常用工具（util）模块
07  /**
08   * 定义原型类 Person
09   * @constructor
10   */
11  function Person() {
12      this.name = 'person';
13      this.toString = function() {
14          return this.name;
15      };
16  }
17  /**
18   * 定义 Person 对象
19   * @type {Base}
20   */
21  var obj = new Person();
22  console.log(util.inspect(obj));
23  console.log(util.inspect(obj, true));
```

【代码分析】

- 第 11～16 行代码定义了一个类 Person，该基类构造方法内定义了一个属性（name）和一个方法（toString），并进行了初始化操作。
- 第 21 行代码定义了一个 Person 类对象（变量名称为 obj）。
- 第 22～23 行代码调用 util.inspect()方法实现了将对象转换为字符串的操作。

单击工具栏中的“运行（Run）”命令按钮，通过“运行、调试和控制台输出”查看信息输出，如图 10.2 所示。

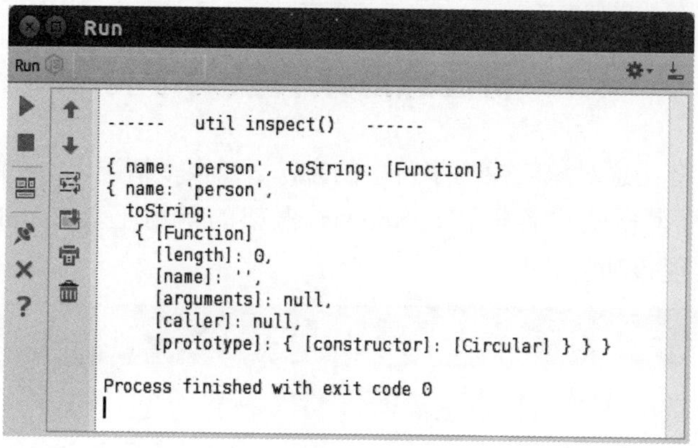

```
------   util inspect()   ------

{ name: 'person', toString: [Function] }
{ name: 'person',
  toString:
   { [Function]
     [length]: 0,
     [name]: '',
     [arguments]: null,
     [caller]: null,
     [prototype]: { [constructor]: [Circular] } } }

Process finished with exit code 0
```

图 10.2　将任意对象转换为字符串的方法

从图 10.2 中输出的结果可以看到，第 22 行代码仅仅输出了 obj 对象的字符串表现形式，而第 23 行代码将 obj 对象的不可枚举属性也一并输出了。

10.4　验证是否为数组

本节向读者介绍如何验证一个对象是否为数组。当需要对一个数组对象进行操作时，该方法是非常实用的，Node.js 框架的常用工具（Util）模块提供了一个 util.isArray()方法来实现该功能。

【代码 10-3】（详见源代码目录 ch10-node-util-isArray.js 文件）

```
01  /**
02   * ch10-node-util-isArray.js
03   */
04  console.info("------   util isArray()   ------");
05  console.info();
06  var util = require('util');           //引入常用工具（util）模块
07  console.log(util.inspect(util.isArray([])));
08  console.log(util.inspect(util.isArray(new Array)));
09  console.log(util.inspect(util.isArray({})));
```

【代码分析】

- 第 07～09 行代码通过调用 util.isArray()方法来判断给定的对象是否为数组类型。util.isArray()方法的语法如下：

```
util.isArray(object);          // 判断给定的对象是否为数组类型
```

- util.isArray()方法用于判断给定的对象是否为数组类型，如果是，就返回 true，否则返回 false。

单击工具栏中的“运行（Run）”命令按钮，通过“运行、调试和控制台输出”查看信息输出，如图 10.3 所示。

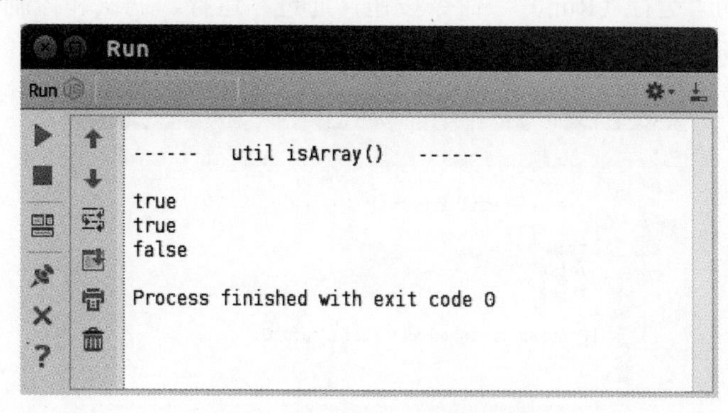

图 10.3　验证是否为数组的方法

util.isArray()方法用于判断给定的对象是否为数组类型。

10.5　验证是否为日期格式

本节向读者介绍如何验证一个对象是否为日期格式。当需要对一个日期格式对象进行操作时，该方法是非常实用的，Node.js 框架的常用工具（Util）模块提供了一个 util.isDate()方法来实现该功能。

【代码 10-4】（详见源代码目录 ch10-node-util-isDate.js 文件）

```
01  /**
02   * ch10-node-util-isDate.js
03   */
04  console.info("------   util isDate()   ------");
05  console.info();
06  var util = require('util'); //引入常用工具（util）模块
07  console.log(util.inspect(util.isDate(new Date())));  //返回 true
08  console.log(util.inspect(util.isDate(Date())));      //返回 false
09  console.log(util.inspect(util.isDate({})));          //返回 false
```

【代码分析】

- 第 07～09 行代码通过调用 util.isDate()方法来判断给定的对象是否为日期格式类型。util.isDate()方法的语法如下：

```
util.isDate(object);          // 判断给定的对象是否为日期格式类型
```

- util.isArray()方法用于判断给定的对象是否为日期格式类型，如果是，就返回 true，否则返回 false。

单击工具栏中的“运行（Run）”命令按钮，通过“运行、调试和控制台输出”查看信息输出，如图 10.4 所示。

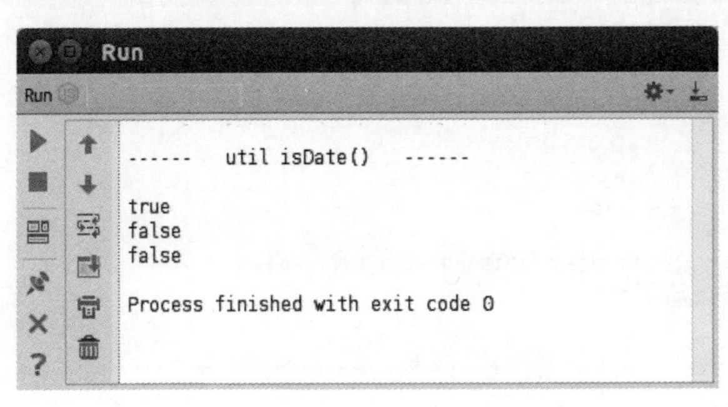

图 10.4 验证是否为日期格式的方法

util.isDate()方法用于判断给定的对象是否为日期格式类型。

10.6 验证是否为正则表达式

本节向读者介绍如何验证一个对象是否为正则表达式。当需要使用正则表达式时，该方法是非常实用的，Node.js 框架的常用工具（Util）模块提供了一个 util.isRegExp()方法来实现该功能。

【代码 10-5】（详见源代码目录 ch10-node-util-isRegExp.js 文件）

```
01  /**
02   * ch10-node-util-isRegExp.js
03   */
04  console.info("------   util isRegExp()   ------");
05  console.info();
06  var util = require('util'); //引入常用工具（util）模块
07  console.log(util.inspect(util.isRegExp(/some regexp/)));          //true
08  console.log(util.inspect(util.isRegExp(new RegExp('another regexp'))));
      //true
09  console.log(util.inspect(util.isRegExp({})));                    //false
```

【代码分析】

- 第 06 行代码引入常用工具（util）模块，同时赋予变量（util）；
- 第 07～09 行代码通过调用 util.isRegExp()方法来判断给定的对象是否为正则表达式。util.isRegExp()方法的语法如下：

```
util.isRegExp(object);       // 判断给定的对象是否为正则表达式
```

- util.isArray()方法用于判断给定的对象是否为正则表达式，如果是，就返回 true，否则返回 false。
- 第 07 行代码判断“/some regexp/”是否为正则表达式，根据正则表达式的定义，我们可以判断出该行将返回 true。
- 第 08 行代码判断'another regexp'是否为日期格式类型，同样我们可以判断该行将返回 true。
- 第 09 行代码判断“{}”是否为日期格式类型，根据正则表达式的定义，我们可以判断出该行将返回 false。

单击工具栏中的“运行（Run）”命令按钮，通过“运行、调试和控制台输出”查看信息输出，如图 10.5 所示。

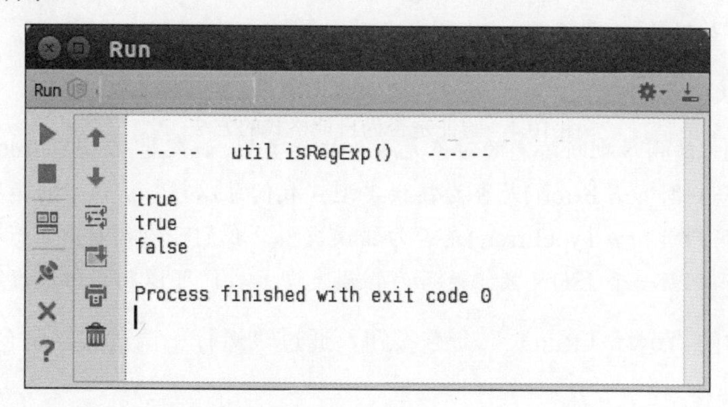

图 10.5　验证是否为正则表达式的方法

从图 10.5 中输出的结果可以看到，对第 07～09 代码的判断与通过 util.isRegExp()方法判断后的结果是一致的。

正则表达式（Regular Expression）使用单个字符串来描述、匹配一系列符合某个语法规则的字符串，在字符串编程实践中是重要且实用的一项功能。

10.7　验证是否为错误类型

本节向读者介绍如何验证一个对象是否为错误类型。当需要对一个错误对象进行操作时，该方法是非常实用的，Node.js 框架的常用工具（Util）模块提供了一个 util.isError()方法来实现该功能。

【代码 10-6】（详见源代码目录 ch10-node-util-isError.js 文件）

```
01  /**
02   * ch10-node-util-isError.js
03   */
04  console.info("------   util isError()   ------");
05  console.info();
06  var util = require('util');                         //引入常用工具（util）模块
07  console.log(util.inspect(util.isError(new Error())));     //true
08  console.log(util.inspect(util.isError(new TypeError())));     //true
09  console.log(util.inspect(util.isError({                     // false
10      name: 'Error',
11      message: 'an error occurred'
12  })));
```

【代码分析】

- 第 07～09 行代码通过调用 util.isError()方法来判断给定的对象是否为错误类型。util.isError()方法的语法如下：

```
util.isError(object);        // 判断给定的对象是否为错误类型
```

util.isError()方法用于判断给定的对象是否为错误类型，如果是，就返回 true，否则返回 false。

- 第 07 行代码判断 new Error()是否为错误类型，我们可以判断出该行将返回 true。
- 第 08 行代码判断 new TypeError()是否为错误类型，我们可以判断出该行将返回 true。
- 第 09 行代码判断一个 JSON 数组是否为错误类型，我们可以判断出该行将返回 false。

单击工具栏中的“运行（Run）”命令按钮，通过“运行、调试和控制台输出”查看信息输出，如图 10.6 所示。

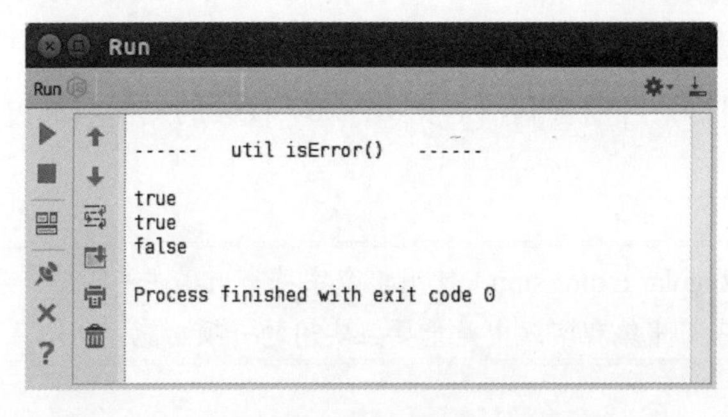

图 10.6　验证是否为正则表达式的方法

从图 10.6 中输出的结果可以看到，对第 07～09 代码的判断与通过 util.isError()方法判断后的结果是一致的。

Error()错误类型与 TypeError()错误类型均用于表述对错误的定义，其中 Error()为通用的错误类型，而 TypeError()为类型错误的错误类型。

10.8　格式化字符串

本节向读者介绍格式化字符串的方法，Node.js 框架的常用工具（Util）模块提供了一个 util.format()方法来实现该功能。下面看一下具体的代码实例。

【代码 10-7】（详见源代码目录 ch10-node-util-format.js 文件）

```
01  /**
02   * ch10-node-util-format.js
03   */
04  console.info("------   util format()   ------");
05  console.info();
06  var util = require('util');             //引入常用工具（util）模块
07  util.format('%s:%s', 'foo');
08  util.format('%s:%s', 'foo', 'bar', 'baz');
09  util.format(1, 2, 3);
```

【代码分析】

- 第 07～09 行代码通过调用 util.format()方法来格式化字符串。util.format()方法的语法如下：

```
util.format(format, [...]);     // 格式化字符串
```

  util.format()方法用于根据第一个参数返回一个格式化字符串，类似于 printf()方法的格式化输出。

- 第 07 行代码表明使用 util.format()方法时，如果占位符没有相对应的参数，占位符就不会被替换。
- 第 08 行代码表明如果有多个参数占位符，额外的参数就会调用 util.inspect()转换为字符串，这些字符串被连接在一起，并且以空格分隔。
- 第 09 行代码表明如果第一个参数是一个非格式化字符串，那么 util.format()就会把所有的参数转成字符串，并以空格隔开拼接在一块，然后返回该字符串。

单击工具栏中的“运行（Run）”命令按钮，通过“运行、调试和控制台输出”查看信息输出，如图 10.7 所示。

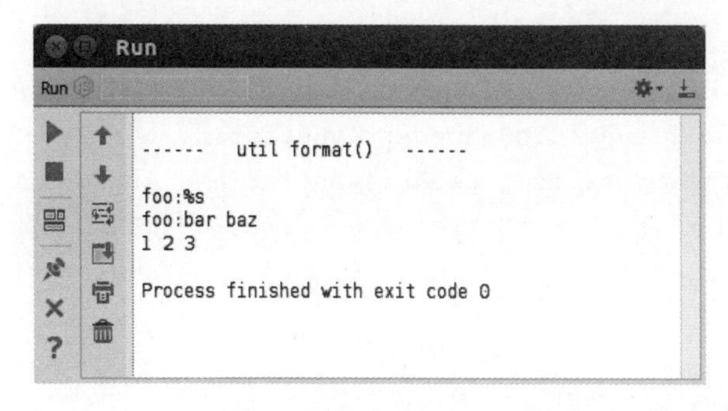

图 10.7　格式化字符串的方法

从图 10.7 中输出的结果可以看到，对第 07～09 行代码的判断与通过 util.format()方法操作后的结果是一致的。

关于占位符的说明。

- %s：字符串。
- %d：数字（整型和浮点型）。
- %j：JSON，如果这个参数包含循环对象的引用，就会被替换成字符串'[Circular]'。
- %%：单独一个百分号（'%'），不会消耗一个参数。

10.9 验证类型

本节向读者介绍验证对象类型的方法，Node.js 框架的常用工具（Util）模块提供了 util.types.is 系列方法来实现该功能。关于 util.types.is 系列，其实是一组用于验证对象类型的方法。例如，util.types.isArrayBuffer()方法就是专门用于验证 ArrayBuffer 对象的。下面通过一个具体的代码实例来详细介绍。

【代码 10-8】（详见源代码目录 ch10-node-util-types-is.js 文件）

```
01 /**
02  * ch10-node-util-types-is.js
03  */
04 console.info("------   util.types.isXXX()   ------");
05 console.info();
06 var util = require('util'); // TODO: 引入常用工具（util）模块
07 /**
08  * types ArrayBuffer
09  */
10 console.log("util.types.isArrayBuffer(new ArrayBuffer()) - ");
11 console.log(util.types.isArrayBuffer(new ArrayBuffer()));
12 console.log("util.types.isArrayBuffer(new SharedArrayBuffer()) - ");
13 console.log(util.types.isArrayBuffer(new SharedArrayBuffer()));
14 console.log();
15 /**
16  * types SharedArrayBuffer
17  */
18 console.log("util.types.isSharedArrayBuffer(new ArrayBuffer()) - ");
19 console.log(util.types.isSharedArrayBuffer(new ArrayBuffer()));
20 console.log("util.types.isSharedArrayBuffer(new SharedArrayBuffer()) - ");
21 console.log(util.types.isSharedArrayBuffer(new SharedArrayBuffer()));
22 console.log();
23 /**
24  * types AnyArrayBuffer
25  */
```

```
26 console.log("util.types.isAnyArrayBuffer(new ArrayBuffer()) - ");
27 console.log(util.types.isAnyArrayBuffer(new ArrayBuffer()));
28 console.log("util.types.isAnyArrayBuffer(new SharedArrayBuffer()) - ");
29 console.log(util.types.isAnyArrayBuffer(new SharedArrayBuffer()));
30 console.log();
```

【代码分析】

- 对于 util.types.is 系列方法，验证结果会以布尔值（true 或 false）返回，也就是说验证类型正确返回 true 值，否则返回 false 值。
- 第 11 行和第 13 行代码通过调用 util.types.isArrayBuffer()方法分别验证了 ArrayBuffer 对象和 SharedArrayBuffer 对象的类型。
- 第 19 行和第 21 行代码通过调用 util.types.isSharedArrayBuffer()方法分别验证了 ArrayBuffer 对象和 SharedArrayBuffer 对象的类型。
- 第 27 行和第 29 行代码通过调用 util.types.isAnyArrayBuffer()方法分别验证了 ArrayBuffer 对象和 SharedArrayBuffer 对象的类型。

单击工具栏中的“运行（Run）”命令按钮，通过“运行、调试和控制台输出”查看信息输出，如图 10.8 所示。

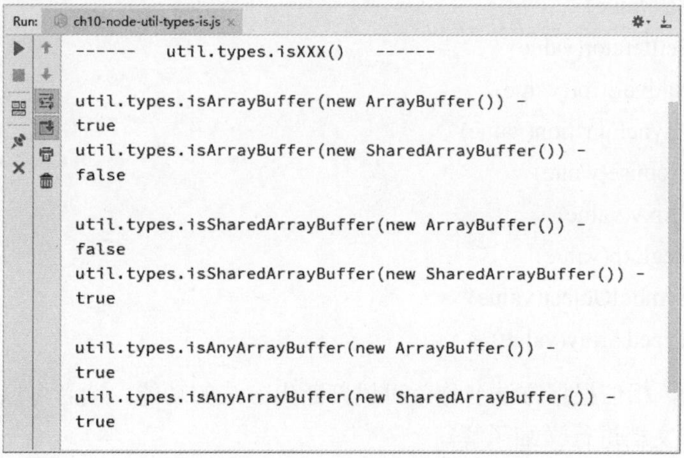

```
Run: ch10-node-util-types-is.js
------   util.types.isXXX()   ------

util.types.isArrayBuffer(new ArrayBuffer()) -
true
util.types.isArrayBuffer(new SharedArrayBuffer()) -
false

util.types.isSharedArrayBuffer(new ArrayBuffer()) -
false
util.types.isSharedArrayBuffer(new SharedArrayBuffer()) -
true

util.types.isAnyArrayBuffer(new ArrayBuffer()) -
true
util.types.isAnyArrayBuffer(new SharedArrayBuffer()) -
true
```

图 10.8　验证类型

从图 10.8 中输出的结果可以看到，通过 util.types.isArrayBuffer() 方法、util.types.isSharedArrayBuffer()方法和 util.types.isAnyArrayBuffer()方法在验证 ArrayBuffer 对象和 SharedArrayBuffer 对象的类型时，分别得到了各自正确的结果。

下面列举一些关于 util.types.is 系列的常用方法。

- util.types.isInt8Array(value)
- util.types.isInt16Array(value)
- util.types.isInt32Array(value)
- util.types.isFloat32Array(value)

- util.types.isFloat64Array(value)
- util.types.isBigInt64Array(value)
- util.types.isUint8Array(value)
- util.types.isUint16Array(value)
- util.types.isUint32Array(value)
- util.types.isNumberObject(value)
- util.types.isStringObject(value)
- util.types.isAnyArrayBuffer(value)
- util.types.isArrayBuffer(value)
- util.types.isSharedArrayBuffer()
- util.types.isBooleanObject(value)
- util.types.isDataView(value)
- util.types.isDate(value)
- util.types.isGeneratorFunction(value)
- util.types.isGeneratorObject(value)
- util.types.isMap(value)
- util.types.isMapIterator(value)
- util.types.isSet(value)
- util.types.isSetIterator(value)
- util.types.isNativeError(value)
- util.types.isAsyncFunction(value)
- util.types.isPromise(value)
- util.types.isProxy(value)
- util.types.isRegExp(value)
- util.types.isSymbolObject(value)
- util.types.isTypedArray(value)

对于以上方法，相信根据方法名称就可以判断出方法的功能，读者可以参考 Node.js 最新版（v10+）的官方文档进行详细了解。